国家科学技术学术著作出版基金资助出版

新能源汽车碳中和

郁亚娟 等 著

U0303133

科学出版社

北 京

内 容 简 介

本书基于生命周期评价理论和方法，按照新能源汽车及动力材料→电池企业和行业→电池产品生命周期评价→碳足迹和足迹家族→碳中和策略的思路，介绍新能源汽车及关键部件（如动力电池）的碳足迹核算，帮助读者了解有关新能源汽车全生命周期的碳中和价值。研究新能源汽车及其动力电池的绿色特性和环境影响，全面分析新能源汽车的碳中和贡献，是本书的核心内容。本书特点是抓住当前主流的新能源汽车，即动力电池驱动的电动汽车，对其碳中和潜力进行全面分析。

本书可作为新能源汽车相关行业人员的参考书，也可为材料类、能源类、化工类、机械类的广大工程和科技人员提供技术参考，同时可作为材料、能源、化工、机械等相关专业的教学和科研参考书。

图书在版编目（CIP）数据

新能源汽车碳中和 / 郁亚娟等著. —北京：科学出版社，2023.6
ISBN 978-7-03-075776-0

Ⅰ. ①新… Ⅱ. ①郁… Ⅲ. ①新能源－汽车－二氧化碳－节能减排－研究 Ⅳ. ①X734.201

中国国家版本馆 CIP 数据核字（2023）第 105329 号

责任编辑：张淑晓 高 微 / 责任校对：杜子昂
责任印制：赵 博 / 封面设计：东方人华

科 学 出 版 社 出版
北京东黄城根北街 16 号
邮政编码：100717
http://www.sciencep.com

北京富资园科技发展有限公司印刷
科学出版社发行 各地新华书店经销
*

2023 年 6 月第 一 版 开本：720×1000 1/16
2025 年 1 月第二次印刷 印张：17 1/2
字数：350 000

定价：128.00 元
（如有印装质量问题，我社负责调换）

序

北京理工大学新能源材料与绿色二次电池研究团队长期以来一直从事绿色二次电池相关领域的研究工作，在锂电池关键材料、新型储氢材料、镍氢电池和锂离子电池的研究和产业化开发领域多有建树，和科技部"973"计划项目绿色二次电池团队的同仁一起，在国际上提出和创建了基于轻元素、多电子、多离子反应的高比能二次电池新体系，实现了二次电池能量密度的跨越式提升；自主开发了一系列锂离子电池关键新材料、电池制备新工艺和电池安全性技术，为我国二次电池的基础理论研究与产业化开发作出了贡献。目前在北京理工大学已形成了一支包括博士生和硕士生在内的 300 人规模的科研团队。

基于对环境保护和可持续发展的长期关注，绿色二次电池一直是我们倡导的电池形态，我们不仅要追求电池能量密度的最大化，还要追求电池具备绿色、安全、长寿命等特性。随着我国"双碳"目标的制定，在新能源汽车和储能等领域，绿色二次电池将发挥更为重要的作用。

郁亚娟老师于 2008 年来到北京理工大学，当时基于她的专业背景，我建议她开展有关绿色二次电池评价方面的科研工作。十多年来，她注重研究新能源汽车及其动力电池材料的绿色特性，我也经常和她探讨有关新能源汽车和绿色二次电池的科学问题。她和课题组同仁利用生命周期评价方法，致力于计算电动汽车及其动力电池在生产、使用、回收等阶段的温室气体排放，以及分析其他污染物的减排、控制等，在新能源汽车碳中和这个方向开展了一些前沿性的工作，相关研究成果，有多篇 SCI 论文发表于国际著名期刊，她本人还获得了三个国家自然科学基金项目的资助。她组织撰写的《新能源汽车碳中和》一书，总结了她在新能源汽车碳中和方面的研究成果，可为从事新能源汽车行业、交通环保行业、碳中和研究等相关人员和研究生提供参考。我非常愿意向大家推荐这本书，希望该书的出版和发行，能够使人们更加了解我们在绿色二次电池领域的最新研究成果，也有助于广大读者了解新能源汽车及动力电池在实现国家"双碳"目标中的重要作用。

2023 年 6 月 18 日

前　言

　　交通运输是全球温室气体和其他有害污染物的主要来源之一，其中的道路交通运输又是非常重要的一个方面。为应对全球交通领域的巨大能源需求，减少交通业对石油的严重依赖，减少交通行业温室气体排放，新能源汽车已经成为全球交通工业竞争的主要赛道之一。我国是新能源汽车的生产和销售大国，新能源汽车的产销量占到全球总量的一半左右。未来中国有着更加广阔的汽车市场，这将使新能源汽车在中国起到越来越重要的带动经济发展、促进环境保护的作用。

　　在这样的社会经济发展背景下，人们迫切需要了解和掌握新能源汽车行业发展能够为实现碳中和目标作出什么贡献，以此来回答新能源汽车的可持续发展问题。如何看待纯电动汽车的碳中和价值？显然不能以纯电动汽车行驶时不排放尾气，从而简单认定所谓的零碳排放。对新能源汽车的碳足迹，应该追溯到其各种原材料的采集和生产等环节，还要包括新能源汽车的充放电使用过程，以及未来汽车和零部件报废、回收等环节。本书撰写的初衷，即是帮助读者了解新能源汽车及关键部件（如动力电池）的全生命周期碳足迹，了解新能源汽车全生命周期的碳中和价值，包括它从生产制造、电动汽车使用阶段的电池充放电能源运作过程，乃至可以追溯到动力电池本身的全生命周期。因此，运用生命周期评价（life cycle assessment，LCA）法来全面分析电动汽车及其关键元件之一———动力电池的绿色特性和环境影响，全面分析新能源汽车的碳中和贡献，是本书的核心内容。

　　本书以新能源汽车作为交通领域追求碳中和目标的切入点，对新能源汽车的碳中和潜力进行全面分析。本书包含 5 个章节的内容，按照新能源汽车核心部件（动力电池）到新能源汽车整车的逻辑顺序，分别进行碳中和相关的分析。章节安排如下：第 1 章 锂离子动力电池组综合环境影响与绿色特性评价；第 2 章 基于案例的锂离子电池行业碳足迹；第 3 章 纯电动汽车动力电池全生命周期 CO_2 等排放；第 4 章 新能源汽车动力电池足迹家族分析；第 5 章 面向双碳目标的锂动力电池碳足迹削减策略。以上章节按新能源汽车及动力材料→电池企业和行业→电池产品生命周期评价→碳足迹和足迹家族→碳中和策略的路线，分析了新能源汽车尤其是其核心部件动力电池的碳足迹，探讨了新能源汽车对实现碳中和目标的贡献。

本书由北京理工大学郁亚娟负责组织撰写、设计提纲、撰写全书模块结构，并修订了全部章节内容。北京理工大学的多位从事能源与环境材料评价相关工作的研究生对本书作出了很多贡献。本书第 1 章由吴昊慧、薛冰娅、郁亚娟执笔，李松年核对部分图表；第 2 章由王聪、余佩雯、郁亚娟执笔；第 3 章由王磊、常泽宇、郁亚娟执笔；第 4 章由胡宇辰、刘子仪、郁亚娟执笔；第 5 章由起楠、郁亚娟执笔。最后由郁亚娟完成全书修订和统稿。本书的研究内容得到了中国工程院院士吴锋教授的大力指导，吴老师还在百忙之中为本书作序，在此表示特别感谢！此外，北京理工大学材料学院很多老师和学生都对本书相关研究给予了诸多帮助，在此一并表示感谢！

本书的研究工作得到了国家自然科学基金项目（52074037）的支持，本书的出版得到了 2022 年度国家科学技术学术著作出版基金的资助，在此表示感谢！

在撰写本书时，我们参考和引用了国内外一些学者的期刊文章、书籍、网络资料等，在此致以诚挚的谢意。

由于作者学识水平所限，书中可能存在疏漏和欠妥之处，敬请读者批评指正。

郁亚娟

2023 年 3 月

目　　录

序

前言

第1章　锂离子动力电池组综合环境影响与绿色特性评价………………………… 1

  1.1　电动汽车及电池组发展与环境评价 ……………………………………………… 1

    1.1.1　历史发展 ……………………………………………………………………… 1

    1.1.2　电池组结构 …………………………………………………………………… 3

    1.1.3　动力电池环境影响评价研究现状及发展趋势 ……………………………… 4

    1.1.4　生命周期评价在电动汽车及电池组上的应用 ……………………………… 6

    1.1.5　锂离子动力电池环境评价内容、技术路线及创新 ……………………… 17

  1.2　电池环境评价的理论基础与指标体系 ……………………………………………… 18

    1.2.1　生命周期评价框架 …………………………………………………………… 18

    1.2.2　综合环境评价指标 …………………………………………………………… 19

    1.2.3　足迹家族类指标 ……………………………………………………………… 20

    1.2.4　资源耗竭类指标 ……………………………………………………………… 20

    1.2.5　毒性损害类指标 ……………………………………………………………… 21

    1.2.6　绿色特性指标 ………………………………………………………………… 21

  1.3　动力电池组生命周期清单分析与参数确定 ……………………………………… 25

    1.3.1　评价对象与范围确定 ………………………………………………………… 25

    1.3.2　动力电池组生产阶段的清单分析 …………………………………………… 26

    1.3.3　动力电池组使用阶段的运行计算 …………………………………………… 30

    1.3.4　纯电动汽车运行阶段的参数确定 …………………………………………… 31

    1.3.5　动力电池组情景分析的参数确定 …………………………………………… 32

  1.4　电池组生产阶段的综合环境影响和绿色特性评价 ……………………………… 33

    1.4.1　电池组生产阶段的综合环境影响 …………………………………………… 33

    1.4.2　电池组生产阶段的绿色特性评价 …………………………………………… 40

  1.5　电池组使用阶段的综合环境影响和绿色特性评价 ……………………………… 41

    1.5.1　电池组使用阶段的综合环境影响 …………………………………………… 41

    1.5.2　电池组使用阶段的绿色特性影响 …………………………………………… 48

  1.6　电池组环境评价及情景模拟分析 ………………………………………………… 49

  1.6.1 四种车型电池组的环境影响比较 ·················· 49
  1.6.2 四种车型电池组的多区域情景分析 ················ 53
  1.6.3 电池组生命周期阶段的绿色特性影响 ·············· 65
  1.6.4 不确定性分析 ······································ 66
 1.7 小结 ·· 72
 参考文献 ·· 74
第2章 基于案例的锂离子电池行业碳足迹 ················· 83
 2.1 锂离子电池行业分析 ···································· 84
  2.1.1 锂离子电池的发展 ································ 84
  2.1.2 锂离子电池行业的发展 ···························· 84
 2.2 生命周期评价方法 ······································ 87
  2.2.1 生命周期评价方法的常用软件 ······················ 87
  2.2.2 生命周期评价方法的主要应用 ······················ 88
 2.3 碳足迹研究 ·· 88
  2.3.1 碳足迹的定义 ···································· 89
  2.3.2 碳足迹的分类方法 ································ 89
  2.3.3 碳足迹的计算方法 ································ 89
  2.3.4 行业碳足迹研究进展 ······························ 90
  2.3.5 锂离子电池行业碳足迹研究进展 ···················· 91
 2.4 碳足迹研究现状及案例 ·································· 91
  2.4.1 主要研究内容 ···································· 91
  2.4.2 本研究的技术路线 ································ 91
  2.4.3 碳足迹研究方法 ·································· 92
  2.4.4 选取的案例及相关说明 ···························· 94
  2.4.5 案例的清单分析和研究范围 ························ 95
 2.5 案例分析与讨论 ·· 96
  2.5.1 案例1：锂离子电池产业链Ⅰ ······················ 96
  2.5.2 案例2：锂离子电池产业链Ⅱ ···················· 100
  2.5.3 案例综合分析 ···································· 102
  2.5.4 中国碳排放现状和形势分析 ························ 103
 2.6 小结 ·· 104
 参考文献 ··· 105
第3章 纯电动汽车动力电池全生命周期CO₂等排放 ········· 110
 3.1 纯电动汽车全生命周期污染排放 ························ 110
  3.1.1 新能源汽车碳排放 ······························ 114

　　3.1.2　新能源汽车碳达峰研究的目标与技术路线 ·················· 114
　3.2　新能源汽车碳达峰研究方法 ·································· 118
　　3.2.1　研究方案 ·· 118
　　3.2.2　研究对象 ·· 125
　3.3　生产阶段 CO_2、$PM_{2.5}$、SO_2 和 NO_x 排放 ·············· 125
　　3.3.1　LFP 和 NMC 动力电池包生产排放 ···················· 125
　　3.3.2　LFP 和 NMC 电池组生产排放分析 ···················· 127
　　3.3.3　动力电池包质量能量密度的影响 ···················· 133
　3.4　使用阶段 CO_2、$PM_{2.5}$、SO_2 和 NO_x 排放 ·············· 135
　　3.4.1　区域交通部门排放 ·································· 135
　　3.4.2　能源全生命周期排放 ································ 139
　3.5　回收阶段 CO_2、$PM_{2.5}$、SO_2 和 NO_x 排放 ·············· 144
　　3.5.1　回收工艺排放和贡献 ································ 144
　　3.5.2　回收阶段排放 ······································ 147
　3.6　电动汽车动力电池 LCA 分析 ································ 151
　　3.6.1　电动汽车动力电池一次生产全生命周期排放 ············ 151
　　3.6.2　电动汽车动力电池二次生产全生命周期排放 ············ 155
　　3.6.3　电动汽车与传统燃油车全生命周期排放比较 ············ 157
　　3.6.4　电动汽车碳达峰分析的敏感性评估 ···················· 159
　3.7　小结 ·· 165
　参考文献 ·· 167
第 4 章　新能源汽车动力电池足迹家族分析 ························ 173
　4.1　研究背景 ·· 173
　　4.1.1　国内外研究进展 ···································· 174
　　4.1.2　新能源汽车动力电池足迹家族研究目的及意义 ·········· 175
　4.2　新能源汽车足迹家族的研究路线图 ·························· 175
　4.3　新能源汽车足迹家族的理论方法体系 ························ 176
　　4.3.1　系统动力学 ·· 176
　　4.3.2　生命周期评价 ······································ 176
　　4.3.3　足迹家族 ·· 177
　4.4　新能源汽车产业规模预测 ·································· 178
　　4.4.1　模型边界 ·· 178
　　4.4.2　模型结构 ·· 178
　　4.4.3　模型检验与情景设定 ································ 181
　　4.4.4　新冠疫情的影响 ···································· 182

4.4.5 纾困措施 ·· 185
4.5 动力电池足迹家族评价 ····································· 189
4.5.1 生态足迹 ·· 189
4.5.2 碳足迹 ·· 195
4.5.3 健康足迹 ·· 200
4.5.4 水足迹 ·· 206
4.5.5 物质足迹 ·· 209
4.6 动力电池产业足迹家族核算平台 ····························· 215
4.6.1 模型函数 ·· 215
4.6.2 关键参数设置 ··· 217
4.6.3 核算结果 ·· 223
4.7 小结 ··· 226
参考文献 ·· 227
第5章 面向双碳目标的锂动力电池碳足迹削减策略 ················· 230
5.1 双碳目标 ··· 230
5.1.1 引言 ·· 230
5.1.2 碳达峰与碳中和 ······································· 233
5.1.3 国内外动力电池发展现状 ································ 234
5.1.4 技术路线 ·· 234
5.2 理论与方法体系 ··· 235
5.2.1 生命周期评价 ··· 236
5.2.2 情景分析法 ··· 237
5.2.3 SimaPro软件的使用 ···································· 237
5.3 中国新能源汽车碳排放历史和现状分析 ······················· 238
5.3.1 2015～2020年中国动力电池、新能源汽车的发展状况总结 ··· 238
5.3.2 2020基准年中国动力电池、汽车发展状况总结 ·············· 240
5.3.3 新能源汽车锂动力电池清单收集及碳足迹计算结果 ··········· 243
5.3.4 燃油车碳足迹计算结果 ·································· 246
5.4 中国汽车碳达峰情景预测与分析 ····························· 248
5.4.1 数据收集 ·· 248
5.4.2 情景分析 ·· 250
5.5 小结 ··· 260
参考文献 ·· 261
常用缩略语表 ·· 265

第 1 章　锂离子动力电池组综合环境影响
与绿色特性评价

1.1　电动汽车及电池组发展与环境评价

1.1.1　历史发展

交通运输业在世界经济和社会发展中扮演着尤为重要的角色。同时，交通运输业也是全球温室气体（greenhouse gas，GHG）和其他有害污染物的主要来源之一，导致环境退化和气候变化，如大量消耗化石燃料、产生环境污染等[1]。交通用能的增长集中在亚洲发展中国家，它们贡献了 80%的净增量[2]。目前，近 1/4 与全球能源有关的温室气体排放是由运输车辆造成的[3]。为缓解全球交通运输业中的巨大能源需求及其对石油的严重依赖，同时致力于实现能源安全和确保环境的可持续性，运输部门的电气化通常被视为减少二氧化碳和空气污染物排放最有效的措施之一，因为电动汽车在运行过程中不会产生尾气排放[4]。因此，开发绿色、可持续能源和替代燃油汽车，特别是纯电动汽车（battery electric vehicle，BEV），已经成为汽车工业中一项有前途的替代选择[5]。由于这些潜在的优势，电动汽车（electric vehicle，EV）已引起世界范围内的兴趣。全国新能源汽车销量从 2018 年的 100 万辆增加到 2021 年的 299 万辆。在新政策的影响下，11 个国家承诺到 2030 年将电动汽车年销量增加到市场份额的 30%，电动汽车销量达 4.3 亿辆，库存超过 2.5 亿辆[6]。如果这一目标得以实现，全球电动汽车数量将在未来 10 年内增长 70 倍。然而，纯电动汽车随着销量的急剧增加，其产生的环境影响可以追溯到汽车及关键部件的生产制造、电动汽车使用阶段的电池充电能源运作过程，甚至可以追溯到电池本身的生命周期。因此，运用生命周期评价（life cycle assessment，LCA）法来全面捕捉电动汽车及其关键元件之一（动力电池）的绿色特性和综合环境影响，引起学术界和工业界的浓厚兴趣。

与内燃机汽车相比，电动汽车能获得更优的能源和环境效益，这源于电动汽车的高能源效率和为电动汽车提供动力的电力脱碳潜力。但是，锂离子电池（lithium-ion battery，LIB）的生产会带来较大的能源和环境负担[2, 7]。因此，除电动汽车与动力电池组在生产阶段所产生的环境负荷外，在使用阶段因发电而产生的间接排放很大程度上取决于能源的来源[8, 9]。而生命周期评价有助于对环境进行全面的理解，从而避免环境压力的跨地区、跨能源类型的转移，同时它可以超越产品或服务生命周期中的不同阶段，提供关于产品或服务的优势和弊端的全面描述。

虽然新能源汽车最近才得到广泛关注，但BEV并不是一项新技术。早在1834年，苏格兰人Robert Anderson就发明了BEV，由于当时可充电电池不足、电池放电后需要更换等限制，BEV并未实际运用。1859年，法国人Gaston Plante发明了可充电铅酸电池，电动汽车开始变得实用起来[10]。1873年，Davidson在英国制造了第一辆实用的电动汽车[11]。在19世纪的大部分时期，电动汽车被认为是一种新奇的小众产品。20世纪初，与内燃机动力汽车相比，BEV成为较为主流的汽车使用类型。然而到1910年，电动汽车制造成本相对较高和行驶里程有限，限制了其生存能力和使用情况，逐渐被汽油动力汽车所替代[12]。真正引起人们对电动汽车兴趣的主要原因是20世纪70年代的石油禁运和能源危机导致的汽油价格迅速上涨。在接下来的几十年里，电动汽车市场被铅酸电池（第一代，行驶里程：80～100英里①）和镍氢电池（第二代，行驶里程：100～140英里）所覆盖[5]。随着汽车技术尤其是电池技术的发展，电动汽车逐渐步入汽车市场的竞争行列。国际能源机构（International Energy Agency，IEA）在《全球电动汽车展望 2018》中表示：2017年电动汽车销售量同比上年增长54%，首次突破100万辆[13]。就中国而言，电动汽车产销量持续增长，稳居世界首位，2017年的电动汽车保持全球产量第一[14]。

1991年，LIB的商业化导致了传统镍氢电池和镍镉电池市场份额的下降[15]。在接下来的几年里，LIB和便携式设备的革命导致了研究兴趣的急剧增加。从2010年起，对电池的研究发表文章的增长率远远超过了其他所有研究领域的整体发表文章[16]。随着LIB性能的提高，其应用开始从便携式电子产品延伸至电动产品上。第一例基于LIB的电动汽车是1997年日本推出的Nissan Altra。该车型采用以锂钴氧化物为活性正极材料的电池组，由12个模块构成，每个模块包含8个100 A·h电池，电池组总质量350 kg，可提供192 km的续航里程[17]。几乎所有的主要汽车制造公司的产品线中至少有一种类型的混合动力汽车或纯电动汽车。2016年有近43%的LIB进入电动汽车行业，预计在2025年达到50%[18]。到目前为止，LIB已经主导了消费电子设备的主要市场。LIB拥有更高的能量密度和功

---

① 1英里=1.609344km。

率密度、较低的成本、相对较少的污染、更小更轻的特性，能够满足对其灵活性的要求，电池的设计能满足新一代电动汽车的需求[19]。

1.1.2　电池组结构

作为 BEV 中核心部件的动力电池组结构复杂，由电池模块、开关设备、控制器等部件组成。目前动力电池组以单体电池（battery cell）作为提供能量的最小单元，通过多个单体电池并串联的方式给电动汽车供电。以 Nissan Leaf 电动汽车的电池组为例（图 1-1）[20]，一个电池组由 48 个电池模块（battery module）组成；48 个电池模块由 1 组 24 个堆叠模块（stack module）和 2 组 12 个堆叠模块组成；1 个电池模块由 4 个薄板状单体电池构成。在模块中，2 个单体电池串联、2 个单体电池并联，同时模块中还包含电绝缘的塑料间隔器、连接电力模块的终端母线、提供紧固力的套管等。

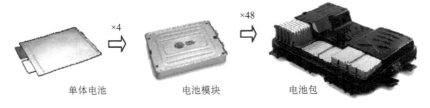

图 1-1　Nissan Leaf 电动汽车电池组的结构示意图[20]

为方便清单的呈现，将电池组分为四部分：单体电池、电池组装部分（battery packaging）、电池管理系统（battery management system，BMS）和冷却系统（cooling system）。单体电池由四个主要部分组成：正极材料、负极材料、电解液和隔膜。为提高电池组容量和高速率性能的发展，越来越多的正极材料被研究使用，如 $LiCoO_2$、$LiMn_2O_4$、$LiNiO_2$ 或相关的作为正极材料商业化使用的氧化物[21]。正极材料作为单体电池的核心组成部分，有不同的类型，如锂镍氧化物（lithium nickel oxide，LNO）、锂钴氧化物（lithium cobalt oxide，LCO）、锂锰氧化物（lithium manganese oxide，LMO）、镍钴锰或镍钴铝三元材料[nickel cobalt manganese oxide（NMC），或 nickel cobalt aluminum oxide（NCA）]及磷酸铁锂（lithium iron phosphate，LFP）等。目前，应用到商业上的纯电动汽车，其关键零部件的锂离子动力电池组有各种类型的正极材料。例如，BMW I3 和 Chevrolet Volt 一般使用锂锰氧化物-石墨（LMO-C）电池组，Nissan Leaf（新款）和 Tesla Roadster 电动汽车使用的是镍钴锰-石墨（NMC-C）电池组，BYD 系列（如 BYD e5 和 BYD e6）使用的是磷酸铁锂-石墨（LFP-C）电池组。单体电池是电池组中的关键组件，其常见的材料如表 1-1 所示。

表 1-1　电动汽车用单体电池的常见材料一览表[22, 23]

分类	材料
正极	磷酸铁锂，三元材料，锂锰氧化物
负极	钛酸锂（LTO），石墨
隔膜	聚乙烯膜（PE separator），聚丙烯膜（PP separator）
电解液	六氟磷酸锂（$LiPF_6$），碳酸二甲酯（DMC），碳酸二乙酯（DEC），碳酸甲乙酯（EMC）
包装	铝，钢

1.1.3　动力电池环境影响评价研究现状及发展趋势

近年来，不断有学者研究纯电动汽车及其电池组在能源消耗、二氧化碳排放、全球变暖潜势（global warming potential，GWP）等方面的环境影响。尽管纯电动汽车在使用过程中没有直接的温室气体排放即零尾气排放，但是电动汽车使用阶段的环境负担间接转移到电力结构上，并且在电池组的生产制造过程中也会给环境造成较大的影响。在对电动汽车的环境影响进行深入研究的同时，也有不少学者针对电动汽车关键部件之一的电池组进行了不同分析维度的研究，随着动力电池的广泛使用，如何建立综合环境体系、评估不同类型锂离子电池材料的性能和环境负担逐渐成为新的研究热点。

早在"十二五"时期，电动汽车产业就被列为战略性新兴产业之一，作为我国新能源产业的核心组成部分，予以重点发展。在经历了产业导入期和快速增长期后，电动汽车产业在 2016 年进入了稳定增长期[24]。随着消费层次的多元化发展和环保约束的升级，人们对电动汽车的环境效益更加关注。较为常见的是将电动汽车与传统类型的燃油车进行环境性能的比较分析研究，如魏丹等[25]在电动汽车和传统汽车的环境效益和能耗研究中发现，电动汽车的能量消耗比传统车辆少50%且节能效果最好；甄文婷[3]从全球变暖、酸化、粉尘、有毒气体和能源消耗等 5 个方面对燃油车和纯电动汽车进行环境方面的可持续性评估时，研究得到纯电动汽车的可持续性优于燃油车。不同电气化程度下的电动汽车的生命周期评价也成为研究热点，如李书华[6]分析了混合动力汽车（hybrid electric vehicle，HEV）、插电式混合动力汽车（plug-in hybrid electric vehicle，PHEV）和 BEV 三类电动汽车从摇篮到坟墓（cradle-to-grave）阶段的环境影响，并以传统内燃机汽车为比较基准，得出纯电动汽车的节能减排能力显著的结论。电动汽车与代用燃料车之间的环境效益比较分析研究也备受关注，如王攀[26]选择 BEV、PHEV、HEV 和压缩天然气汽车（compressed natural gas vehicle，CNGV）为研究对象，利用全生命周期评价来分析汽车的能源消耗、碳排放、常规污染物排放和颗粒物排放，并以传统内燃机汽车为比较基准，发现 BEV、PHEV、HEV 可以降低能源消耗，CNGV可以降低石油消耗。

生命周期评价往往被用来评估动力电池组的环境影响。根据生命周期阶段的不同，研究范围也不尽相同。有学者研究了电池从摇篮到坟墓的全生命周期，如张城[27]从绿色设计和制造的角度设计研发动力电池组，利用生命周期理论和电池组设计参数建立了电池组的参数设计模型与环境影响间的关联性。卢强[28]利用全生命周期理论对磷酸铁锂（LFP）电池和镍氢（Ni-MH）电池的生产、使用和回收阶段进行能源消耗和环境排放的评估，发现在生产阶段 Ni-MH 电池的能耗比 LFP 电池高 15%，在使用阶段电池充放电效率的提高可以改善电池环境性能，电池里金属材料的再生应用可以降低能耗和碳排放。程冬冬[29]选择 LFP 电池和镍钴锰酸锂（NMC）电池作为研究对象，分析了电池在生产、使用和回收过程中产生的全球变暖潜势、酸化、富营养化、光化学烟雾和臭氧损耗，利用层次分析法综合分析了两种电池的环境效益，得出 LFP 电池的环境影响比 NMC 电池更小。有学者研究了电池在生产阶段的环境影响，如弓原等[30]计算了 $LiFePO_4/C$、$LiFe_{0.98}Mn_{0.02}PO_4/C$ 和 $FeF_3(H_2O)_3/C$ 的碳足迹、水足迹和生态足迹，得出 $FeF_3(H_2O)_3/C$ 在生产阶段所产生的三类环境足迹值均最低。单体电池中不同的正极材料成分，会导致电池产生较大的环境影响差异，如汪祺[31]评价了三元材料、LMO 和 LFP 等三种常见的锂离子正极材料在全球变暖、大气酸化、生态毒性、水体富营养化和 8 种污染排放物的环境影响，利用层次分析法加权环境指标，得到 LMO 的环境效益最高，LFP 的环境效益最低。

在电动汽车方面，最初的兴趣源于 BEV 能够提供的低排放或零排放，通过研究不同汽车类型所带来的环境影响来探讨未来的绿色运输工具。在 2016 年 6 月国际清洁交通委员会的工作报告中，分析 BEV、PHEV 和氢燃料电池电动汽车（hydrogen fuel cell electric vehicle，HFCEV）三种电力系统汽车的技术成本和碳排放，结果表明 BEV 的成本最低，LIB 可能仍将是电动汽车电池的核心部分[32]。在利用从摇篮到坟墓的全生命周期模型分析 BEV 与内燃机汽车（internal combustion engine vehicle，ICEV）的环境性能时，发现 BEV 在制造阶段的毒性类别中承担最高环境影响，而其使用阶段的温室气体排放量仅为 ICEV 使用阶段的一半[33]。有学者利用生命周期评价模型对甲醇动力汽车、氢动力汽车和 BEV 对环境影响和人类健康损益程度进行研究，发现 BEV 由于其制造和维修阶段的不同而产生较高的人类毒性值；由于氢的能量密度比甲醇要高得多，所以在应对全球变暖和臭氧损耗的潜力方面，氢动力汽车是一个更环保的选择[34]。此外，对 5 种汽车类型进行环境影响评价，即以汽油为燃料的 ICEV、以含水乙醇为燃料的 ICEV、以含水乙醇和汽油两种燃料混合的 ICEV、PHEV 和 BEV，研究结果发现对环境影响最小的是 BEV[35]。

不少学者探究了电池的生产、使用、回收、废弃阶段的环境影响。Wang 等[36]通过碳足迹指标的两个案例研究，对 LIB 产业链进行了分析，发现电能消耗是中国产生碳足迹的主要因素。一些研究侧重于动力电池组在汽车上的应用。Majeau-Bettez 等[37]以 LCA 为框架评估 PHEV 和 BEV 中的三种电池，发现电池在生命周期过程中的 GWP 高于之前的评估报道。Garcia 等[38]利用约束规划和企业社会绩效（CSP）建模来估计混合动力汽车中 LIB 的全局性能，以此为基础可应用到汽车工业中实际使用 BEV 的 LIB。Wang 等[39]采用 LCA 方法对电动汽车用富锂材料 LIB 进行了评价，发现电力混合和能源效率会影响电池在生产阶段和使用阶段对环境的影响。也有一些针对 LIB 的研究，如 Deng 等[40]采用混合 LCA 模型对锂硫电池进行评估，并与其他传统电池进行对比，证明了锂硫电池的环境友好特性。Gong 等[41]建立了一套由 11 个指标组成的电池成本、电化学性能和环境性能的多层次指标体系来评价 LIB 的综合性能，其计算方法包括熵权法、蒙特卡罗模拟法和足迹计算。电池生产阶段产生的环境负荷在全生命周期中占有重要的地位。Peters 等[42]利用 79 篇 LCA 对 LIB 环境影响的研究进行综述，发现产生 1 W·h 的存储容量会导致碳足迹 110g CO_2 eq。Wang 等[43]利用三种权威的生命周期评价方法评估了 4 种正极材料的生产过程，发现 $LiCoO_2$ 具有更大的环境潜力。Mostert 等[44]采用材料足迹和碳足迹方法研究了包括 LIB 在内的电能存储系统，证明生产阶段在全生命周期阶段的材料和碳足迹的占比最高。Cusenza 等[45]也证实电池生产阶段对生命周期的影响最大。

1.1.4 生命周期评价在电动汽车及电池组上的应用

为确保推广电动汽车可以减少交通运输产生的 GHG 排放且不会导致其他不乐观的后果，必须在提议的技术被广泛采用之前，对其进行严格的、基于场景的环境评估。LCA 是比较运输选择对环境影响的工具，因为它明确量化了产品整个生命周期的资源使用和环境排放。运用 LCA 评估电动汽车和动力电池组的方法有三种，分别为过程生命周期评价（PLCA）、经济投入产出生命周期评价（EIO-LCA）和混合生命周期评价（HLCA）。

通过构建和分析系统边界内每个生命周期清单，可详细研究系统边界内产品的过程细节。PLCA 法是自下而上的模型评价方法，用于评估产品在各个阶段的环境影响，具体可分为从摇篮到坟墓的阶段范围、摇篮到门（cradle-to-gate）的阶段范围和从门到门（gate-to-gate）的阶段范围。电动汽车从摇篮到坟墓阶段包括：制造阶段（电池和车体的所有单个组件的生产）、使用阶段（BEV 为电池充电所需的电力生产、ICEV 为燃料消耗的使用需求、HEV 和 PHEV 为电力和燃料的能量需求之和）、生命周期结束阶段（车辆及电池的再处理）[33]。电动汽车从摇篮到门阶段包括：上游生产制造阶段（原材料的生产及运输）、下游生产阶段（汽车部件的制造，包括电池组和其他附件的生产制造与更换）[46]。门到门阶段是集中研究某一阶段内电动汽车的环境影响。门到门阶段的一个研究热点是电动汽车在使用阶段消耗的电能、电力结构不同造成的环境影响差异[47]；或研究电动汽车在太阳能、风能等不同发电组合下的环境性能[48]。例如，评估电动汽车在销量最高的四个国家（德国、美国、中国、日本）和潜在可再生能源市场（挪威）下的 GHG 排放潜在影响，重点分析不同国家间的电动汽车在使用阶段的排放影响[49]。另一个研究热点是电池组的回收利用阶段，文献常假设二次利用的场景是住宅建筑。电动汽车的退役电池含有 80% 的原始容量，可被梯次用于住宅建筑的电力供应[50]。有研究证明废旧电池作为住宅建筑的固定电力存储系统可以降低环境影响一个百分点，这有助于向循环低碳经济过渡[51]。对比于生产同性质用途的新电池，梯次利用下的 LFP 动力电池可在西班牙的智能建筑上带来显著的环境效益[52]。

EIO-LCA 是一种自上而下的评价方法，数据往往来源于目标产品制造行业的完整数据（不仅仅只涉及电池生产阶段），在供应链中的材料使用或与产品制造相关的排放可以通过相关部门的供应强度乘以产品的生产者价格来确定[53]。使用 EIO-LCA 需要知道目标产品在商品部门中的投入需求和环境系数，同时 EIO-LCA 可捕捉生产阶段的上游环境负荷，但与产品使用情况及使用寿命无关[54]。在电池组的 EIO-LCA 评估中，有文献提供了 LFP 的原始清单，利用跨区域的 EIO-LCA 评估了电池组在生产、使用和生命周期结束阶段的环境负担[55]。实际上，由于 EIO-LCA 的自上而下分析，相关产业链的数据信息获取不易，虽然电动汽车的电池组均为锂离子电池，但其具体电池组类型及具体清单参数不明确[56-58]。

HLCA 法是将 PLCA 和 EIO-LCA 结合以降低截断误差和分类误差的混合方法[59]。在 HLCA 中，对关键生命周期过程的环境影响进行详细的过程分析，过程系统与宏观经济系统相辅相成。在利用 HLCA 法评价动力电池组的过程中，电池组的使用阶段和处置阶段是基于 PLCA 法分析的，而其余的输入需求和清单是从 EIO-LCA 的分析中导入的[60]。利用 HLCA 评估电动汽车的影响时，学者会选择对电池的生产制造阶段采用 PLCA、电动汽车的生产制造阶段采用 PLCA 而电动汽车的使用阶段采用 EIO-LCA 进行环境影响评估，以更好地降低评估误差[61-63]。

根据近几年利用 LCA 评价纯电动汽车及动力电池组的文献，笔者汇总了在评价过程中所设定的功能单元、使用寿命（行驶里程）、系统边界、电池类型、电池清单来源、研究所涉及的情景分析、环境指标、评价方法和主要相关结论，如表 1-2 所示。由于不同类型电动汽车电池组在产业链中信息获取的困难性，该研究采用的是基于过程的生命周期评价方法，以详细研究电池组在生产阶段和使用阶段的环境影响分析。

表1-2　2015～2019年37篇电动汽车及动力电池组的研究对象、功能单元、边界范围、电池类型、评价方法、环境评价指标、情景分析和相关结论

年份	作者	功能单元（生命周期）	边界范围	车型	电池类型	电池清单	评价方法	环境评价指标	情景分析	关于汽车或电池的主要结论	参考文献
						HLCA					
2019	Wu, et al.	1 km (150000 km)	汽车：生产制造	BEV, ICEV	NMC622	GREET数据库2018	热发射成像系统模型	CF	不确定性分析：燃料电力消耗、调整因素、车重、生命周期里程、锂离子电池结构	在全国电力组合下，BEV的碳足迹为217.6 g CO$_2$ eq/km，低于ICEV的碳足迹	[64]
2019	Zhao and You	1单位电池包（200000 km）	原材料提取、元件生产、电池制造、使用阶段、生命周期结束阶段	未指定	LMO, NMC	文献数据[65,66]	ReCiPe评价方法	17个中点指标：ALOP, 生态系统的CC, METX, NLT, TAP, TETX, CC对HH的影响, HTX, IR, PMFP, POFP, FDP, MDP, FETX, FEP, ULOP, ODP; 3个终点指标：EDD, HHD, RAD; GHG, ECP	敏感性分析：BMS重量和冷却系统、生产效率	电池生产是生命周期阶段最重要的贡献者。两种锂离子电池最大的区别在于处理和回收阶段	[60]
2017	Zhao and Tatari	1 km (25000 km)	生产阶段、使用阶段	垃圾收集车：柴油、天然气、液压混合动力、插电式电池供电	暂无信息	暂无信息	EXIOBASE模型	GHG排放、ECP比率	不确定性分析：工业部门合计+/-10%不确定性	液压混合动力汽车表现出最佳的综合环保工性能；柴油垃圾车的温室气体排放量略低于电动垃圾车和压缩天然气垃圾车	[63]

续表

年份	作者	功能单元(生命周期)	边界范围	车型	电池类型	电池清单	评价方法	环境评价指标	情景分析	关于汽车或电池的主要结论	参考文献
2017	Sen et al.	1英里(109226~170000英里)	汽车:制造阶段(原料提取,运输,生产),使用阶段(维修,燃油耗用)	8类重型卡车(柴油、生物柴油、压缩天然气、混合动力、电池电动)	LIB	文献数据[67]	NAICS部门,GREET模型	CO_2, CO, NO_x, PM_{10}, $PM_{2.5}$, SO_2, VOC	不确定性分析:评估结果	重型卡车的电池电动优于其他类型的卡车	[62]
2015	Onat et al.	1km(240000km)	汽车:原材料提取,加工、生产,运营阶段,EOL阶段	EV, HEV, PHEV62, PHEV18, ICEV	LIB	未具体说明	汽车制造(NAICS336111)	GHG, 能量消耗	场景分析:①国家平均发电量组合;②基于国家的边际发电组合;③100%太阳能换电电站	电池和汽车制造阶段的影响比汽车运行阶段的影响小得多	[61]
2015	Zhao and Tatari	1km(150000km)	汽车:制造阶段	EREV, BEV	LIB	未具体说明	NAICS	GHG	不确定性分析:换电周期,电池寿命	在可行性监管服务方面,增程式电动汽车和纯电动汽车都能够减少温室气体的排放	[68]
2015	Ercan and Tatari	1英里(37000英里)	汽车:物料提取,加工、生产阶段,公交运营阶段,EOL阶段	公交车(柴油、生物柴油、压缩天然气、液化天然气、电动车)	LIB	文献数据[37,69]	AFLEET	空气污染排放,水提取	敏感性分析:公交车辆燃油经济性(行驶周期)	电池电动和混合动力巴士的环境排放更少	[59]
EIO-LCA											
2019	Sen et al.	1km(186000km)	汽车和电池:制造阶段(直接影响,运营和EOL阶段间接影响)	ICEV, HEV, PHEV, BEV	LIB	文献数据[70]	EXIOBASE模型	材料足迹	场景:①目前美国电网结构;②60%的可再生能源;③大型太阳能充电基础设施建设	制造阶段主导着车辆生命周期的材料足迹	[56]

续表

年份	作者	功能单元（生命周期）	边界范围	车型	电池类型	电池清单	评价方法	环境评价指标	情景分析	关于汽车或电池的主要结论	参考文献
2018	Karaaslan et al.	1 km（200000 km）	整车：制造、运营、EOL回收/处置；电池：制造、EOL	汽油SUV、柴油SUV、氢SUV、混合动力SUV、电动SUV	LIB	未具体说明	2002年基准美国生产者价格模型	GHG、ECP、WW	不确定性分析：生命周期里程、燃油消耗率、评价结果	纯电动SUV耗水大，电池制造过程中排放严重；电池具有较好的环保性能	[71]
2017	Wolfram and Wiedmann	1 km（230000 km）	汽车：生产、维修、道路供应、使用	汽油ICEV、柴油ICEV、HEV、PHEV、BEV	未指定	未具体说明	2009年供应与使用表（SUT）	CF	基本情形、高效情形、低效情形	制造电池增加了巨大的CF排放，电动汽车与低排放电力相结合将更有利于气候	[72]
2016	Zhao et al.	1 km（150000 km）	汽车与电池：制造阶段、燃料基础设施生产阶段、车辆运行阶段	载货汽车（4级柴油、4级柴油电动、4级混合动力、4级CNG、3级纯电动、5级纯电动）	LIB	未具体说明	Exiobase 2（2007 EE-MR-HLCA 区域模型）	CF、能量足迹	不确定性分析：油耗、其他关键参数变化	电动载货汽车的温室气体排放和能源消耗比较低	[57]
2016	Onat et al.	1 km（240000 km）	汽车与电池：提取、加工、材料制造、运营、EOL阶段	ICEV、HEV、PHEV（16 km、32 km、48 km、64 km）、BEV	LIB	未具体说明	TBL-LCA模型	CF、WF、ECP、危险废物的产生、渔业、放牧、林业、农田、二氧化碳吸收地	场景分析：①美国现有的电力基础设施；②极端情况：通过大阳能充电站发电	在环境指标更重要的情况下，HEV是首选的替代汽车选择	[58]
2016	Sanfélix et al.	1km（150000 km）	电池：制造、使用和EOF（回收）阶段	EV	LFP	原始数据	ReCiPe评价方法	GWP、TAP、POFP、PMFP	暂无信息	电池单体的制造是一个具有最高环境负荷的生命周期阶段	[55]

续表

年份	作者	功能单元（生命周期）	边界范围	车型	电池类型	电池清单	评价方法	环境评价指标	情景分析	关于汽车或电池的主要结论	参考文献
						PLCA					
2019	Berg and Zackrisson	1 km	电池:生产阶段,使用阶段,EOL阶段中回收	暂无信息	LFP, NMC111	原始数据+参考数据[73]	IPCC 2007, CML-IA, USEtox	环境影响, RD, 毒性指标	敏感性分析:容量	LMB 的使用阶段比生产阶段有更多的气候和成本影响;NMC 优于 LFP	[74]
2019	Almeida et al.	1 km	汽车与电池:生产阶段,使用阶段	8 种不同的电动汽车:小型、中型、大型、运动型多用途车	LMO, NMC111, LFP, NMC622, NMC811, LMR-NMC: 石墨, LMR-NMC: 石墨-硅, NCA	原始数据	GREET 2018 模型	温室气体排放、关于空气污染物排放的六项指标(CO, SO_x, NO_x, SO_x, VOC, PM_{10}, $PM_{2.5}$)	数据分析:LIB 化学, 车辆细分	较新的锂化学物质(LMR-NMC:石墨-硅)可以在统计上显著改善所有对污染物对环境的影响	[75]
2019	Deng et al.	1 km (20000 km)	电池:原料提取、原料加工、电池制造、电池使用、电池处置	暂无信息	正极: NMC 负极: SiNT	原始数据	ReCiPe 评价方法	GWP, FDP, ODP, POFP, PMFP, TAP, FEP, MEP, FETX, METX, TETX, HTX, MDP	灵敏度分析:行驶里程、汽车装减率、总寿命距离、电池效率、电池衰减率	NMC-SiNT 电池与传统的 NMC-石墨电池具有相当的环境影响。在大多数类别中,SiNT 负极的生产对电池生产的影响百分率为 35%～60%	[76]
2019	Raugei and Winfield	1 kW·h	电池:组装电池组、EOL 处理的制造步骤	EV	LCP	文献数据(由 MARS-EV 项目合作伙伴+BatPac 软件提供)	GaBi 专业版 LCA	CED, GWP	暂无信息	LCP 的生命周期评价结果很有前景。还对新开发的湿法冶金回收工艺进行了积极评价	[77]

续表

年份	作者	功能单元（生命周期）	边界范围	车型	电池类型	电池清单	评价方法	环境评价指标	情景分析	关于汽车或电池的主要结论	参考文献
2019	Cusenza et al.	一个电池组（11.4 kW·h, 136877 km）	汽车/电池：生产阶段（原材料供应、材料生产），电池组装、运输和基础设施，使用阶段，EOL阶段	PHEV	LMO/NMC复合正极	实验室电池原始数据+文献数据[78,66]	欧洲产品环境足迹	CED, ADP, GWP, ODP, HTC, HTN, POFP, AP, TEP, FEP, MEP, FETX	敏感性分析：场景（基础、最坏、最好）	电池生产是对生命周期影响贡献最大的阶段。电池效率是一个非常重要的参数	[45]
2019	Delgado et al.	每瓦时容量单元和每电池单体	电池：生产阶段、使用阶段、EOL阶段	暂无信息	LIB, Al-ion	原始数据	ReCiPe V1.1	GWP	灵敏度分析：清洁生产（组装使用100%光伏能源）	电池生产阶段是碳强度最高的阶段，能源使用是GWP的主要贡献者	[79]
2019	Marques et al.	1 km（200000 km）	电池：原料的提取及产品的生产、使用和最终处置	BEV	LMO, LFP	文献数据[65,80]	CML-IA评价方法	PFE, GWP, AP, EP	敏感性分析：下限、上限、基线	$LiFePO_4$电池的运行性能优于$LiMn_2O_4$电池，但其寿命周期影响较大，这主要是由于制造过程的影响较大	[81]
2019	Kawamoto et al.	1 km（EU: 150000 km, 160000 km, 180000 km; US: 193120 km, 320000 km; JP: 100000 km, 110000 km）	汽车：制造、燃料提取、精炼、电力发电和报废阶段	BEV, ICEV	LFP, NMC	文献数据[37,66,80,82]	Paper评价方法, GaBi	CO_2	暂无信息	由于电池生产过程中CO_2排放的增加，纯电动汽车在装配过程中的CO_2排放要大于汽油混合动力汽车	[83]

续表

年份	作者	功能单元（生命周期）	边界范围	车型	电池类型	电池清单	评价方法	环境评价指标	情景分析	关于汽车或电池的主要结论	参考文献
2018	de Souza et al.	1 km（160000 km）	车辆/电池：制造阶段、车辆使用阶段（运行和维护）、EOL阶段（回收和最终处理）	混合燃料汽车（汽油、乙醇）、ICEV、BEV	NCM 424	文献数据[78]	CML 2000 LCIA评价方法	ODP, ADP, FDP, GWP, HTX, POFP, AP, EP	敏感性分析：能源供应使用（燃料和电力）	BEV对人体毒性的影响最大。锂离子电池的生产影响了HTX的较高性能	[35]
2018	Yu et al.	1 km（250000 km）	动力系统：物料提取、加工、制造、运输、利用、回收	暂无信息	NMC、LFP	原始数据	CML 2001评价方法	GWP, AP, EP, POCP, ODP, ADP	灵敏度分析：电池结构、电池能量密度	在生命周期中，EV的非生物耗竭潜力和环境影响综合价值均高于GV	[84]
2018	Keshavarzmo-hammadian et al.	一块用于电动汽车的动力电池（80 kW·h）	电池：电池材料生产；用于电池材料制备、制造和组装的能源；向化工厂和化工厂运输原料；运输材料和预组装伴随到电池生产设施	EV	硫基固体电池	原始数据	US-EI 2.2 LCI数据库	ODP, GWP, PSF, AP, EP, 致癌物、非致癌物, RPE	灵敏度分析：能量需求、反应产率、运输、发电量	与清洁干燥室操作相关的直接能源和上游能源的组合占总CED（73%）的最大份额，和GWP（75%）其次是正极糊。洁净干燥室和阴极树脂的能源需求和环境影响降低为改进生产工艺和降低成本提供了机会	[85]
2018	Bicer and Dincer	1 km（150000 km）	车辆：制造、运营、维修、车辆处置	BEV、PHEV、燃料汽车（汽油、柴油、压缩天然气、液化石油气、氨、甲醇）	LCO	文献数据[86]	CML影响评价、生态指标99影响评价	HTX, GWP, AP, EP, ADP, ODP, TEPX	不确定性分析：LCA结果（1000次运行，95%置信区间）	BEV的温室气体排放比PHEV、燃料汽车低，电池的生产对AP、EP和HTX有重大影响	[87]

续表

年份	作者	功能单元（生命周期）	边界范围	车型	电池类型	电池清单	评价方法	环境评价指标	情景分析	关于车辆或电池的主要结论	参考文献
2018	Burchart-Korol et al.	1 km（150000 km）	汽车和电池：生产阶段、使用阶段、维护阶段	EV ICEV	LMO	源于Ecoinvent，2017数据库的文献数据	ReCiPe中点指标方法	GHG、FDP、AP、EP、HTX、PMFP	未来情景：2015～2020年	EV引起的AP、EP、HTX和PMFP均高于ICEV	[88]
2018	Del Pero et al.	1 km（150000 km）	车辆：生产、使用、EOL阶段	BEV ICEV	LIB	原始数据+GaBi 6.3数据库	国际参考生命周期数据库系统	酸化、气候变化、人类毒性、特殊物质	盈亏平衡分析：3个电网混合（平均欧盟、挪威、波兰电网混合）	与ICEV相比，BEV的制造具有更大的负荷，特别是在大量使用金属、化学品和能源的情况下	[89]
2017	Bicer and Dincer	1 km（150000 km）	车辆：制造、运行阶段、维修和处置。电池：生产、使用、处置	可替代性汽车：（甲醇、氢、电动）	LCO	GREET模型数据+文献数据[90]	SimaPro LCA	全球变暖、人类中毒、臭氧损耗	不确定性分析：LCA结果（100次运行，95%置信区间）	EV在制造和维护阶段产生较高的人体毒性值	[34]
2017	Zackrisson	1 km	电池：从资源提取到制造LMB（包括包装），使用阶段、回收、最终处理	EV、HEV	LFP和NMC111电池单体，负极中含有金属锂	原始数据+文献数据[66]	IPCC 2007、CML-IA基准、USEtox模型	气候影响、资源耗竭、毒性损害	灵敏度分析：混合电力	与原NMC和LFP相比，使用LMB的电池具有更小的环境影响，主要是因为能量密度。NMC对环境的影响比LFP小；装配能耗是气候影响的主要驱动因素	[73]

续表

年份	作者	功能单元（生命周期）	边界范围	车型	电池类型	电池清单	评价方法	环境评价指标	情景分析	关于汽车或电池的主要结论	参考文献
2017	Hao et al.	1 kW·h（28kW·h）	锂电池制造工艺：材料开发，材料加工，零件制造，电池制造（从摇篮到门）	EV	LMO, LFP, NMC	论文初步数据 基于阿贡国家实验室 BatPac 模型	GREET-2015	GHG	暂无信息	LMO 排放的温室气体最少。与传统汽车相比，汽车生产增加了约 30% 的温室气体排放	[91]
2017	Deng et al.	1 英里（200000 英里）	电池：原材料提取，材料加工，电池制造，使用，EOL 阶段	BEV	Li-S, NMC-石墨	原始数据+文献数据[92]	ReCiPe 评价方法	GWP, FDP, ODP, POFP, PMFP, TAP, FEP, MEP, FETX, METX, TETX, HTX, MDP	灵敏度分析：每次充电的行驶里程，电池可用容量比，总里程，电池效率，电池制造的 EC，电池衰减率	Li-S 电池比传统的 NMC-石墨电池更环保，影响降低 9%~90%	[93]
2016	Tagliaferri et al.	1 km	车辆电池：制造阶段，使用阶段，EOL/最终处理阶段	BEV, HEV, ICEV	NCM424	文献数据[66,78]	CML 2001 基准 USEtox 模型	GWP, ADP, HTX	情景：扩大范围至 2050 年中的能源结构	在 BEV 的制造阶段，在电池组中使用的金属毒性类别是环境负担最高的	[33]
2016	Kim et al.	1 kW·h, 1 kg	电池从摇篮到门：材料生产，电池和组件制造，电池组组装，运输	BEV	LMO/NMC 复合正极材料	原始数据（来自电池行业）	GREET 2014	GHG	与之前的结果进行比较分析	在电池制造和组装过程中，约有一半的电池温室气体排放与公用事业有关	[94]

续表

年份	作者	边界范围	功能单元（生命周期）	车型	电池类型	电池清单	评价方法	环境评价指标	情景分析	关于汽车或电池的主要结论	参考文献
2015	Oliveira et al.	电池:原材料采和提取、加工，零部件制造、电池生产阶段、使用阶段、EOL阶段	1 kW·h（1400 kW·h）	BEV	LFP, LMO	某欧洲项目的原始数据（SUBAT-可持续电池）[78]+文献[78, 65]	ReCiPe 评价方法	CC, HTX, PMFP, MRD	暂无信息	LIB储能系统的环境性能总体上取决于其效率，并直接与其使用阶段的能源混合有关	[95]
2015	Sanfélix et al.	电池:制造阶段、使用阶段和EOL阶段	1 km（150000 km, 300000 km）	BEV	LMO	文献数据[65]	LCIA 方法合在欧洲委员会ILCD手册中推荐	GWP, AP, FETX, FEP, HTC, HTN, IR, ODP, PMFP, RPI, POCP, RD, F&M, TEP	场景分析：①生命里程为150000 km；②使用寿命300000 km, 电池更换一次	混合能量储存的制造排放对所有的影响类别都是更高的。减少电池包中金属的含量将会减少影响类别的排放	[96]
2020	Sen et al.	汽车:材料提取、采购、制造和运行阶段	1英里（109226～170000英里）	重型卡车(自动柴油HDT、自动电池HDT)	暂无信息	暂无信息	Eroa	GWP, WF, HH	灵敏度分析：里程、寿命	自动化的发展为选定的可持续发展指标带来重要改进	[97]
2019	Wang et al.	汽车:制造、运行和回收阶段	1 km（250000 km）	BEV, ICEV	LIB	暂未具体说明	GaBi	RD（ADPe, ADPf）, CC（GWP）, 排放（AP, EP, ODP, POCP）	敏感性分析：电力结构、能耗	在中国，ICE 生命周期可持续性优于 BEV	[98]

注：表中 ODP 等缩略语的中英文全名见本书常用缩略语表。

1.1.5　锂离子动力电池环境评价内容、技术路线及创新

根据上述内容，确定本章的研究目标：

（1）确定综合环境评价指标，建立动力电池绿色特性评价体系。

（2）采用第一目标中的方法表征动力电池组的绿色性能，从足迹家族、资源耗竭、毒性损害等维度方面对动力电池组进行综合环境性能评价，构建评价框架。

（3）考虑到电池组在不同车型、不同区域和不同性能参数下的使用情况，建立情景分析。

与研究目标相互对应，本章的主要研究内容：

（1）根据生命周期评价框架，选择具体研究对象：LFPx-C、LFPy-C、NMC-C、NMC442-C、NMC111-C、NMC-SiNT、NMC-SiNW、LMO-C、LMO/NMC-C、Li-S 和 FeS$_2$ SS（电池名称见本书常用缩略语表）。根据电池组的质量清单分析，选择足迹家族指标、资源耗竭指标和毒性影响指标，进行综合影响和绿色特性分析，评价不同电池材料的绿色特性。

（2）设定微型、中型、中高级型和高级型 4 种车型装配目标电池组，假设电池组在全球、欧洲、中国、美国和日本等 5 个不同区域使用，分析电池尺寸和区域电力结构对环境的影响。

（3）根据设定的高效情景和低效情景电池组参数（行驶里程、充电桩的充电效率、电池内部充电效率、质量-能耗关系比），评估电动汽车电池组在生命周期阶段的各项环境影响指标的环境影响和变化范围。

根据研究目标和研究内容，将本研究分为目标与范围、材料清单分析、综合环境评价、绿色特性指数和讨论与分析 5 步，具体的技术路线如图 1-2 所示。

本章的创新点主要有 3 个：

（1）提出从足迹家族、资源耗竭和毒性损害三个维度来探索锂离子动力电池的综合环境性能，并引入了灰色关联分析和熵权分析的组合赋权法，建立了绿色特性指数，使得评价结果具有可比性。

（2）对磷酸铁锂（LFP）、锰酸锂（LMO）、三元电池（NMC）和锂金属电池（LMB）等多个类型的锂离子电池组进行生命周期的环境评价，并对比了各项环境指标下各个电池组的性能优劣，为目前市场上动力电池组的类型选择提供一个环境友好的考虑角度。

（3）提出从多车型角度、多区域角度和高低效情景等多个方面来考虑锂离子电池组在生命周期阶段的足迹家族、资源耗竭和毒性损害等方面的环境效益，结合减排潜力分析探索了动力电池组在车型选择和区域选择上的优选依据。

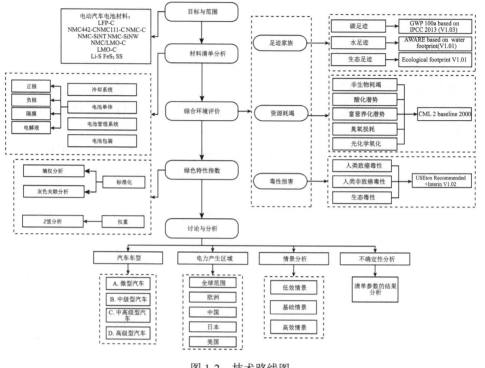

图 1-2　技术路线图

1.2　电池环境评价的理论基础与指标体系

1.2.1　生命周期评价框架

生命周期评价（life cycle assessment，LCA）是一种结构化的、全面的、国际标准化的可以量化环境负荷的评价方法。1990 年,环境毒理学与化学学会（Society of Environmental Toxicology and Chemistry，SETAC）定义了 LCA 的概念和 LCA 的评价方法[99, 100]。它量化了与任何商品或服务（产品）相关的所有相关排放和资源消耗,以及相关的环境、健康影响和资源消耗问题[86]。LCA 被划分为 4 个阶段：目标与范围的确定、清单分析、评价影响分析和结果解释或优化评价结果[101]。LCA 的范围、系统边界和详细程度主要取决于研究的课题和预期的用途。根据特定的 LCA 目标,LCA 探索的研究深度会有很大的不同,在 ISO 14040 列出了 LCA 的部分应用：鉴别改善可能性、决策制定、环境性能指标选择和市场索赔。生命周期评价并不局限于产品生产系统,它广泛应用于各种环境问题,也可以为相关决策提供参考和支持[102]。

LCA 会考虑产品的整个生命周期:从资源的开采提取到原料/能源生产、使用,再到废物/再生的过程[103]。因此,LCA 的研究有助于避免在解决一个环境问题的同时造成其他问题:这种不必要的负担转移就是在生命周期的某个点上减少环境影响,而在另一个点上增加环境影响。例如,LCA 有助于避免在改进生产技术的同时造成与废物有关的问题,在减少温室气体的同时增加土地利用或酸雨,或在一个国家增加排放而在另一个国家减少排放。

LCA 作为一种常见的环境管理工具[104],在研究中得到了广泛的应用,并根据 LCA 框架建立了许多不同的评价方法。其应用从产品生产体系的评价逐渐拓展至从原料生产到回收利用和最终处置中整个生命周期的评价,从工业产品的评价扩展至含服务行业在内的众多领域方面的评价。生命周期评价中包含与产品、工艺和活动相关的所有直接和间接环境影响。LCA 方法对环境影响进行了相关的损害分类和量化[102],在环境影响评价阶段建立了影响因子的相关概念,根据影响因子不同的计算与权重方法,衍生出不同的生命周期评价方法。

1.2.2　综合环境评价指标

本章通过查阅国内外文献,根据评估动力电池组中具有代表性的指标,初步选择了 11 组三级指标,再将三级指标分类综合划分为足迹家族、资源耗竭和毒性损害 3 组二级综合指标(表 1-3)。

表 1-3　动力电池组的综合环境评价指标

	指标	影响评价方法*	单位
足迹家族	碳足迹(CF)	GWP 100a based on IPCC 2013(V1.03)	kg CO_2 eq
	水足迹(WF)	AWARE based on Water footprint(V1.01)	m^3
	生态足迹(EF)	Ecological footprint(V1.01)	$m^2 \cdot a$
资源耗竭	非生物耗竭(ADP)	CML 2 baseline 2000(V2.05)	kg Sb eq
	酸化潜势(AP)	CML 2 baseline 2000(V2.05)	kg SO_2 eq
	富营养化潜势(EP)	CML 2 baseline 2000(V2.05)	kg PO_4 eq
	臭氧损耗(ODP)	CML 2 baseline 2000(V2.05)	kg CFC-11 eq
	光化学氧化(POFP)	CML 2 baseline 2000(V2.05)	kg C_2H_4 eq
毒性损害	人类致癌毒性(HTC)	USEtox Recommended + Interim(V1.02)	CTUh
	人类非致癌毒性(HTN)	USEtox Recommended + Interim(V1.02)	CTUh
	生态毒性(ETX)	USEtox Recommended + Interim(V1.02)	CTUe

*:此列的英文代表国际标准下的子方法,均为专业用词,目前没有官方译法,所以保留英文原文。

1.2.3　足迹家族类指标

足迹家族作为人类在自然资源消费和废弃物排放过程中占用的地球生态系统的再生能力和消纳能力的指标系列，包含多个单一维度的足迹指标。理论上，指标一般是对复杂情况的现实简化，如碳足迹、水足迹、生态足迹、氮足迹、能源足迹、材料足迹等[105]。足迹家族中，足迹指标的选择根据所需要评价或处理的影响类别的相关性而有所不同，原则上，两个或两个以上的足迹指标可以组成一个足迹家族。然而，考虑到有各种足迹指标衡量单个或集体压力引起的生产和消费，研究者需选择其中一些具有相关特定的足迹指标构成足迹家庭，对由于人为影响而产生的生态系统影响进行评估，并为决策者提供更多的信息[106]。例如，材料足迹指标适用于评价全球宏观范围的原材料资源消耗流入流出动态情况[107]，化学足迹指标适用于评价产品中包含的化学品所造成的潜在化学污染及其影响[108]，氮足迹指标适用于计算个人和能源消耗流失到环境中的活性氮排放量[109]。

目前，最常用的足迹家族指标是碳足迹（carbon footprint，CF）、水足迹（water footprint，WF）和生态足迹（ecological footprint，EF），这三个指标能够反映人类获得对环境的影响，并补充了从消费者角度评估人类对地区的压力[110]。采用足迹家族评价方法，通过碳足迹、水足迹和生态足迹所定量表征的温室气体排放总量、水资源消耗总量和生态影响破坏总量，以评估电池组在不同环境关注度方面的总体影响。

1.2.4　资源耗竭类指标

资源耗竭作为一个影响类别，除对环境和人类健康的影响外，还具有非常直接的经济和地缘局势方面的影响，即持续供应[111]。在自然资源的可持续性评估中，应该考虑这些观点，并对其进行建模和评估，以支持有关环境和社会经济问题的决策。CML 作为较为常用的资源耗竭评价方法之一，是 2001 年由莱顿大学环境科学中心（CML）的科学家们提出的一套用于评估影响类别和表征的方法[112]。在原因和影响之间关系链的建立初期，就对比进行量化，来减少不确定性，并根据结果对常见的环境问题分类。CML 纳入了最重要影响类别的标准化，使其更容易与其他公布的数据进行比较[113]。

采用 CML-IA 方法评价研究对象，选择非生物耗竭（ADP）、酸化潜势（AP）、富营养化潜势（EP）、臭氧损耗（ODP）和光化学氧化（POFP）5 类指标。ADP 指人类在开发利用阶段对不可再生资源的消耗。ADP 值是根据矿物和矿物燃料的每次萃取的浓度储量和去积累速率来确定的单位 kg Sb eq/kg。AP 对土壤、地下水、地表水、生物、生态系统和建筑物类材料产生广泛的影响，单位为 kg SO_2 eq/kg，指将过程中引起的其他酸化等价转换为 SO_2。EP 是由于向空气、水和土壤排放营养物质而导致环境中宏观营养水平过高所造成的所有影响，其特征化过程以磷酸为标准，单位为 kg PO_4 eq/kg。ODP 是由于大气平流层臭氧损耗，大部分的中波紫外线（UV-B）辐射到达地球表面，对人类健康、动物健康、陆地和水生生态系统、生化循环和物质产生有害影响。高能紫外线的辐射会使平流层内一氟三氯甲烷（CFC-11）释放，分解产生氯原子从而破坏臭氧层，因此采用单位为 kg CFC-11 eq/kg 来表示臭氧损耗潜力。POFP 是由人类健康和生态系统有害的活性物质（主要是臭氧）形成的，可能对农作物造成损害。大气中的碳氢化合物和氮氧化合物在阳光的强烈照射下发生光化学反应，从而形成光化学臭氧。光化学氧化的特征化过程以乙烯为标准，单位为 kg C_2H_4 eq/kg。

1.2.5　毒性损害类指标

毒性指标被认为是在 LIB 环境性能评价方面除温室气体排放或能源需求之外更为重要的一项指标[42]。USEtox 作为一种由联合国环境规划署（UNEP）、环境毒理学与化学学会（SETAC）开发的科学共识模型，计算了人类毒性和淡水生态毒性的表征因子，包括中点和终点因素。USEtox 模型通过环境归宿、暴露和效应三个步骤将排放与影响联系起来，环境归宿是模拟每种物质的分布和降解，暴露是模拟人类、动物和植物的暴露，效应是模拟物质的固有损害[114]。目前，USEtox 已被广泛地应用在大型数据库、国家和国际项目及工业生命周期评估研究中，用于产生推荐的人类毒性和生态毒性数据库[115]。

在本研究中选择 USEtox 计算模型中的人类致癌毒性（HTC）、人类非致癌毒性（HTN）和生态毒性（ETX）三个指标，组成毒性损害指标。人类致癌毒性或非致癌毒性（人类潜在毒性）的单位为 CTUh（comparative toxic units），表示每单位质量释放一种化学物质导致发病率增加的总人口估计（cases/kg）；生态毒性（生态毒性潜势）的特征因子用 CTUe（comparative toxic units）表示，是对随时间和单位质量释放的化学物质体积的累积可能受影响的物种比例（PAF）的估计（PAF $m^3 \cdot d/kg$）[114]。

1.2.6　绿色特性指标

为方便判断电池组的绿色特性总体状况，在上述足迹家族、资源耗竭和毒性损害等二级指标的基础上，构建一级综合指标，即绿色特性指标。通过乘法加成法综合赋权确定各项指标的权重，具体计算方法如下。

1. 数据标准化处理

在多指标评价体系中，因各个指标的单位、量纲、数量级等各不相同，对指标间的比较和分析往往不便，同时不同的指标具有不同的正负性，即正向指标、逆向指标和适度指标，数据标准化处理甚至会影响到评价的结果。因此，为统一评估标准，首先要对所有评价指标进行标准化处理以消除量纲，转化为无量纲、无数量级差别的标准化数值，再根据评价指标的正向性或负向性进行分析评价。

由于各指标间存在不公度性，即各指标的度量单位（即量纲）不一致，各指标类型不一致。可以将指标分为三类：①正向指标，指标值越大越好；②逆向指标，指标值越小越好；③适度指标，指标值不应过大或过小，趋于一个适度值或适度区间为宜。其次，对于分类后的指标需要进行指标同趋向化，即对逆向指标进行指标正向化。

从构建的综合绿色评价体系的指标中可以知道，该体系内的指标均属于逆向指标，其逆向指标正向标准化公式为

$$Z_{ij} = \frac{\max_{1 \leqslant i \leqslant n} X_{ij} - X_{ij}}{\max\left[X_{ij} - \min_{1 \leqslant i \leqslant n} X_{ij}\right]} \tag{1-1}$$

式中，X_{ij} 为第 i 种电池的第 j 个三级指标原始数据；i 为不同种类的动力电池组，$i=1,2,\cdots,n$（$n=11$）；j 为指标数据的类别，$j=1,2\cdots,m$（$m=13$）；Z_{ij} 为第 i 种电池的第 j 个指标的标准化值。其中，Z_{ij} 的值从 0 到 1，Z_{ij} 值越大，则该项指标的数据越好。

2. 指标权重的确定

权重的确定在评价过程中举足轻重，权重评价指标的赋权方法主要有客观赋权法和主观赋权法。在对评价对象进行综合评价时不论是客观赋权还是主观赋权均存在信息丢失的风险，导致评价过程准确性的降低。为降低风险，人们提出组合赋权的概念，提高赋权方法的兼容度。

灰色关联分析是灰色系统方法论中的方式，是由邓聚龙教授所提出的一种方法[116]。灰色关联分析法的主要思想是在许多客观事物和因素之间，相互关系非常复杂，人们在认识、分析、决策时，得不到全面、足够的信息，不易形成明确的概念[105]。因为这些都是灰色因素、灰色关联性在起作用，所以对灰色系统进行分析和研究时，要从随机性的时间序列中，找到关联性和关联性的度量值，以便进行因素分析，为系统决策提供依据[117]。

熵权法是通过各指标的熵值所提供的信息量的大小来决定指标权重的方法。基本思路是根据指标变异性的大小来确定客观权重，所使用的数据是决策矩

阵，所确定的属性权重反映了属性值的离散程度。熵可用于度量系统的无序程度，同时也可度量数据携带的有效信息量，进而确定指标的权重值。如果指标的信息熵越小，该指标提供的信息量越大，则在综合评价中所起作用越大，权重赋值就越高。

1）灰色关联分析法权重的计算

灰色关联分析法研究的基本对象是数据列，分为标准数据列（母序列）和参考数据列（子序列），其中标准数据列记为 X_0，参考数据列是灰色关联分析法中的标准数据列，指标值为该指标系列中的最优值（如在 11 组指标中选择一组指标，该组指标的最优值即为标准数据列中的指标值）。指标值按顺序依次记为 $x_0(1)$、$x_0(2)\cdots$，第 k 个指标值记为 $x_0(k)$，则参考数据列可以用如下公式表示[105]：

$$X_0 = \left\{ x_0(1), x_0(2), \cdots, x_0(m) \right\} \qquad (1\text{-}2)$$

比较数据列是研究的对象数据列，记为 X_i，将第一个指标值记为 $x_i(1)$，第二个指标值记为 $x_i(2)$，第 k 个指标值记为 $x_i(k)$，因此比较数据列可以用如下公式表示：

$$X_i = \left\{ x_i(1), x_i(2), \cdots, x_i(m) \right\} \qquad (1\text{-}3)$$

$x_0(k)$ 与 $x_i(k)$ 在第 i 类电池组中的第 k 个指标的关联系数为 $\xi_i(k)$，其计算公式为

$$\xi_i(k) = \frac{\min_i \left\{ \min_k \left| x_0(k) - x_i(k) \right| \right\} + \rho \cdot \max_i \left\{ \max_k \left| x_0(k) - x_i(k) \right| \right\}}{\left| x_0(k) - x_i(k) \right| + \rho \cdot \max_i \left\{ \max_k \left| x_0(k) - x_i(k) \right| \right\}} \qquad (1\text{-}4)$$

式中，ρ 称为分辨率系数，$\rho \in (0,1)$，通常取 $\rho = 0.5$。其意义是削弱最大绝对差数值太大引起的失真，提高关联系数之间的差异显著性。

其对应关联度为

$$\xi(k) = \frac{1}{n} \sum_{i=1}^{m} \xi_i(k) \qquad (1\text{-}5)$$

指标对应权重

$$x_j = \frac{\xi(j)}{\sum_{k=1}^{m} \xi_k(j)} \qquad (1\text{-}6)$$

2）熵权法权重的计算

一组数据的信息熵为[118]

$$S_j = -\ln\left(\frac{1}{n}\right)\sum_{i=1}^{n} P_{ij} \ln P_{ij} \qquad (1\text{-}7)$$

式中，$P_{ij} = \dfrac{Z_{ij}}{\sum_{i=1}^{n} Z_{ij}}$，若 $P_{ij} = 0$，则 $\lim_{P_{ij} \to 0} P_{ij} \ln P_{ij} = 0$。

指标对应权重：

$$y_i = \frac{1 - S_j}{m - \sum_{j=1}^{m} S_j} \qquad (1\text{-}8)$$

3）组合赋权法

组合赋权法在实际应用的过程中主要使用的计算方法有乘法加成法、线性加权合成法、以层次分析法和熵值法为基础的综合计算方法。

乘法加成法的原理是先通过其他各种不同的赋权方法对某一指标赋权，赋权后把该指标所得的权数相乘并归一标准化就得到了该指数的组合权数[119]。

$$w_j = \frac{x_j y_j}{\sum_{j=1}^{m} x_j y_j} \qquad (1\text{-}9)$$

式中，x_j 和 y_j 是不同赋权方法对指标 j 赋予的权重，乘法加成可以综合不同赋权方法加以考虑，主要适合于一些指标个数较多、权重在指标间分配较均匀的情况。

线性加权合成法要考虑到决策者对这些不同的赋权方法存在一些偏好的情况，该方法的计算公式为

$$w_j = \theta x_j + (1 - \theta) y_j \qquad (1\text{-}10)$$

式中，θ 为待定常数，$0 < \theta < 1$，θ 的取值表现出赋权者的偏好选择，当赋权偏向于主观赋权时，那么主观赋权的权重就偏大。如果赋权者对主观赋权和客观赋权不存在不同的喜爱时，往往就要用一些其他客观赋权法来计算两种赋权方法各自的权重系数大小。

根据上述组合赋权的权重方法计算出各项环境指标的权重值，多层级的指标结构即各指标权重如图 1-3 所示。通过计算电池组环境影响值得出的客观数据来确定指标的权重值，可以发现 11 项三级指标中，CF 的权重值最大，POFP 的权

重值最小，说明在电池组的环境影响评价中，CF 值是环境性能的重要参考指标之一。足迹家族中 CF 和 EF 所占权重比较大，资源耗竭中 ADP 和 ODP 所占权重较大，而毒性损害中的三项指标的权重较为平均。在二级指标中，资源耗竭类所占权重最大，而毒性损害类所占权重最小。

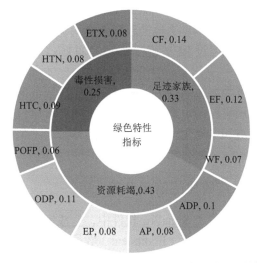

图 1-3　绿色特性指标的各级指标组合及其权重值[①]

1.3　动力电池组生命周期清单分析与参数确定

1.3.1　评价对象与范围确定

本节旨在利用 LCA 框架分析不同类型电池组应用在不同车型、不同区域和不同情景下的环境影响和绿色特性。研究对象为作为动力能源的 11 种不同类型的锂离子电池组，包括 LFPx-C[78]、LFPy-C[84]、NMC-C[84]、NMC442-C[78]、NMC111-C[66]、NMC-SiNT[76]、NMC-SiNW[120]、LMO-C[65]、LMO/NMC-C[45]、Li-S[93]和 FeS$_2$ SS[85]（具体电池名称见本书常用缩略语表）。由于目前常用的商业电池组类型为 LFP、NMC，故选择了 2 种不同成分比的 LFP（根据磷酸铁锂正极材料的组分和比例不同）和 3 种不同成分比的 NMC（根据镍钴锰三种活性材料成分比例的不同和正极材料比例的不同所选择的 3 种不同类型），还有 2 种纳米负极材料组合的 NMC 电池、1 种以 LMO 为正极活性材料的电池组、1 种同时含 LMO 和 NMC 的复合正极材料电池和 2 种含硫的锂离子电池。电池组根据组分不同可以分为 4 类，即 LFP（LFPx-C 和 LFPy-C）、NMC（NMC-C、NMC442-C、NMC111-C、NMC-SiNT

_____

① 全书彩图请扫封底二维码。

和 NMC-SiNW）、LMO（LMO-C 和 LMO/NMC-C）和 LMB（Li-S 和 FeS₂SS）。

LCA 的结果与功能单元（function unit，FU）的选择之间有很强的依赖性，当 LCA 的结果被用作决策支持工具时，选择其中一个功能单元对结果的影响是特别重要的[121]。功能单元的确定可以保证评价对象和评价过程有相同的基准。为比较不同电池组的环境负担，并考虑到电池组在生命周期阶段的影响，确定了汽车行驶距离为 1 km 的功能单元，即动力电池组在生命周期阶段的环境影响以单位行驶距离为基准计算。本研究假设 BEV 可行驶 180000 km（基本情景），使用期间不考虑更换电池。

该研究的边界范围为电池组的生产阶段和使用阶段，即动力电池组的生命周期分为生产阶段和使用阶段两个部分。电池组的生产阶段包括矿物开采、原材料提取加工、零部件制造和电池生产装配，电池运输阶段不包括在研究范围内。电池组的使用阶段为电池组装配在纯电动汽车上的使用过程。

1.3.2　动力电池组生产阶段的清单分析

将电池的原材料清单输入 SimaPro 软件中，合成锂离子电池组的材料质量百分比清单在表 1-4 中。这些清单以 Ecoinvent 3 数据库为背景系统，采用基于过程的生命周期评价和基于参数特征的方法，从层次的角度对综合环境影响潜力进行评估。该数据库包含了所有的经济活动，每一个单元过程的描述和工艺都可以从数据库中找到。在材料的合成基础上，探索不同类型及不同成分的动力电池在生产和使用阶段的潜在影响概况。该评估将反映多样化的电池组组分在商业使用早期阶段的环境影响情况。

表 1-4　动力电池组的质量百分比清单

电池结构		质量百分比	材料类型
		(a) LFPx-C	
电池单体	正极	2.84×10^{-1}	LFP，炭黑（CB），四氟乙烯（ETFE），N-甲基-2-吡咯烷酮（NMP），铝（Al）
	负极	1.63×10^{-1}	石墨，ETFE，NMP，铜（Cu）
	电解液	1.20×10^{-1}	六氟磷酸锂（LiPF₆），溶剂
	隔膜	3.30×10^{-2}	聚丙烯（PP），聚乙烯（PE）
	电解槽容器	2.00×10^{-1}	Al
电池包装		1.70×10^{-1}	聚对苯二甲酸乙二醇酯（PET）
冷却系统		—	—
BMS		3.00×10^{-2}	电路，Cu，钢

续表

电池结构		质量百分比	材料类型
			(b) LFPy-C
电池单体	正极	$6.41×10^{-1}$	LFP，NMC，聚偏二氟乙烯（PVDF），CB，Al
	负极	$8.25×10^{-2}$	石墨，Cu
	电解液	$1.07×10^{-1}$	LiPF$_6$，碳酸乙烯酯（EC），碳酸二甲酯（DMC）
	隔膜	$5.15×10^{-2}$	PP，PE
	电解槽容器	$1.20×10^{-2}$	Al
电池包装		$6.17×10^{-2}$	Al，PP
冷却系统		—	—
BMS		$2.40×10^{-2}$	晶体管（TSTR），线路板
			(c) NMC-SiNT
电池单体	正极	$4.29×10^{-1}$	NMC，CB，PVDF，Al
	负极	$1.38×10^{-1}$	硅纳米管（SiNT），CB，PVDF，Cu
	电解液	$1.10×10^{-1}$	LiPF$_6$，DMC，EC
	隔膜	$1.60×10^{-2}$	硅，六氟乙烷（C$_2$F$_6$），包装薄膜，编织物，邻苯二甲酸酐
	电解槽容器	$1.80×10^{-2}$	Al，Cu
电池包装		$2.40×10^{-1}$	线路终端，组件封装，电池包封装
冷却系统		$9.50×10^{-2}$	散热器，集合管，底座及紧固件，管道配件，导热片，乙二醇
BMS		$1.30×10^{-2}$	印刷线路板，集成电池接口系统，集成电池接口系统紧固件，高压系统，低压系统
			(d) NMC111-C
电池单体	正极	$2.34×10^{-1}$	Al，PVDF，CB，NMP，NMC
	负极	$2.58×10^{-1}$	Cu，石墨，羧甲基纤维素（CMC），AA，NMP
	电解液	$9.60×10^{-2}$	LiPF$_6$，EC
	隔膜	$1.32×10^{-2}$	PP
	电解槽容器	$4.02×10^{-3}$	多层袋，铜片，铝片
电池包装		$3.20×10^{-1}$	组件封装，电池托盘，电池维护器
冷却系统		$4.10×10^{-2}$	散热器，集合管，底座及紧固件，管道配件，导热片，乙二醇
BMS		$3.70×10^{-2}$	印刷线路板，集成电池接口系统，集成电池接口系统紧固件，高压系统，低压系统

电池结构		质量百分比	材料类型
（e）NMC-SiNW			
电池单体	正极	$2.59×10^{-1}$	NMC，CB，Al，丁苯橡胶（SBR），CMC
	负极	$2.54×10^{-1}$	硅纳米线，CB，Cu，SBR，CMC
	电解液	$1.02×10^{-1}$	$LiPF_6$，EC
	隔膜	$2.20×10^{-1}$	PE
	电解槽容器	$1.23×10^{-1}$	聚铝复合材料
电池包装		$1.70×10^{-1}$	PET
冷却系统		$1.67×10^{-1}$	不锈钢，Al
BMS		$2.00×10^{-2}$	Cu，钢，印刷线路板
（f）NMC-C			
电池单体	正极	$5.48×10^{-1}$	LFP，NMC，PVDF，CB，Al
	负极	$1.07×10^{-1}$	石墨，SBR，Cu
	电解液	$2.23×10^{-1}$	$LiPF_6$，DMC，EC
	隔膜	$3.50×10^{-2}$	PP，PE
	电解槽容器	$5.37×10^{-2}$	Al
电池包装		$1.22×10^{-2}$	PP，Al
冷却系统		—	—
BMS		$2.03×10^{-2}$	TSTR，电路板
（g）NMC442-C			
电池单体	正极	$2.68×10^{-1}$	NMC，CB，ETFE，NMP，Al
	负极	$1.77×10^{-1}$	石墨，ETFE，NMP，Cu
	电解液	$1.20×10^{-1}$	$LiPF_6$，溶剂
	隔膜	$3.30×10^{-2}$	PP，PE
	电解槽容器	$2.10×10^{-1}$	Al
电池包装		$1.70×10^{-1}$	PET
冷却系统		—	—
BMS		$3.00×10^{-2}$	电路，Cu，钢

续表

电池结构		质量百分比	材料类型
（h）LMO/NMC-C			
电池单体	正极	2.38×10^{-1}	LOM, NMC, Al, PVDF, CB, NMP
	负极	1.52×10^{-1}	Cu, 合成石墨, PAA, CMC, NMP
	电解液	5.86×10^{-2}	$LiPF_6$, $C_3H_4O_3$
	隔膜	2.32×10^{-2}	PP, PE
	电解槽容器	1.28×10^{-1}	Al, Cu, 包装薄膜, 钢, PET, PP
电池包装		3.20×10^{-1}	Al, Cu, 钢
冷却系统		4.10×10^{-2}	不锈钢, Al
BMS		3.70×10^{-2}	Al, Cu, 钢
（i）LMO-C			
电池单体	正极	2.61×10^{-1}	LMO, CB, Al, NaOH, 乳液, 水, 硫酸（H_2SO_4）
	负极	3.20×10^{-1}	石墨, CB, Cu, NaOH, 乳液, 水, H_2SO_4
	电解液	1.43×10^{-1}	$LiPF_6$, EC
	隔膜	4.29×10^{-2}	硅, C_2F_6, 编织物, PVDF, 邻苯二甲酸酐, 丙酮
	电解槽容器	7.97×10^{-2}	Al, PE, 液氮
电池包装		1.45×10^{-1}	钢
冷却系统		—	—
BMS		3.38×10^{-3}	印刷线路板, 电缆
（j）Li-S			
电池单体	正极	4.17×10^{-1}	氧化石墨烯, 硫代硫酸钠, 聚乙烯吡咯烷酮（PVP）, HCl, CB, PVDF, Al, NMP
	负极	7.62×10^{-2}	Li, 四氧乙基硅烷（TEOS）, Cu
	电解液	1.21×10^{-1}	双三氟甲基磺酰亚胺（LiTFSI）, 二氧戊烷（DOL）, DME, 亚硝酸锂（$LiNO_2$）
	隔膜	1.30×10^{-2}	PP, PE
	电解槽容器	3.61×10^{-2}	Al, Cu, PP, PE
电池包装		2.30×10^{-1}	Al, Cu, 集成电路, 丙烯腈-丁二烯-苯乙烯共聚物（ABS）, 钢
冷却系统		9.69×10^{-2}	散热器, 集合管, 底座及紧固件, 管道配件, 导热片, 乙二醇
BMS		1.44×10^{-2}	印刷线路板, 集成电池接口系统, 集成电池接口系统紧固件, 高压系统, 低压系统

电池结构		质量百分比	材料类型
（k）FeS₂ SS			
电池单体	正极	5.34×10^{-1}	二硫化铁（FeS$_2$），二硫化钛（TiS$_2$），聚甲基丙烯酸甲酯（PMMA），Al，正极线路
	负极	9.39×10^{-2}	Li，PMMA，负极线路
	电解液	2.13×10^{-1}	Li$_2$S，P$_2$S$_5$
	隔膜	—	—
	电解槽容器	4.40×10^{-2}	PET-AL-PP
电池包装		1.08×10^{-1}	线路终端，荷电状态（SOC）检测器，含紧固件的电池模块，模块连接，压缩板和钢带
冷却系统		—	—
BMS		9.09×10^{-3}	电路，电连接器，印刷线路板，电缆，钢，Cu，Sn，尼龙6（Nylon 6），ABS，PET，聚苯硫醚（PPS）

1.3.3 动力电池组使用阶段的运行计算

动力电池组的使用阶段考虑了电池在使用过程中的电力损失（电动汽车行驶时消耗的电能）、汽车运输电池所需的额外电力和汽车行驶过程所消耗的电能。电池的使用过程是基于基本情景进行假设计算的。

由电池内部充电效率引起的电力损失 EL_{be}：

$$EL_{be} = D_v \times CEL_{drm} \times (1 - \eta_c) \qquad (1-11)$$

式中，EL_{be} 为电池因充电导致的电力损失，kW·h；D_v 为电动汽车的行驶里程，km；CEL_{drm} 为电动汽车每公里消耗的电量，kW·h/km；η_c 为电池的充电效率，%。

汽车运输电池所需的额外电力 EL_{ex}：

$$EL_{ex} = W_b / W_v \times CEL_w \times CEL_{drm} / \eta_c \times D_v \qquad (1-12)$$

式中，EL_{ex} 为运输电池所需的额外电力，kW·h；W_b 为电池组的质量，kg；W_v 为电动汽车的质量，kg；CEL_w 为电池质量与运输时消耗能量的比值（质量-能耗关系比：在基本情景中为30%），%。

电池组使用阶段所消耗的电能 EL_u：

$$EL_u = CA_b \times INT(D_v / D_r) \qquad (1-13)$$

式中，CA_b 为电池组容量，kW·h；D_r 为电动汽车行驶一个周期的里程，km/charge。

电池组使用阶段的能量由电力损失部分、额外电力部分和电能消耗部分组成。

1.3.4　纯电动汽车运行阶段的参数确定

拟将研究的动力电池组组装在不同尺寸的纯电动汽车上，分析动力电池组在不同尺寸电动汽车下的绿色特性影响。为了解现有电动汽车的能源需求情况，并确定需要评估的车型，研究收集了 23 辆由锂离子电池提供动力的纯电动汽车的相关数据。通过相关网站上的公开参数和相关文献的数据获得了整车质量（kg）和相关的能源需求（kW·h/km）的数据[122]。对于常规燃油车辆，整车质量和油耗是强耦合的[123,124]。对于纯电动汽车，整车质量与能源需求有一定的相关性。当然，能源需求也会受到车辆质量以外的一些技术特性的影响（如驾驶速率、驾驶时间、驾驶季节等），为进一步证明整车质量和能源需求之间的相关性，绘制了能源需求与整车质量的函数（图 1-4），并计算了两者之间的相关系数。

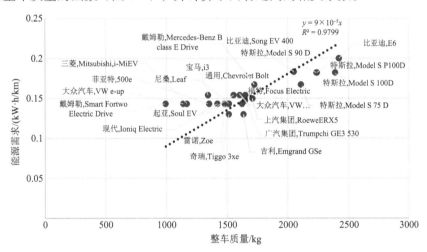

图 1-4　整车质量与能源需求关系图

简单相关系数的计算公式：

$$\rho_{x,j} = \frac{\frac{1}{n}\sum_{j=1}^{n}\left(x_j - \mu_y\right)}{\sigma_x \cdot \sigma_y} \qquad (1\text{-}14)$$

$\rho_{x,j}$ 值介于 -1～1，其绝对值在 0.8 以上时，则为高度相关；绝对值在 0.5～0.8，则为中度相关；绝对值在 0.3～0.5，则为低度相关；绝对值<0.3，则可视为不相关。

利用纯电动汽车的相关数据计算得出 $\rho_{x,j}$=0.842。可以认为整车质量与能源需求之间的关系是高度相关的，为进一步得出两者间的量化关系，通过回归分析，确定了不同电动汽车的整车质量与能源需求的定量关系为

$$能源需求=0.088×质量+4.011×10^{-5} \qquad (1-15)$$

从文献和大众发布的报告中收集确定了 4 种纯电动汽车类型：微型（A）、中型（B）、中高级型（C）和高级型（D）[125]。并以图 1-4 和相关设定为出发点，设定了不同车型下电动汽车的相关参数，并以此为依据评估不同电动车型电池组下的生命周期环境影响。

由于电池组最终会装配到纯电动汽车上，研究根据不同动力电池组因材料组分和能量密度等性能参数的不同，将其组合到 4 种车型的纯电动汽车中，以确定电池组的绿色特性。相关参数见表 1-5。

表 1-5　纯电动汽车相关参数

整车类型	整车质量/kg	电池容量/（kW·h）	能源需求/（W·h/km）
A	1100	17.7	96.8
B	1500	24.4	132.0
C	1750	42.1	154.0
D	2100	59.9	184.8

1.3.5　动力电池组情景分析的参数确定

电动汽车的电池储能系统会由于电力的使用间接产生温室气体，比较不同电池组的储能能力及综合环境影响是必要的[126]。电力部门的脱碳可以减少能源的流动，达到温室气体减排的目的[127]。不同区域的电力结构不同（表 1-6），电力部门的脱碳能力不一致，产生的环境影响也存在差异。在使用过程中，本文假设电动汽车在 5 个不同区域范围中行驶，以分析区域性电力结构对电池组的绿色特性的影响。

表 1-6　2018 年不同区域的电力结构

	全球（GLO）	中国（CN）	欧洲（EU）	美国（US）	日本（JP）
石油	3.02%	0.15%	1.37%	0.59%	5.71%
天然气	23.23%	3.28%	17.94%	35.39%	36.79%
煤炭	37.95%	66.54%	21.16%	27.93%	33.02%
核能	10.15%	4.14%	22.99%	19.05%	4.67%
水力发电	15.75%	16.91%	15.75%	6.47%	7.70%
可再生能源	9.32%	8.92%	18.67%	10.28%	10.66%
其他	0.58%	0.20%	2.12%	0.30%	1.45%

数据来源：http://bp.com/statsreview。

虽然 LCA 是评估产品或服务能源消耗和环境影响的有效工具，但其研究结果可能会受到不确定性来源的影响，即分配规章、系统边界、可用数据参数和影响评估方法等[128]。由于缺乏来自行业的原始数据，本研究在基本情景的评估研究基础上，对纯电动汽车电池组在使用过程中作了高效情景和低效情景的 2 种情景假设分析，以评估不同性能参数对评价结果的影响。根据文献数据确定情景分析的相关参数，通过三种不同情景的参数值探究电池组的环境影响变化程度。研究假设了不同情景中的电池组参数：使用寿命即行驶里程、充电桩的充电效率、电池内部充电效率和质量-能耗关系比，如表 1-7 所示。

表 1-7　纯电动汽车在使用阶段的情景分析

生命阶段	参数	低效情景	基本情景	高效情景
使用阶段	电池内部充电效率	90%[129]	95%[73]	98%[129]
	充电桩的充电效率	90%[130]	96%[125]	98%[130]
	质量-能耗关系比	50%[80]	30%[45]	15%[80]
	行驶里程/km	150000[9]	180000[125]	200000[81]

1.4　电池组生产阶段的综合环境影响和绿色特性评价

1.4.1　电池组生产阶段的综合环境影响

将目标电池组装配到微型（A）、中型（B）、中高级型（C）和高级型（D）4 类车型上，采用 11 项三级环境指标进行影响评估，可得到生产阶段中电池组的各类环境影响值。4 种车型的质量和电池组容量不同，但电池组成分相同，4 种车型下不同电池组的环境影响值的规律相同，因此选择其中一种车型分析电池组的环境影响值。以 A 车型的电池组为主要研究对象，分析了 11 组锂离子电池的各项环境影响值，其影响值表示的是在电动汽车中所用到的电池组质量，在生产阶段所产生的各类环境影响，以及不同车型的影响值大小。

1. 电池组生产阶段的足迹家族影响

图 1-5 是电池组在生产阶段产生的足迹家族影响值。三种足迹值在电池组中所表现出的环境影响值差异主要源于电池组原材料的组成不同。碳足迹可被称为温室气体排放或全球变暖潜势，体现了电池在生产阶段所产生的碳排放。

在目标电池组中，NMC-SiNW 的碳足迹值最高，为 1.20×10^4 kg CO_2 eq；负极材料中另外一种含纳米材料的 NMC-SiNT 电池组的碳足迹值为 7.37×10^3 kg CO_2 eq。由于硅纳米材料的工艺制造较为复杂，电池组成与常见的电池组材料有所不同，

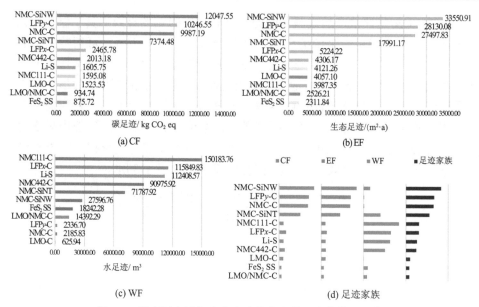

图 1-5　锂离子电池组在生产阶段产生的足迹家族影响值

因而可带来大量的温室气体排放，并且可以发现，以硅纳米线作为负极的电池组所产生的碳足迹要高于以硅纳米管为负极的动力电池组。NMC-C 和 LFPy-C 电池组的碳足迹值在含硅纳米材料的两组电池之间，反映出电池组较高的温室气体排放量，主要因为 NMC-C 和 LFPy-C 电池的正极材料占比很高，分别为 64.1%和54.8%，远高于一般锂离子电池正极材料占比（15%～27%）。含硫铁矿的固态锂电池的碳足迹值最低，仅为 8.76×10^2 kg CO_2 eq。从电池类型来看电池组的碳足迹影响，以硅纳米管和硅纳米线为主的负极材料制备的动力电池组有较高的碳排放值。在 NMC 电池组的正极材料中，因不同活性材料比例导致组分不同，因此 NMC类型电池组的碳足迹值波动范围最大。从 LFP 中可以看出，正极材料的比例对碳足迹的影响很大，由高比例的正极材料组装的电池组会产生高碳足迹值。相比而言，LMB 和 LMO 类型的电池组产生的碳足迹影响小。

　　生态足迹主要通过土地占用、核能和二氧化碳三个方面反映对生态环境方面的影响。在生态足迹方面可以看出，碳足迹和生态足迹的影响趋势趋于一致，即碳足迹和生态足迹负担最多的前三种电池组分别为 NMC-SiNW、LFPy-C、NMC-C，其生态足迹值依次为 3.36×10^4 $m^2 \cdot a$、2.81×10^4 $m^2 \cdot a$、2.75×10^4 $m^2 \cdot a$，生态足迹值最小的电池组同样是固态锂离子电池。

　　水足迹主要反映在电池组生产阶段的水资源消耗上。在水足迹方面，水资源消耗量最大的前三种电池组分别为 NMC111-C、LFPx-C、Li-S，其影响值分别为1.50×10^5 m^3、1.16×10^5 m^3、1.12×10^5 m^3。电池组的水足迹值与电池输入清单中脱碳水的消耗量和电池材料中的铝加工工艺有关。NMC111-C 水足迹值最高的主要原因是平均每千克的电池组需要 380 kg 的脱碳水。从电池类型来看，LMO 类型的水足迹值最低，LMB 类型中的锂硫电池在水足迹层面表现出较高的水资源消耗。

通过数据的无量纲化处理和各项指标所确定的权重，将足迹家族二级综合指标进行环境影响评估，如图 1-5（d）所示。可以看出，WF、CF 和 EF 三种足迹指标的影响值存在明显差异，但综合的足迹家族指标的影响值排序与 CF 和 EF 的规律呈现一致性，WF 不会显著影响足迹家族指标的综合值。电池组类型在足迹家族中由低到高产生的足迹影响依次为：LMO/NMC-C、FeS$_2$ SS、LMO-C、NMC442-C、Li-S、LFPx-C、NMC111-C、NMC-SiNT、NMC-C、LFPy-C 和 NMC-SiNW。

2. 电池组生产阶段的资源耗竭影响

在资源耗竭方面，以各项环境影响值中最高的一组电池作为基准，用以分析对比 11 组电池的环境消耗情况，如图 1-6 所示。可以看出，5 种三级资源耗竭类指标的趋势表现不一致，即各类电池组在不同的资源耗竭指标下的贡献程度不同。

ADP 主要反映资源的可获得性，体现在资源获取的过程中能源的消耗和固体废弃物的产生。从图 1-6（a）中可以看出，ADP 负荷最高的电池组为 NMC-SiNW，位于其后的 LFPy-C 和 NMC-C 的 ADP 值相似，而位于 ADP 影响值第四的 NMC-SiNT 电池组约是 NMC-SiNW 的 1/2，其余的 7 组电池均远小于最高 ADP 值的 NMC-SiNW，这与足迹家族指标中的 CF 和 EF 的规律相似。ADP 最大值的 NMC-SiNW 为 1.04×10^4 kg Sb eq，说明该类型电池组在生产制造过程中所消耗的不可再生资源高。ADP 中的最小值为 LMO/NMC-C 电池组，为 7.80×10^2 kg Sb eq。不同类型的电池材料的 ADP 值可以相差 12.4 倍。LMO 类型和 LMB 类型的电池组在 ADP 的指标中呈现较低的影响值，即这两类电池组在生产阶段对不可再生资源的消耗影响低于 NMC 和 LFP 类型的电池组。

AP 主要反映电池组在生产阶段所产生的酸化潜力，以及酸化物质对生活环境和生态系统等方面产生的广泛影响。图 1-6（b）中显示最高 AP 值的电池组是 NMC-SiNW，在评价对象中的大部分动力电池组均具有较大的 AP 值，说明大部分锂离子电池组在生产阶段会给环境带来较大的酸化影响。NMC 类型和 LFP 类型电池组的 AP 影响值波动范围最大，但 NMC 类型的电池组产生的 AP 值普遍偏高。以 LMB 类型电池组为代表的 Li-S 和 FeS$_2$ SS 电池组表现出低 AP 值，即 1.03×10^3 kg SO$_2$ eq 和 5.81×10^2 kg SO$_2$ eq，说明电池组中的含硫元素与酸化程度没有直接的正相关性。在所有评价对象的电池组中，AP 值的差距最大相差 19.3 倍。

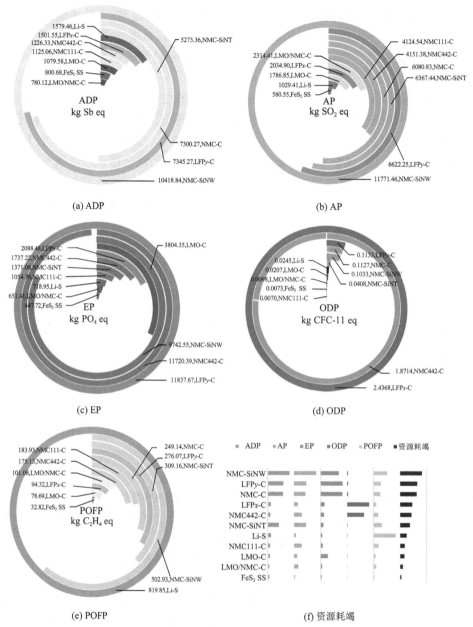

(a) ADP

(b) AP

(c) EP

(d) ODP

(e) POFP

(f) 资源耗竭

图 1-6　锂离子电池组在生产阶段的资源耗竭影响值

EP 主要反映产品在生产阶段向空气、水和土壤排放营养物质而引起环境中宏观营养物质极端强度的影响。在图 1-6（c）的 EP 指标中，EP 表现最明显的两个电池组是 LFPy-C 和 NMC-C，分别为 1.18×10^4 kg PO$_4$ eq 和 1.17×10^4 kg PO$_4$ eq。在图中可以看到两组电池的 EP 几乎相同。通过电池组的清单可以发现电池组成分比例相似，主要区别在于正极的活性材料中磷酸铁锂和锰酸锂的质量比例，说明活性材料的组分不会影响 EP 值。与 ADP 和 AP 的规律不同，NMC-SiNW 的 EP 值位于 LFPy-C 和 NMC-C 之后，FeS$_2$ SS 电池组表现出最低的 EP 值，4.48×10^2 kg PO$_4$ eq。NMC 类型和 LFP 类型电池组的波动范围最大。以 LMB 类型电池组为代表的 Li-S 和 FeS$_2$ SS 电池组表现出较低的 EP 值。以 EP 为环境指标的电池组评估中，大小值之间可相差 25.4 倍。

ODP 主要反映在电池组生产阶段所产生的物质对臭氧层的影响。在图 1-6（d）的 ODP 指标中，LFPx-C 和 NMC442-C 电池组表现尤为显著，即该两组电池的 ODP 值远高于其他的电池组类型，其数值为 2.44 kg CFC-11 eq 和 1.87 kg CFC-11 eq。其他类型电池组所呈现的 ODP 值远低于 LFPx-C 和 NMC442-C 电池组。LMO 类型和 LMB 类型的电池组在 ODP 的指标中呈现低影响值。在 ODP 中，NMC111-C 电池组呈现最小值，为 7.0×10^{-3} kg CFC-11 eq，电池组间的大小值可以相差 347.1 倍。

POFP 值主要反映了氮氧化物和非甲烷挥发性有机化合物在地面上形成臭氧的能力。图 1-6（e）显示了不同电池组成分的光化学氧化作用。锂离子电池组在生产阶段均产生较高的 POFP 值，因此动力电池组在生产阶段产生的光化学氧化影响是资源耗竭的重要因素之一。其中，Li-S 电池组的 POFP 值最高，达到 819.85 kg C$_2$H$_4$ eq，而另一组含硫的电池组 FeS$_2$ SS 的 POFP 值最低，为 32.82 kg C$_2$H$_4$ eq，可见以 LMB 类型电池组为代表的两类电池的 POFP 值波动最大。LMO 类型的电池组在 POFP 中呈现较低的环境影响值。

由于指标的单位不同，为综合分析电池组在资源耗竭方面的负荷情况，对数据进行标准化、无量纲化处理、赋予各指标权重，将资源耗竭二级综合指标进行环境影响评估，如图 1-6（f）所示。可以看出，不同类型的电池组在 ADP、AP、EP、ODP 和 POFP 影响值方面有明显的侧重程度。例如，除 LFPx-C 和 NMC442-C 在 ODP 方面显示极大的值，其他类型电池组资源耗竭三级指标的最高和最低排放影响值各不相同。锂离子电池组的资源耗竭影响值由低到高依次为：FeS$_2$ SS、LMO/NMC-C、LMO-C、NMC111-C、Li-S、NMC-SiNT、NMC442-C、LFPx-C、NMC-C、LFPy-C 和 NMC-SiNW。

3. 电池组生产阶段的毒性损害影响

图 1-7 为锂离子电池组在毒性损害指标下的表现情况。毒性损害指标可以反映电池组生产过程对人类健康和生态健康的影响，是常被忽视的指示人体/生态健康的环境影响指标。在电池组的毒性损害评价中，基于毒性对人体的致癌程度将其分为致癌性和非致癌性两组指标。

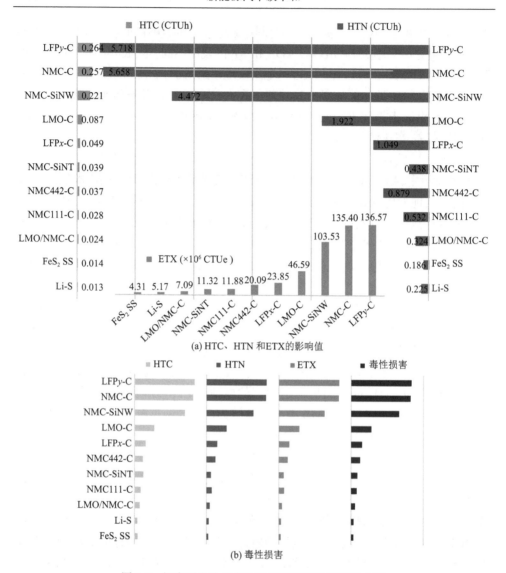

图 1-7　锂离子电池组在生产阶段的毒性损害影响值

在人体致癌毒性检测指标中，除了 Li-S 和 LMO/NMC-C 之外，HTC 与资源耗竭指标中的 EP 具有一致性规律，HTC 最大的三组电池依次为 LFPy-C、NMC-C和 NMC-SiNW，以 LMB 电池组为代表的两组含硫元素锂离子电池组的 HTC 最小，LFPy-C 与 Li-S 之间的影响值相差 19.3 倍。电池组在生产阶段产生的 HTN 指标的变化趋势与 HTC 指标的变化趋势有一致性，不同点为 HTN 的数值均高于 HTC 的数值。

由于致癌性指标的检测对产品生产过程中产生的物质类型和毒性浓度等信息有更高的要求程度，因此非致癌毒性的影响值普遍高于致癌毒性影响值。

HTN 中的最大值 LFPy-C，为 5.72 CTUh，HTN 中的最小值为 FeS$_2$ SS 电池组，为 1.86×10^{-1} CTUh，不同类型的电池材料 HTN 值可以相差 29.7 倍。

另一个毒性损害指标为生态毒性（ETX），该指标可以反映出电池组在生产阶段对生态环境造成的毒性损害程度，其评价值最大的为 LFPy-C 电池组，为 1.37×10^8 CTUe，与最小电池组 FeS$_2$ SS 相差 30.7 倍。总体来说，电池组所呈现的三个毒性指标评价趋势一致，最高毒性损害为 LFPy-C，最低的毒性损害为 LMB 类型电池组（Li-S 或 FeS$_2$ SS）。

经过无量纲化处理和各指标权重的确定后，将毒性损害二级综合指标进行环境影响评估，如图 1-7（b）所示。电池组在生产阶段产生的 HTC、HTN 和 ETX 三种影响值具有一致的规律性。综合毒性损害影响值由低到高的电池组类型依次为：FeS$_2$ SS、Li-S、LMO/NMC-C、NMC111-C、NMC-SiNT、NMC442-C、LFPx-C、LMO-C、NMC-SiNW、NMC-C 和 LFPy-C。

4. 电池组生产阶段的三级指标分析

从图 1-8 可以看出 11 组电池在各项环境影响值间的贡献程度。从电池类型方面分析，LFPy-C 和 NMC-C 由于正极材料的占比极高（质量比例超过 50%），这两组电池在碳足迹、生态足迹、富营养化、酸化、人类致癌毒性、人类非致癌毒性和生态毒性方面有较高的环境影响值。从各项环境指标来看，ODP 中的 LFPx-C 和 NMC442-C 的占比远高于其他的锂离子电池。在整体而言，LFPy-C、NMC-SiNW 和 NMC-C 的各项环境影响值均较高，可以认为这三组电池的环境影响值偏高，其生产阶段对环境造成较大的影响负荷。

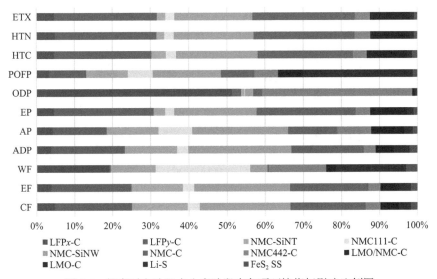

图 1-8　锂离子电池组在生产阶段中各项环境指标影响比例图

从环境指标方面分析，可以看到在碳足迹和生态足迹中，11 组锂离子电池的贡献程度具有相似性，同样，在人类致癌毒性、人类非致癌毒性和生态毒性中，也具有相似的贡献规律。电池组在资源耗竭下的 5 项指标呈现出不同的重视程度。总体而言，电池组对综合环境指标下的各类小指标的评价表现不趋同，虽然小指标之间有一定的趋同性，但是每个电池组在不同的环境方面所表现的影响和负荷各有不同。

1.4.2　电池组生产阶段的绿色特性评价

在利用二级综合指标分析电池组的环境影响时，不同的电池组在不同环境影响层面有不同的结果。由于电池组在不同环境影响方面所表现的贡献程度不同，研究定义了绿色特性指数的概念，以进一步统一衡量电池组在足迹家族、资源耗竭和毒性损害方面的综合绿色特性情况。绿色特性指数的取值范围为 0～1，小于0.5 的值可以认为该电池的绿色程度偏低；绿色特性指数大于 0.5，则可认为该电池的绿色环保程度偏高。绿色特性指数值越高，说明其绿色性能越好，电池组产生的综合环境影响值越低。

图 1-9 显示了电池组的二级综合指标和生产阶段的绿色特性指数。在二级综合指标中可以看到足迹家族、资源耗竭和毒性损害三个维度的 11 组锂离子电池的影响情况，由于这三类综合指标都是逆向指标，数值越大，其对环境的负担越高。在图 1-9（a）中可以直观地看到 LFPy-C 和 NMC-SiNW 的足迹家族、资源耗竭和毒性损害都处于较高负荷状态，这两组的综合环境性能较差，而 FeS$_2$ SS 和LMO/NMC-C 的综合环境性能较好。

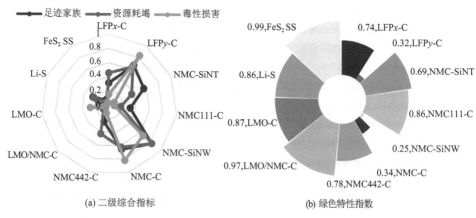

(a) 二级综合指标　　　　　　　　(b) 绿色特性指数

图 1-9　电池组在 4 种车型下的二级综合指标和绿色特性指数

用绿色特性指数对电池组进行环境性能评估，可以看出电池组装配到车辆上后，FeS$_2$ SS 电池组是所有电池组评估类别中得分最高的电池，即组装到电动汽车的 FeS$_2$ SS 电池组,其生产过程中所产生的综合环境影响值均低于其他 10 种电池组。这反映了高能量电池类型可以获得最佳的得分结果。LMO/NMC-C 以 0.02 的偏差值略低于最优绿色电池组。

环境负荷最大的电池组依然是 NMC-SiNW,这在 CF、EF、AP、ADP 的最大值中都有体现,同时在其他的指标中也保持着较高的环境影响值。高绿色特性指数电池组(指数由高到低):FeS$_2$ SS、LMO/NMC-C、LMO-C、NMC111-C、Li-S、NMC442-C、LFPx-C、NMC-SiNT;低绿色特性指数电池组(指数由高到低):NMC-C、LFPy-C、NMC-SiNW。可见,电池组实际装配到汽车上消耗每千瓦时的绿色特性程度与生产单位质量电池组的绿色特性程度是有所不同的。

从绿色特性指数角度评估电池组的环境性能时,FeS$_2$ SS 电池组的得分最高,环境性能最优,而 NMC-SiNW 电池组的得分最低,其生产过程中产生的综合环境负荷最高。

1.5　电池组使用阶段的综合环境影响和绿色特性评价

1.5.1　电池组使用阶段的综合环境影响

无论是传统类型汽车还是纯电动汽车,能源的使用和能源的来源都是使用阶段产生环境影响的重要因素。在运行阶段,区域分析强调不同的电力组合对分析结果的影响差异。因此,在电动汽车电池组使用过程中,电力供应结构在很大程度上会影响环境排放。为此将电动汽车使用阶段的区域确定在全球、欧洲、中国、美国和日本等 5 个区域进行分析。

1. 电池组使用阶段的足迹家族影响

在基本情景的运行阶段下,A 车型电池组在 5 个区域内产生的足迹家族影响值如图 1-10 所示。

电动汽车因行驶区域的差异可以间接产生不同程度的环境影响。全球范围内的平均环境影响值可以作为评价区域间汽车行驶阶段的环保性能参考标准。从图 1-10 中可以看出,A 车型电池组在欧洲区域产生的碳足迹和生态足迹的影响值最低,反之,在中国区域行驶可以产生很高的碳足迹和生态足迹值。与此同时,当电动汽车行驶在中国和日本时所产生的 CF 和 EF 影响值高于全球范围的标准,间接说明电动汽车在中国和日本的行驶并不环保,这绝大部分是由于区域间的电力结构不同所决定的。中国区域的煤炭发电占比是 5 个区域中煤炭发电占比最高的区域,全球区域的煤炭发电占比为 37.95%,而中国的煤炭发电占比为 66.54%。在欧洲和美国区域的煤炭发电占比均小于全球的煤炭发电占比，因此在该两个区域行驶的电动汽车所产生的温室气体量低于全球平均值。电池组在生态足迹方面所呈现的区域规律与碳足迹的区域排放具有一定的相似性。

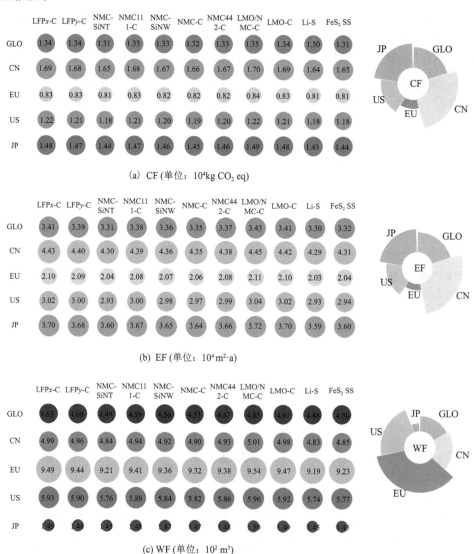

图 1-10 A 车型电池组在运行阶段下的足迹家族影响值

左图为不同类型的电池组在不同区域下的影响值；右图为电池组平均值在不同区域下的环境负担大小

可以发现，中国和日本在交通运输部门中的电动汽车实际的温室气体排放是高于全球平均范围的，应该优化电力结构来进一步降低温室气体的排放。在水足迹方面，唯一低于全球的水足迹值的国家是日本，其他国家或区域的水资源消耗量均高于平均标准，特别是欧洲和美国。作为最高水资源消耗量区域的欧洲，其产生的水足迹值是日本的 4 倍，说明该区域在电动汽车使用阶段所造成的水资源消耗量很高。高水足迹的欧洲和美国在电力结构中核能发电占总发电的 1/5 左右，远高于全球核能发电占比（10.15%）。可以推测，电力结构中的煤炭发电可以影响电池组在运行阶段产生的碳足迹和生态足迹；而核能结构可以影响电池组在运行阶段产生的水足迹。

在相同车型下的运行过程中，同一区域不同电池组的纯电动汽车在使用阶段的足迹值差异不明显，即不同电池组装配的电动汽车行驶在相同区域内所产生的环境足迹差异不大。如在全球范围的 CF 中，装配有 LMO/NMC-C 电池组产生的 CF 值最高，而 NMC-SiNT、Li-S 和 FeS₂ SS 的 CF 值都处于最低值，但前者仅为后者的 1.03 倍。尽管装配的电池组不同，但足迹家族类的影响值范围大致相同。

从足迹家族角度分析，对于碳足迹和生态足迹而言，电动汽车行驶在欧洲最优，行驶在中国则会产生大的碳足迹值和生态足迹值；对于水足迹而言，电动汽车行驶在日本所消耗的水资源最少，在欧洲则相反。

2. 电池组使用阶段的资源耗竭影响

在基本情景的运行阶段下，A 车型电池组在 5 个区域内产生的资源耗竭影响值如图 1-11 所示。

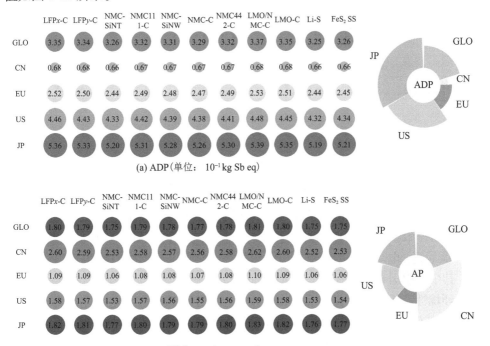

(a) ADP（单位：10^{-1} kg Sb eq）

(b) AP（单位：10^{-2} kg SO₂ eq）

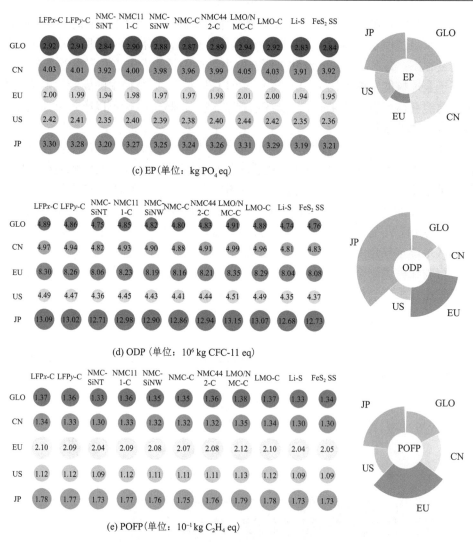

(c) EP（单位：kg PO$_4$ eq）

(d) ODP（单位：10^6 kg CFC-11 eq）

(e) POFP（单位：10^{-1} kg C$_2$H$_4$ eq）

图 1-11　A 车型电池组在运行阶段下的资源耗竭影响值

左图为不同类型的电池组在不同区域下的影响值；右图为电池组平均值在不同区域下的环境负担大小

从图 1-11 中可以看出，不同区域间的资源耗竭影响值各有差异，小指标间的规律没有一致性。中国区域运行的 A 车型电池组产生的 ADP 值最低，而日本的 ADP 值最高。电动汽车电池组在中国和日本行驶期间产生的 ADP 值可以相差 6.9 倍。其中，中国和欧洲所产生的 ADP 低于全球平均值，即中国和欧洲在 ADP 方面的环境性能更优。在日本和美国的发电结构中，天然气发电占比均为 35%～37%，比其他三个地区的天然气发电比都高，而中国的天然气发电占比仅为 3.28%，天然气发电占比高低与 5 个区域中电动汽车产生的 ADP 值有一定的趋同性。因此推测，电力结构中的天然气发电可以影响电池组在运行阶段产生的 ADP。在不同区域内，电动汽车电池产生的 AP 值和 EP 值的规律性一致。中国的 AP 和水体 EP 均呈现最高消耗的状态，而在欧洲区域行驶的电动汽车产生的 AP 和 EP 处于 5 个区域间的最低值。因此，欧洲和美国地域行驶的电动汽车在酸化和富营养化方面表现的环境性能更加良好。从电力结构上分析，高煤炭发电结构的中国产生了高 AP 值和 EP 值，而煤炭发电占比低的美国和欧洲区域所产生的 AP 值和 EP 值相应较低。因此推测，电力结构中的煤炭发电可以影响电池组在运行阶段产生的 AP 和 EP。

中国和美国的 ODP 值与全球平均值相近，而欧洲区域产生的 ODP 值偏高，最高 ODP 值的区域是日本。电动汽车在欧洲区域行驶产生的 POFP 值最高，反之，在美国区域行驶可以产生很低的 POFP 值。根据电池组产生的 ODP 值和 POFP 值在各区域的环境影响规律，很难推测是哪一种发电结构的主要占比导致区域的臭氧损耗和光化学氧化，这可能是由于多个发电结构的协同作用导致了 ODP 和 POFP 的产生。

在资源耗竭类指标中，电动汽车在不同区域间行驶会有不同环境值的侧重影响，如当电动汽车行驶在日本时产生较高的 ADP 值和 ODP 值，电动汽车行驶在中国会产生较高的 AP 值，电动汽车行驶在欧洲可以产生较高的 POFP 值。由于电力结构的不同，综合环境影响有所差异。综合来看，美国的资源耗竭影响值中的 AP、EP、ODP 和 POFP 都低于全球平均值，即美国在交通运输部门中电动汽车的实际资源耗竭低于全球平均范围的资源耗竭，这极有可能源于美国电力结构中的发电来源较为平衡。

在相同车型的运行过程中，同一区域不同电池组的纯电动汽车在使用阶段的资源耗竭相关影响值变动不明显，即不同电池组装配的电动汽车行驶在相同区域内所产生的各项三级指标的影响值差异不大。在同一区域，装配到电动汽车内的 11 组电池影响值基本一致，没有显著的环境负担差异。如在全球范围的非生物耗竭中，装配有 LMO/NMC-C 电池组的 A 型车所产生的 ADP 值最高，而 Li-S 的 ADP 最低；其他资源耗竭中的三级指标也表现出相似的电池组类型影响规律。可以看出尽管装配的电池组不同，但资源耗竭类的影响值范围大致相同。

从资源耗竭的角度分析，对于 ADP 而言，电动汽车行驶在中国最优，行驶在日本则会产生大量的 ADP；对于 AP 和 EP 而言，电动汽车行驶在欧洲产生的 AP 和 EP 最小，在中国则相反；对于 ODP 而言，电动汽车行驶的最优区域是美国，而行驶在日本则会产生高环境值；对于 POFP 而言，美国能够产生的 POFP 值最低，而欧洲最高。

3. 电池组使用阶段的毒性损害影响

在基本情景的运行阶段下，A 车型电池组在 5 个区域内产生的毒性损害影响值如图 1-12 所示。

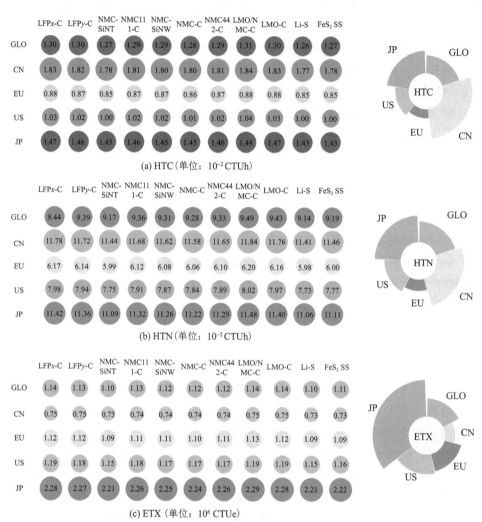

(a) HTC（单位：10^{-2} CTUh）

(b) HTN（单位：10^{-2} CTUh）

(c) ETX（单位：10^6 CTUe）

图 1-12　A 车型电池组在运行阶段下的毒性损害影响值

左图为不同类型的电池组在不同区域下的影响值；右图为电池组平均值在不同区域下的环境负担大小

从图 1-12 可以看出，不同区域的人类致癌毒性变化和人类非致癌毒性变化趋势具有一致性，对应评估电池组中的人类非致癌毒性影响值平均高于人类致癌毒性的 6～8 倍。在行驶阶段，A 车型的电动汽车电池组在中国地区产生的人类致癌毒性影响值最高，而电动汽车电池组在欧洲区域行驶可以产生最低的人类致癌和非致癌毒性。同时，根据全球范围的影响值可以将中国和日本归为电动汽车行驶的高致癌性毒性和高非致癌性毒性地区，而美国和欧洲相对而言所产生的人类毒性较低。从生态毒性指标的层面分析，结论具有较大的差异。在交通运输部门中，日本的电动汽车在运行阶段实际产生的生态毒性可以达到全球范围平均值的2 倍，属于生态毒性最高区域。除日本外，美国的生态毒性同样高于全球平均值。而中国地区的生态毒性影响值最低。

在相同车型的运行过程中，同一区域不同电池组的纯电动汽车在使用阶段的毒性损害差异不明显，即不同电池组装配的电动汽车行驶在相同区域内所产生的人类毒性和生态毒性差异不大。如在全球范围的三种毒性损害中，均是装配有LMO/NMC-C 电池组的 A 车型所产生的值最高，而 Li-S 的相应影响值都处于最低值。可以看出尽管装配的电池组不同，但毒性损害影响值范围大致相同。

从毒性损害的角度分析，对于 HTC 和 HTN 而言，电动汽车行驶在欧洲最优，行驶在中国则产生较大的人类毒性；对于 ETX 而言，电动汽车行驶在中国所带来的生态毒性最少，在日本则相反。

4. 电池组使用阶段的电力结构分析

从 5 个区域的电力结构分析电池组在使用阶段的各项环境影响。根据区域电力结构比例图（图 1-13），可以发现各区域间的三级环境影响指标具有一定的规律性，电力结构中的煤炭发电可以影响电池组在运行阶段产生的碳足迹、生态足

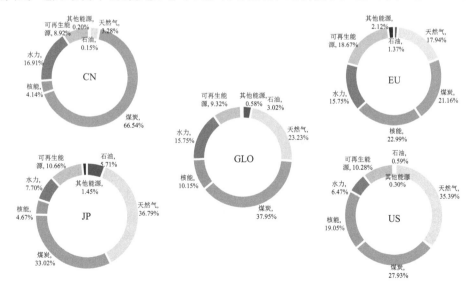

图 1-13　5 个区域单位电量输出的电力结构比例图

由于四舍五入导致的误差，有些数据加和为 99.99%或 100.01%

迹、酸化潜势和富营养化潜势；核能发电可以影响电池组在运行阶段产生的水足迹。电力结构中的天然气发电可以影响电池组在运行阶段产生的非生物耗竭。在中国区域对纯电动汽车进行充电使用时，会在碳足迹、生态足迹、酸化潜势、富营养化潜势、人类致癌毒性和人类非致癌毒性等方面造成较大的环境影响。在欧洲区域行驶的纯电动汽车会产生高水足迹值。在日本区域行驶的纯电动汽车可以导致非生物耗竭、臭氧损耗和生态毒性的环境影响值最高。

1.5.2　电池组使用阶段的绿色特性影响

在汽车运行阶段，通过电动汽车行驶期间所需电力能源的消耗，根据电力结构间接产生的环境影响，可采用绿色特性指数的方法来分析电池组在使用阶段的绿色环保程度。结果发现：不同车型、不同区域行驶下的绿色特性指数均相同，即电池组在行驶阶段的绿色特性指数是不变的，如图 1-14 所示。

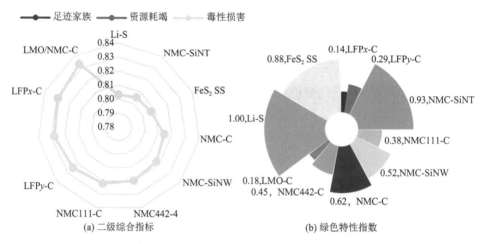

(a) 二级综合指标　　　　　　　　　(b) 绿色特性指数

图 1-14　电池组在运行阶段下的二级综合指标和绿色特性指数

图（a）中三条曲线重叠；图（b）中进行标准化处理后，Li-S 的值变为 1，
LMO/NMC-C 的值变为 0，因此无法在图中显示

由于足迹家族、资源耗竭和毒性损害三类综合指标均是逆向指标，数值越大其对环境的负担越高。在图 1-14（a）中可以直观地看到在使用阶段的过程中足迹家族、资源耗竭和毒性损害三种综合指标的环境影响是一致的。Li-S 电池组的环境负荷较低，而 LMO/NMC-C 的环境负荷最高。电动汽车中电池组所消耗的电能越多，因电力构成存在非清洁能源结构而导致的环境影响越大，因此绿色特性越低。电池组生产阶段与使用阶段的绿色特性指数有较大的差异，如 NMC-SiNW 在生产阶段属于环境负荷极高的电池组，但在使用阶段却属于绿色特性较优的电池组。产生这一现象的主要原因是电池组能量密度的差异，LMO/NMC-C 电池组

的能量密度为 80 W·h/kg，而 NMC-SiNW 的能量密度可以达到 120 W·h/kg，因为高能量密度的 NMC-SiNW 电池组在行驶相同里程范围下所消耗的电能更少。从使用阶段的电池组绿色特性指数可以看出，Li-S 的能量密度最高，绿色特性指数最高，而作为生产阶段最为绿色环保的 LMO/NMC-C 电池组却在运行阶段产生大量的环境负荷。总体而言，高绿色特性指数电池组依次为（指数由高到低）：Li-S、NMC-SiNT、FeS₂ SS、NMC-C、NMC-SiNW；低绿色特性指数电池组依次为（指数由高到低）：NMC442-C、NMC111-C、LFPy-C、LMO-C、LFPx-C、LMO/NMC-C。

1.6　电池组环境评价及情景模拟分析

前两节分别研究了电池组在生产阶段和使用阶段的环境影响。本节将综合生产阶段和使用阶段来探讨电池组在不同车型下的环境影响、在高效情景和低效情景下的环境排放与评价结果的不确定性。

1.6.1　四种车型电池组的环境影响比较

1. 电池组三级环境指标的影响比较

将电动汽车的基本运行情景定为全球区域，以分析微型（A）、中型（B）、中高级型（C）和高级型（D）4 类车型电池组在生产阶段和使用阶段的环境影响情况。环境影响值按电动汽车电池组在 18 万 km（使用寿命）下的各项环境影响值计算，例如，碳足迹值是电池组在 18 万 km 的使用寿命下产生的二氧化碳当量。从前两节的分析中得知，相同车型下不同类型电池组的各项环境影响的贡献程度不同。为方便分析，计算了动力电池组在每种环境影响指标下的平均值，以研究不同车型电池组的环境影响。

图 1-15 比较了不同车型电池组在生产阶段和使用阶段的 11 项环境影响值。在各项环境影响指标的分析中可以发现，C 车型和 D 车型电池组产生的环境影响值明显高于 A 车型电池组和 B 车型电池组。无论动力系统中电池组的配置如何，车型更小的电动汽车通常比大型电动汽车表现得更好。在生命周期阶段，D 车型电池组产生的环境影响值是 A 车型电池组的 2.32～3.38 倍，D 车型的整车质量是 A 车型的 1.90 倍。电动汽车的车型越大，产生的环境影响越高。以碳足迹为例，不同车型电池组从生产阶段到使用阶段的温室气体排放的差异主要是由电池生产中不同的质量和参数造成的，从 A 车型电池组到 D 车型电池组生产造成的温室气体排放依次占电池组生命周期总排放的 25%、25%、33%、37%。

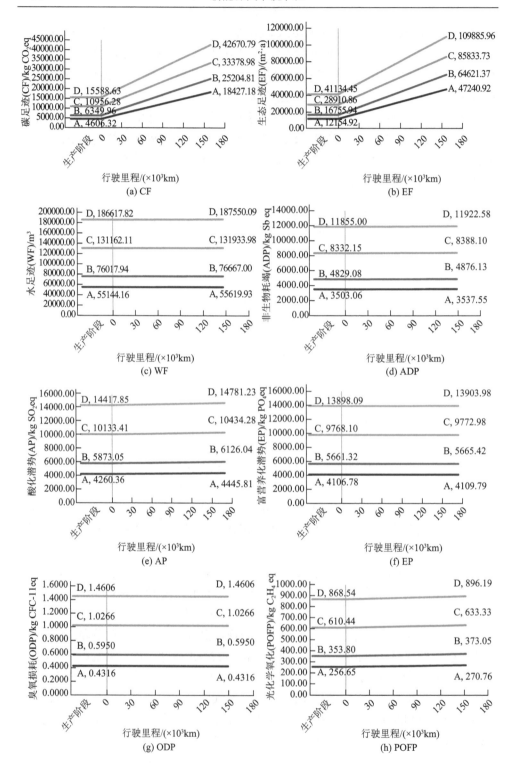

(a) CF

(b) EF

(c) WF

(d) ADP

(e) AP

(f) EP

(g) ODP

(h) POFP

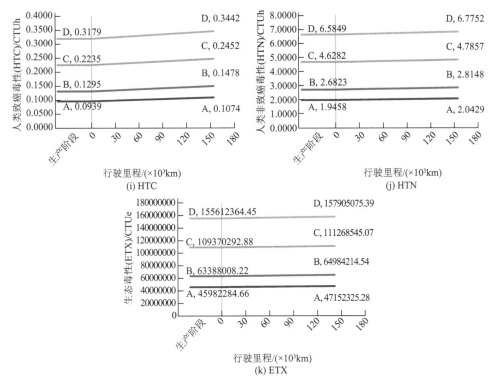

图 1-15　4 种车型电池组的生命周期环境影响

在各项环境影响指标方面，电池组在使用阶段产生大量的碳足迹和生态足迹，且电动汽车行驶里程越长，其影响值越高；电池组在生产阶段产生的水足迹、非生物耗竭、酸化潜势、富营养化潜势、臭氧损耗、光化学氧化、人类致癌毒性、人类非致癌毒性和生态毒性远高于使用阶段。

图 1-15（a）中的碳足迹表明，随着电池组行驶里程的增加，电池组产生更多的碳排放。电池组使用阶段造成了大量的温室气体排放。在电动汽车以全球区域为地理范围的行驶假设下，电能的消耗是电动汽车电池组产生碳足迹的重要因素。图 1-15（b）中的生态足迹表明，电池组在使用阶段中可以产生大量的生态足迹值，且电池组的行驶里程与产生的生态足迹值具有正相关性。不同车型电池组在生产阶段产生的生态足迹占生命周期阶段总生态足迹的 26%～37%。

图 1-15（e）、（h）、（i）、（j）中的酸化潜势、光化学氧化、人类致癌毒性和人类非致癌毒性在生产阶段就产生了大量的环境负担，在电池组的使用阶段，小幅度地随着行驶里程或使用寿命的增加而增加。4 种车型电池组中，酸化潜势在生产阶段占生命周期总酸化潜势的 96%～98%；光化学氧化在生产阶段占生命周期总光化学氧化的 95%～97%；人类致癌毒性在生产阶段占生命周期总致癌毒

性的 87%～92%；人类非致癌毒性在生产阶段占生命周期总非致癌毒性的 95%～97%。水足迹、非生物耗竭、酸化潜势、富营养化潜势、臭氧损耗、光化学氧化、人类毒性和生态毒性在生产阶段所产生的环境负荷远高于使用阶段，电池组在使用阶段所产生的相关环境负荷与生产阶段所产生的负荷相比，几乎可忽略不计。

2. 不同类型电池组的碳足迹影响比较

在不同车型电池组的生产阶段和使用阶段的综合环境影响分析中，碳足迹和生态足迹在使用阶段的影响不容忽视。由此，进一步分析 4 种车型在不同电池组下生命周期过程中的碳排放，如图 1-16 所示。图中不同颜色的面积代表着不同类型电池组在生命周期阶段的温室气体排放。电池组随着行驶里程数的增加，碳排放量也在明显增加。C 车型的碳排放量与 A 车型的碳排放量差别明显，11 个电池组在 A 车型和 D 车型间的碳排放可相差 2.03～2.62 倍。FeS$_2$ SS 电池组在生命周期阶段的碳排放最小，因此在不同车型中，与其他电池组相比，其碳排放量也最低。

图 1-16 中，三个面积值最大的电池组 NMC-SiNW、LFPy-C、NMC-C 在生命周期阶段的碳排放远高于其他类型电池组。LFPy-C、NMC-C 的正极材料质量比例

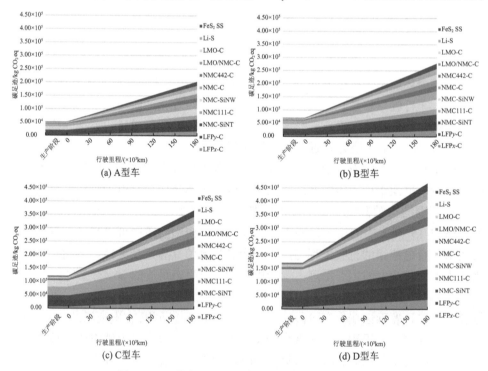

图 1-16　4 种车型下不同类型电池组的碳足迹影响

极高,是生产阶段碳排放高的重要原因之一,而 NMC-SiNW 由于负极材料硅纳米线的原材料组成多元和制备工艺复杂导致碳排放高于其他类型电池组。在高碳排放的 NMC-SiNW、LFPy-C、NMC-C 电池组中,最大车型的碳排放潜值是最小车型的 2.62 倍、2.57 倍、2.55 倍。

综上所述,在车型分析上,纯电动汽车的车型越小,电池组产生的各项环境影响值越小;C 车型和 D 车型内的电池组所产生的环境影响明显。在环境指标分析上,电池组在使用过程中的电能消耗是电池组生命周期阶段产生碳足迹和生态足迹的重要因素;电池组在生产阶段产生的水足迹、非生物耗竭、酸化潜势、富营养化潜势、臭氧损耗、光化学氧化、人类致癌毒性、人类非致癌毒性和生态毒性等环境影响明显。因此,电池组在生产阶段所产生的综合环境影响不可忽视,电池组生产阶段对生命周期影响很大。在分析电池组的类型上,FeS₂SS 电池组最为环保,产生的碳排放最少,而 NMC-SiNW、LFPy-C、NMC-C 三组电池组在生命周期阶段产生的碳排放最多。

1.6.2　四种车型电池组的多区域情景分析

在 LCA 评价中,输入的数据会产生具体化的建模结果,但由于在评价中会缺乏一些来自行业的原始数据,因此在研究中部分假设被设置在情景分析中,以讨论不同行驶里程、充电桩的充电效率、电池内部充电效率和质量-能耗关系比等参数对环境结果的影响。为进一步了解不同的电池性能参数对电池运行阶段的影响,基于之前分析的基本情景,假设了高效情景分析和低效情景分析,以探究不同情景下电池组的环境影响。电池组的生产阶段是环境影响类别中影响最大的生命周期阶段,电池的原材料使用和材料加工工艺对环境影响较大。在运行阶段,情景分析强调不同的电力组合对环境评价结果的影响。在情景分析中,分析的是生产阶段和使用阶段综合起来的环境评价结果。为便于分析三种情景下的电池组环境影响,对 11 个电池组的最终评价结果取平均。在不同电池组的环境影响评价中,根据电池组影响值大小对电池组的类型进行环境影响排序,如图 1-17～图 1-27 所示。

1. 电池组足迹家族类指标的多区域情景分析

图 1-17 为 4 种车型在全球、中国、欧洲、美国和日本 5 个区域下的碳足迹影响情景分析。可以看到 4 种车型电池组在中国碳排放最高,而在欧洲区域的碳排放最低。在 5 个区域的电力结构中,欧洲区域的煤炭发电占比最低(21.16%),而中国的煤炭发电占比最高(66.54%)。在生命周期阶段,以基本情景为比较基准来分析碳减排能力,当电动汽车电池组从低效情景切换到高效情景,可以发现电

动汽车的车型越大，其减排能力越明显。例如，在全球范围内，A、B、C、D 车型电池组以每千米计的温室气体减排依次为 23.65%、41.93%、48.22% 和 53.52%。从低效情景切换到高效情景中，A 车型电池组在欧洲区域下的减排能力比其他区域高，而 B、C、D 车型电池组在中国的减排能力高于其他四个区域。碳排放由低到高的电池组类型依次为：FeS₂ SS、LMO/NMC-C、Li-S、NMC111-C、LMO-C、NMC442-C、LFPx-C、NMC-SiNT、NMC-C、LFPy-C 和 NMC-SiNW。

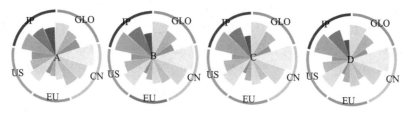

(a) 4种车型电池组在5个区域下的情景分析，图中的扇形部分从大到小依次是低效情景、基本情景和高效情景

车型	情景	GLO	CN	EU	US	JP
A	低效	0.2179	0.2600	0.1565	0.2025	0.2343
	基本	0.1877	0.2244	0.1342	0.1743	0.2020
	高效	0.1735	0.2077	0.1236	0.1610	0.1868
B	低效	0.1626	0.1939	0.1169	0.1511	0.1748
	基本	0.1400	0.1673	0.1002	0.1300	0.1507
	高效	0.1039	0.1227	0.0765	0.0970	0.1112
C	低效	0.2178	0.2555	0.1628	0.2040	0.2325
	基本	0.1854	0.2179	0.1381	0.1736	0.1981
	高效	0.1284	0.1476	0.1004	0.1214	0.1359
D	低效	0.2799	0.3257	0.2131	0.2631	0.2978
	基本	0.2371	0.2763	0.1799	0.2227	0.2523
	高效	0.1530	0.1726	0.1245	0.1458	0.1606

(b) 不同情景下 4 种车型和 5 个区域的电池组平均值
（单位：kg CO₂ eq/km）

(c) 电池组的影响值大小排序图

图 1-17　碳足迹影响情景分析

图 1-18 为 4 种车型在全球、中国、欧洲、美国和日本 5 个区域下的水足迹影响情景分析。4 种车型电池组在 5 个区域间的水资源消耗并无明显差距，即电池组在使用阶段产生的水足迹与行驶区域无明显相关性。在生命周期阶段，以基本情景为比较基准，从低效情景切换到高效情景，随着电动汽车车型的增大，电池

组在高效情景下的水资源消耗减排能力逐渐提高。例如，在全球范围内，A、B、C、D 车型电池组以每千米计的水足迹减排依次为 29.94%、30.12%、30.16%和30.19%。从低效情景到高效情景切换中，A 车型电池组在日本区域水资源消耗减排能力比其他区域高，而 B、C、D 车型电池组在欧洲的水资源消耗减排能力高于其他 4 个区域。水足迹由低到高的电池组类型依次为：LMO-C、NMC-C、LFPy-C、LMO/NMC-C、FeS$_2$ SS、NMC-SiNW、NMC-SiNT、NMC442-C、Li-S、LFPx-C和 NMC111-C。

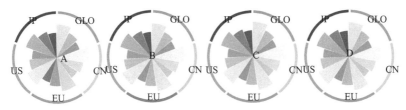

(a) 4种车型电池组在5个区域下的情景分析，图中的扇形部分从大到小依次是低效情景、基本情景和高效情景

车型	情景	GLO	CN	EU	US	JP
A	低效	0.3707	0.3709	0.3738	0.3715	0.3686
	基本	0.3090	0.3092	0.3118	0.3097	0.3072
	高效	0.2782	0.2784	0.2808	0.2789	0.2765
B	低效	0.5109	0.5112	0.5153	0.5121	0.5081
	基本	0.4259	0.4262	0.4297	0.4269	0.4235
	高效	0.3826	0.3828	0.3852	0.3833	0.3809
C	低效	0.8794	0.8798	0.8846	0.8808	0.8760
	基本	0.7330	0.7333	0.7375	0.7342	0.7301
	高效	0.6583	0.6585	0.6610	0.6591	0.6566
D	低效	1.2502	1.2506	1.2565	1.2519	1.2461
	基本	1.0419	1.0423	1.0474	1.0434	1.0384
	高效	0.9357	0.9359	0.9384	0.9364	0.9339

(b) 不同情景下 4 种车型和 5 个区域的电池组平均值
（单位：m^3/km）

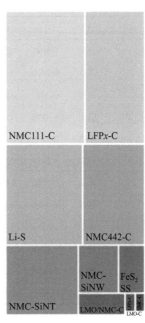

(c) 电池组的影响值大小排序图

图 1-18　水足迹影响情景分析

图 1-19 为四种车型电池组在全球、中国、欧洲、美国和日本 5 个区域下的生态足迹影响情景分析。四种车型电池组在中国的生态足迹最高。在生命周期阶段，以基本情景为比较基准，从低效情景切换到高效情景的生态足迹减少值中可以发

现，电动汽车的车型越大，生态足迹的减排能力越明显。例如，在全球范围内，A、B、C、D 车型电池组以每千米计的生态足迹减排依次为 23.74%、41.78%、47.98% 和 53.20%。在从低效到高效情景切换中，A 车型电池组在欧洲区域的生态足迹减排能力比其他区域高，而 B、C、D 车型电池组在中国的减排能力高于其他 4 个区域。生态足迹由低到高的电池组类型依次为：FeS_2 SS、LMO/NMC-C、Li-S、NMC111-C、NMC442-C、LMO-C、LFPx-C、NMC-SiNT、NMC-C、LFPy-C 和 NMC-SiNW。

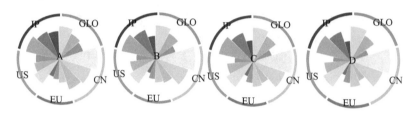

(a) 4 种车型电池组在 5 个区域下的情景分析，图中的扇形部分从大到小依次是低效情景、基本情景和高效情景

车型	情景	GLO	CN	EU	US	JP
A	低效	0.3048	0.3713	0.2187	0.2792	0.3239
	基本	0.2624	0.3204	0.1875	0.2401	0.2792
	高效	0.2425	0.2966	0.1726	0.2217	0.2581
B	低效	0.4170	0.5078	0.2996	0.3821	0.4432
	基本	0.3590	0.4380	0.2567	0.3286	0.3818
	高效	0.2670	0.3214	0.1965	0.2460	0.2827
C	低效	0.5602	0.6694	0.4189	0.5181	0.5917
	基本	0.4769	0.5708	0.3552	0.4407	0.5040
	高效	0.3314	0.3870	0.2596	0.3100	0.3474
D	低效	0.7210	0.8537	0.5492	0.6698	0.7593
	基本	0.6105	0.7240	0.4636	0.5668	0.6432
	高效	0.3962	0.4528	0.3229	0.3744	0.4125

(b) 不同情景下 4 种车型和 5 个区域的电池组平均值
（单位：$m^2 \cdot a/km$）

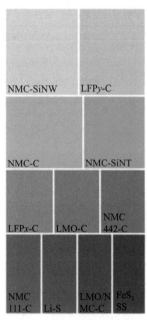

(c) 电池组的影响值大小排序图

图 1-19　生态足迹影响情景分析

2. 电池组资源耗竭类指标的多区域情景分析

图 1-20 为 4 种车型电池组在全球、中国、欧洲、美国和日本 5 个区域下的非

生物耗竭影响情景分析。4 种车型电池组在 5 个区域间的非生物耗竭影响值并无明显差异。在生命周期阶段，以基本情景为比较基准，从低效情景切换到高效情景的非生物耗竭减排能力分析中可以发现，随着电动汽车的车型增大，非生物耗竭减排能力小幅度增加。例如，在全球范围内，A、B、C、D 车型电池组以每千米计的非生物耗竭减排依次为 29.95%、30.26%、30.25%和 30.21%。在从低效到高效的情景切换中，A 车型电池组在中国的非生物耗竭减排能力比其他区域高，而 B、C、D 车型电池组在日本的减排能力高于其他四个区域。非生物耗竭由低到高的电池组类型依次为：LMO/NMC-C、FeS_2 SS、LMO-C、NMC111-C、NMC442-C、LFPx-C、Li-S、NMC-SiNT、NMC-C、LFPy-C 和 NMC-SiNW。

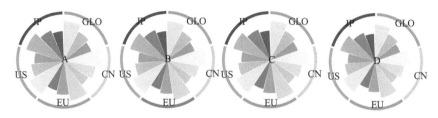

(a) 4 种车型电池组在 5 个区域下的情景分析，图中的扇形部分从大到小依次是
低效情景、基本情景和高效情景

车型	情景	GLO	CN	EU	US	JP
A	低效	0.0236	0.0234	0.0235	0.0236	0.0237
	基本	0.0197	0.0195	0.0196	0.0197	0.0198
	高效	0.0177	0.0176	0.0176	0.0178	0.0178
B	低效	0.0325	0.0323	0.0324	0.0326	0.0327
	基本	0.0271	0.0269	0.0270	0.0272	0.0272
	高效	0.0243	0.0242	0.0243	0.0244	0.0244
C	低效	0.0559	0.0556	0.0558	0.0560	0.0561
	基本	0.0466	0.0464	0.0465	0.0467	0.0468
	高效	0.0418	0.0417	0.0418	0.0419	0.0420
D	低效	0.0795	0.0791	0.0794	0.0796	0.0797
	基本	0.0662	0.0659	0.0661	0.0664	0.0665
	高效	0.0595	0.0593	0.0594	0.0595	0.0596

(b) 不同情景下 4 种车型和 5 个区域的电池组平均值
（单位：kg Sb eq/km）

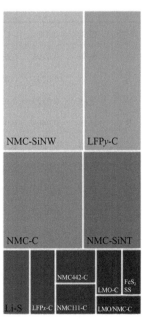

(c) 电池组的影响值大小排序图

图 1-20　非生物耗竭影响情景分析

　　图 1-21 为 4 种车型电池组在全球、中国、欧洲、美国和日本 5 个区域下的酸化影响情景分析。4 种车型电池组在 5 个区域间产生的酸化潜势无明显差异。在生命周期阶段，以基本情景为比较基准，分析从低效情景切换到高效情景的酸化潜势减少值，可以发现随着电动汽车车型质量的增加，酸化潜势的减排能力在增强。例如，在全球范围内，A、B、C、D 车型电池组以每千米计的酸化潜势减排依次为 29.55%、30.88%、30.69%和 30.94%。在从低效情景到高效情景切换中，A车型电池组在欧洲区域的酸化潜势减排能力比其他区域高，而 B、C、D 车型电池组在中国的减排能力高于其他 4 个区域。酸化潜势由低到高的电池组类型依次为：FeS$_2$ SS、Li-S、LMO-C、LFPx-C、LMO/NMC-C、NMC111-C、NMC442-C、NMC-C、NMC-SiNT、LFPy-C 和 NMC-SiNW。

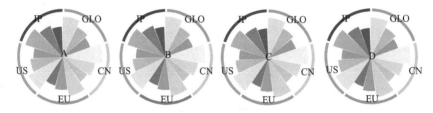

(a) 4 种车型电池组在 5 个区域下的情景分析，图中的扇形部分从大到小依次是
低效情景、基本情景和高效情景

车型	情景	GLO	CN	EU	US	JP
A	低效	0.0296	0.0301	0.0291	0.0294	0.0296
	基本	0.0247	0.0252	0.0243	0.0246	0.0247
	高效	0.0223	0.0227	0.0219	0.0221	0.0223
B	低效	0.0408	0.0415	0.0401	0.0406	0.0408
	基本	0.0340	0.0347	0.0335	0.0339	0.0340
	高效	0.0303	0.0308	0.0300	0.0302	0.0303
C	低效	0.0695	0.0704	0.0687	0.0693	0.0695
	基本	0.0580	0.0587	0.0573	0.0578	0.0580
	高效	0.0517	0.0521	0.0513	0.0515	0.0517
D	低效	0.0985	0.0995	0.0975	0.0982	0.0985
	基本	0.0821	0.0830	0.0813	0.0819	0.0821
	高效	0.0731	0.0735	0.0727	0.0730	0.0731

(b) 不同情景下 4 种车型和 5 个区域的电池组平均值

（单位：kg SO$_2$ eq/km）

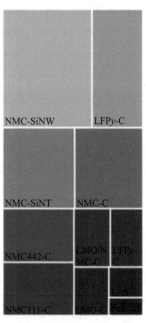

(c) 电池组的影响值大小排序图

图 1-21　酸化影响情景分析

图 1-22 为 4 种车型电池组在全球、中国、欧洲、美国和日本 5 个区域下的富营养化影响情景分析。4 种车型电池组在 5 个区域间产生的富营养化潜势无明显差异。在生命周期阶段，以基本情景为比较基准，分析从低效情景切换到高效情景的富营养化潜势减少值，可以发现电动汽车的车型对富营养化的减排能力并不明显。在从低效情景到高效情景切换中，A、B、C、D 车型电池组在 5 个区域里的富营养化潜势减排能力为 29.82%～30.26%。富营养化潜势由低到高的电池组类型依次为：FeS_2 SS、LMO/NMC-C、Li-S、NMC111-C、NMC-SiNT、NMC442-C、LFPx-C、LMO-C、NMC-SiNW、NMC-C 和 LFPy-C。

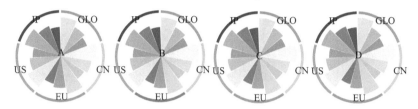

(a) 4 种车型电池组在 5 个区域下的情景分析，图中的扇形部分从大到小依次是低效情景、基本情景和高效情景

车型	情景	GLO	CN	EU	US	JP
A	低效	0.0274	0.0274	0.0274	0.0274	0.0274
	基本	0.0228	0.0228	0.0228	0.0228	0.0228
	高效	0.0205	0.0206	0.0205	0.0205	0.0206
B	低效	0.0378	0.0378	0.0378	0.0378	0.0378
	基本	0.0315	0.0315	0.0315	0.0315	0.0315
	高效	0.0283	0.0283	0.0283	0.0283	0.0283
C	低效	0.0652	0.0652	0.0651	0.0651	0.0652
	基本	0.0543	0.0543	0.0543	0.0543	0.0543
	高效	0.0489	0.0489	0.0489	0.0489	0.0489
D	低效	0.0927	0.0927	0.0927	0.0927	0.0927
	基本	0.0772	0.0773	0.0772	0.0772	0.0772
	高效	0.0695	0.0695	0.0695	0.0695	0.0695

(b) 不同情景下 4 种车型和 5 个区域的电池组平均值
（单位：kg PO$_4$ eq/km）

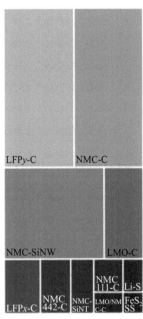

(c) 电池组的影响值大小排序图

图 1-22　富营养化影响情景分析

图 1-23 为 4 种车型电池组在全球、中国、欧洲、美国和日本 5 个区域下的臭氧损耗影响情景分析。4 种车型电池组在 5 个区域间产生的臭氧损耗影响值无明

显差异。在生命周期阶段，以基本情景为比较基准，分析从低效情景切换到高效情景的臭氧损耗减少值，可以发现电动汽车的车型大小与臭氧损耗的减排能力无相关性。在从高效情景到低效情景切换中，5个区域间的A、B、C、D车型电池组的臭氧损耗减排能力均为30%，即与基本情景相比较，在高效情景的电池组使用可以减少30%的臭氧损耗。臭氧损耗影响值由低到高的电池组类型依次为：NMC111-C、FeS$_2$ SS、LMO/NMC-C、LMO-C、Li-S、NMC-SiNT、NMC-SiNW、NMC-C、LFPy-C、NMC442-C和LFPx-C。

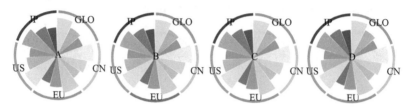

(a) 4种车型电池组在5个区域下的情景分析，图中的扇形部分从大到小依次是
低效情景、基本情景和高效情景

车型	情景	GLO	CN	EU	US	JP
A	低效	2.88×10^{-6}	2.88×10^{-6}	2.88×10^{-6}	2.88×10^{-6}	2.88×10^{-6}
	基本	2.40×10^{-6}	2.40×10^{-6}	2.40×10^{-6}	2.40×10^{-6}	2.40×10^{-6}
	高效	2.16×10^{-6}	2.16×10^{-6}	2.16×10^{-6}	2.16×10^{-6}	2.16×10^{-6}
B	低效	3.97×10^{-6}	3.97×10^{-6}	3.97×10^{-6}	3.97×10^{-6}	3.97×10^{-6}
	基本	3.31×10^{-6}	3.31×10^{-6}	3.31×10^{-6}	3.31×10^{-6}	3.31×10^{-6}
	高效	2.97×10^{-6}	2.97×10^{-6}	2.97×10^{-6}	2.97×10^{-6}	2.97×10^{-6}
C	低效	6.84×10^{-6}	6.84×10^{-6}	6.84×10^{-6}	6.84×10^{-6}	6.84×10^{-6}
	基本	5.70×10^{-6}	5.70×10^{-6}	5.70×10^{-6}	5.70×10^{-6}	5.70×10^{-6}
	高效	5.13×10^{-6}	5.13×10^{-6}	5.13×10^{-6}	5.13×10^{-6}	5.13×10^{-6}
D	低效	9.74×10^{-6}	9.74×10^{-6}	9.74×10^{-6}	9.74×10^{-6}	9.74×10^{-6}
	基本	8.11×10^{-6}	8.11×10^{-6}	8.11×10^{-6}	8.11×10^{-6}	8.11×10^{-6}
	高效	7.30×10^{-6}	7.30×10^{-6}	7.30×10^{-6}	7.30×10^{-6}	7.30×10^{-6}

(b) 不同情景下4种车型和5个区域的电池组平均值
（单位：kg CFC-11 eq/km）

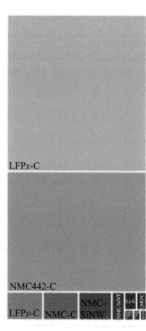

(c) 电池组的影响值大小排序图

图1-23 臭氧损耗影响情景分析

图1-24为4种车型电池组在全球、中国、欧洲、美国和日本5个区域下的光化学氧化影响情景分析。4种车型电池组在5个区域间产生的光化学氧化影响值无明显差异。在生命周期阶段，以基本情景为比较基准，分析从低效情景切换到

高效情景的光化学氧化减少值,可以发现随着电动汽车的车型质量的增加,光化学氧化的减排能力会有小幅度的增强。在从高效到低效情景切换中,各车型电池组在5 个区域间的光化学氧化减排能力在 29.03%～31.82%。光化学氧化潜值由低到高的电池组类型依次为:FeS_2 SS、LMO-C、LFPx-C、LMO/NMC-C、NMC442-C、NMC111-C、NMC-C、LFPy-C、NMC-SiNT、NMC-SiNW 和 Li-S。

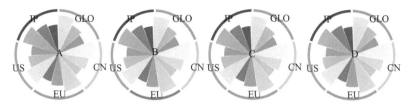

(a) 4 种车型电池组在 5 个区域下的情景分析,图中的扇形部分从大到小依次是
低效情景、基本情景和高效情景

车型	情景	GLO	CN	EU	US	JP
A	低效	$1.80×10^{-3}$	$1.80×10^{-3}$	$1.85×10^{-3}$	$1.78×10^{-3}$	$1.83×10^{-3}$
	基本	$1.50×10^{-3}$	$1.50×10^{-3}$	$1.55×10^{-3}$	$1.49×10^{-3}$	$1.53×10^{-3}$
	高效	$1.36×10^{-3}$	$1.35×10^{-3}$	$1.40×10^{-3}$	$1.34×10^{-3}$	$1.38×10^{-3}$
B	低效	$2.48×10^{-3}$	$2.48×10^{-3}$	$2.55×10^{-3}$	$2.46×10^{-3}$	$2.52×10^{-3}$
	基本	$2.07×10^{-3}$	$2.07×10^{-3}$	$2.13×10^{-3}$	$2.05×10^{-3}$	$2.10×10^{-3}$
	高效	$1.84×10^{-3}$	$1.84×10^{-3}$	$1.88×10^{-3}$	$1.83×10^{-3}$	$1.86×10^{-3}$
C	低效	$4.22×10^{-3}$	$4.21×10^{-3}$	$4.30×10^{-3}$	$4.19×10^{-3}$	$4.26×10^{-3}$
	基本	$3.52×10^{-3}$	$3.52×10^{-3}$	$3.59×10^{-3}$	$3.50×10^{-3}$	$3.56×10^{-3}$
	高效	$3.13×10^{-3}$	$3.13×10^{-3}$	$3.17×10^{-3}$	$3.11×10^{-3}$	$3.15×10^{-3}$
D	低效	$5.97×10^{-3}$	$5.97×10^{-3}$	$6.07×10^{-3}$	$5.94×10^{-3}$	$6.02×10^{-3}$
	基本	$4.98×10^{-3}$	$4.98×10^{-3}$	$5.06×10^{-3}$	$4.95×10^{-3}$	$5.02×10^{-3}$
	高效	$4.42×10^{-3}$	$4.42×10^{-3}$	$4.46×10^{-3}$	$4.41×10^{-3}$	$4.44×10^{-3}$

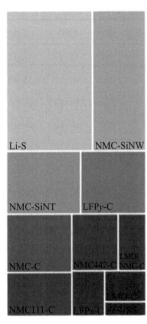

(b) 不同情景下 4 种车型和 5 个区域的电池组平均值
(单位:kg C_2H_4 eq/km)

(c) 电池组的影响值大小排序图

图 1-24　光化学氧化影响情景分析

3. 电池组毒性损害类指标的多区域情景分析

图 1-25 为 4 种车型电池组在全球、中国、欧洲、美国和日本 5 个区域下的人类致癌毒性影响情景分析。4 种车型电池组在欧洲区域间产生的人类致癌毒性明显低于其他四个区域。在生命周期阶段,以基本情景为比较基准,可以发现电动

汽车的车型质量增加，人类致癌毒性减排能力在高效情景下增强。例如，在全球范围内，A、B、C、D 车型电池组以每千米计的人类致癌毒性减排依次为29.03%、31.91%、32.35%和32.98%。人类致癌毒性影响值由低到高的电池组类型依次为：Li-S、FeS$_2$ SS、LMO/NMC-C、NMC111-C、NMC442-C、NMC-SiNT、LFPx-C、LMO-C、NMC-SiNW、NMC-C 和 LFPy-C。

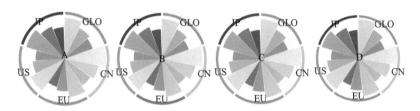

(a) 4 种车型电池组在 5 个区域下的情景分析，图中的扇形部分从大到小依次是
低效情景、基本情景和高效情景

车型	情景	GLO	CN	EU	US	JP
A	低效	7.12×10^{-7}	7.46×10^{-7}	6.84×10^{-7}	6.94×10^{-7}	7.23×10^{-7}
	基本	5.96×10^{-7}	6.26×10^{-7}	5.72×10^{-7}	5.81×10^{-7}	6.06×10^{-7}
	高效	5.39×10^{-7}	5.67×10^{-7}	5.17×10^{-7}	5.25×10^{-7}	5.48×10^{-7}
B	低效	9.80×10^{-7}	1.03×10^{-6}	9.42×10^{-7}	9.56×10^{-7}	9.95×10^{-7}
	基本	8.21×10^{-7}	8.62×10^{-7}	7.88×10^{-7}	8.00×10^{-7}	8.34×10^{-7}
	高效	7.18×10^{-7}	7.46×10^{-7}	6.95×10^{-7}	7.03×10^{-7}	7.27×10^{-7}
C	低效	1.63×10^{-6}	1.69×10^{-6}	1.58×10^{-6}	1.60×10^{-6}	1.65×10^{-6}
	基本	1.36×10^{-6}	1.41×10^{-6}	1.32×10^{-6}	1.34×10^{-6}	1.38×10^{-6}
	高效	1.19×10^{-6}	1.22×10^{-6}	1.17×10^{-6}	1.17×10^{-6}	1.20×10^{-6}
D	低效	2.29×10^{-6}	2.36×10^{-6}	2.23×10^{-6}	2.25×10^{-6}	2.31×10^{-6}
	基本	1.91×10^{-6}	1.97×10^{-6}	1.86×10^{-6}	1.88×10^{-6}	1.93×10^{-6}
	高效	1.66×10^{-6}	1.69×10^{-6}	1.64×10^{-6}	1.65×10^{-6}	1.67×10^{-6}

(b) 不同情景下 4 种车型和 5 个区域的电池组平均值
（单位：CTUh/km）

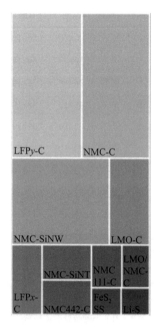

(c) 电池组的影响值大小排序图

图 1-25　人类致癌毒性影响情景分析

图 1-26 为 4 种车型电池组在全球、中国、欧洲、美国和日本 5 个区域下的人类非致癌毒性影响情景分析。4 种车型电池组的非致癌毒性影响值受区域影响较小。在生命周期阶段，以基本情景为比较基准，随着电动汽车的车型质量增加，人类非致癌毒性从低效情景切换到高效情景的减少值的增幅并不大，为 28.70%～

31.13%。人类非致癌毒性影响值由低到高的电池组类型依次为：FeS$_2$ SS、Li-S、LMO/NMC-C、NMC-SiNT、NMC111-C、NMC442-C、LFPx-C、LMO-C、NMC-SiNW、NMC-C 和 LFPy-C。

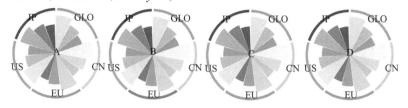

(a) 4 种车型电池组在 5 个区域下的情景分析，图中的扇形部分从大到小依次是低效情景、基本情景和高效情景

车型	情景	GLO	CN	EU	US	JP
A	低效	1.36×10⁻⁵	1.37×10⁻⁵	1.34×10⁻⁵	1.35×10⁻⁵	1.37×10⁻⁵
	基本	1.13×10⁻⁵	1.15×10⁻⁵	1.12×10⁻⁵	1.13×10⁻⁵	1.15×10⁻⁵
	高效	1.02×10⁻⁵	1.04×10⁻⁵	1.01×10⁻⁵	1.02×10⁻⁵	1.03×10⁻⁵
B	低效	1.87×10⁻⁵	1.89×10⁻⁵	1.84×10⁻⁵	1.86×10⁻⁵	1.89×10⁻⁵
	基本	1.56×10⁻⁵	1.58×10⁻⁵	1.54×10⁻⁵	1.55×10⁻⁵	1.58×10⁻⁵
	高效	1.39×10⁻⁵	1.40×10⁻⁵	1.37×10⁻⁵	1.38×10⁻⁵	1.40×10⁻⁵
C	低效	3.19×10⁻⁵	3.21×10⁻⁵	3.15×10⁻⁵	3.17×10⁻⁵	3.21×10⁻⁵
	基本	2.66×10⁻⁵	2.68×10⁻⁵	2.63×10⁻⁵	2.65×10⁻⁵	2.68×10⁻⁵
	高效	2.37×10⁻⁵	2.38×10⁻⁵	2.35×10⁻⁵	2.36×10⁻⁵	2.38×10⁻⁵
D	低效	4.51×10⁻⁵	4.54×10⁻⁵	4.47×10⁻⁵	4.49×10⁻⁵	4.54×10⁻⁵
	基本	3.76×10⁻⁵	3.79×10⁻⁵	3.73×10⁻⁵	3.75×10⁻⁵	3.79×10⁻⁵
	高效	3.35×10⁻⁵	3.36×10⁻⁵	3.33×10⁻⁵	3.34×10⁻⁵	3.36×10⁻⁵

(b) 不同情景下 4 种车型和 5 个区域的电池组平均值
（单位：CTUh/km）

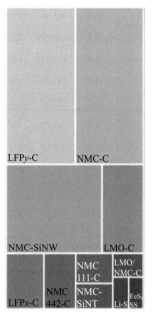

(c) 电池组的影响值大小排序图

图 1-26　人类非致癌毒性影响情景分析

图 1-27 为 4 种车型电池组在全球、中国、欧洲、美国和日本 5 个区域下的生态毒性影响情景分析。4 种车型电池组的生态毒性影响值与运行阶段的地理位置无明显关系。在生命周期阶段，以基本情景为比较基准，可以发现随着电动汽车车型质量的增加，人类生态毒性从低效情景切换到高效情景造成的减少值增幅不高，为 29.59%～31.06%。人类生态毒性潜值由低到高的电池组类型依次为：FeS$_2$ SS、Li-S、LMO/NMC-C、NMC-SiNT、NMC111-C、NMC442-C、LFPx-C、LMO-C、NMC-SiNW、NMC-C 和 LFPy-C。

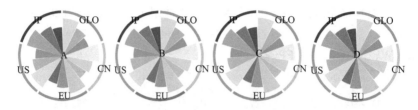

(a) 4 种车型电池组在 5 个区域下的情景分析，图中的扇形部分从大到小依次是
低效情景、基本情景和高效情景

车型	情景	GLO	CN	EU	US	JP
A	低效	314.01	311.47	313.91	314.33	321.50
	基本	261.96	259.75	261.87	262.24	268.49
	高效	235.97	233.91	235.89	236.24	242.06
B	低效	432.77	429.30	432.64	433.21	443.00
	基本	361.02	358.01	360.91	361.41	369.93
	高效	323.05	320.97	322.97	323.31	329.18
C	低效	741.39	737.22	741.23	741.92	753.70
	基本	618.16	614.57	618.02	618.62	628.75
	高效	553.08	550.96	553.00	553.35	559.34
D	低效	1052.31	1047.24	1052.12	1052.96	1067.28
	基本	877.25	872.92	877.09	877.80	890.05
	高效	784.42	782.25	784.33	784.69	790.80

(b) 不同情景下 4 种车型和 5 个区域的电池组平均值
（单位：CTUe/km）

(c) 电池组的影响值大小排序图

图 1-27　生态毒性影响情景分析

　　以基本情景为比较基础，综合低效情景和高效情景分析，电池组的使用寿命、电池内部充电效率、充电桩充电效率和质量-能耗关系比方面对环境影响结果有一定影响。从低效情景转换为高效情景的各项环境减排能力为 20.30%～55.45%。4 种车型电池组在碳足迹和生态足迹方面的影响值受区域电力结构的影响很大，因此在高效情景下的环境负荷明显低于低效情景，且车型越大，减排的效果越好。电动汽车车型质量的增加一定程度上会提高从低效情景到高效情景的减排能力。因此，提高电池组的使用寿命和充电效率、减少区域里运输电力的损失、提高电动汽车的质量-能耗关系比，可以降低电动汽车在生命周期阶段的环境影响。

1.6.3　电池组生命周期阶段的绿色特性影响

　　计算电池组在生产阶段和使用阶段的综合绿色特性影响情况时发现，将电池组装配到不同车型大小的电动汽车上时，其得到的绿色特性指数是一样的，因此电池组在生命周期阶段的绿色特性指数如图 1-28 所示。

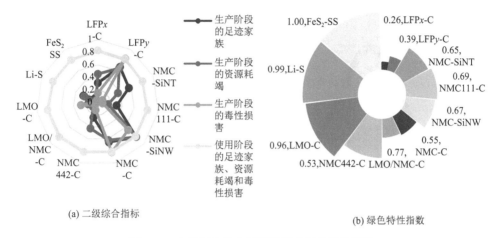

图 1-28　电池组在生命周期阶段的绿色特性指数

　　在二级综合指标中，电池组使用阶段的三种综合指标标准化值平均都高于生产阶段的三组综合指标标准化值。最为明显的是 LFPy-C、NMC-SiNW 和 NMC-C 三组电池组在资源耗竭、足迹家族和毒性损害的标准化值均较高。电动汽车在生命周期阶段会考虑到电池组在生产过程中所产生的环境影响，以及在使用过程中由于消耗电能而产生的环境影响。电池组在生命周期阶段的绿色特性指数与生产阶段和使用阶段的评价结果有所不同，如 NMC-SiNW 在生产阶段的绿色特性指数为 0.25；在使用阶段却属于绿色特性较优的电池组，指数为 0.93；但在生命周期阶段的指数为 0.67。FeS_2 SS 在生产阶段和生命周期阶段的绿色特性指数最高，而 Li-S 电池组在使用阶段的绿色特性指数最高。在生产阶段高绿色特性指数的 LFPx-C 电池组，在使用阶段的绿色特性指数最低，这直接影响到最后生命周期阶段的绿色特性指数值。这说明在使用阶段电池组对电能的消耗会较大程度影响电池组的评估。从图 1-28 中的绿色特性指数可以看出，FeS_2 SS 的绿色特性指数最高、最为绿色环保，LFPx-C 电池组的绿色特性指数最低，在生命周期阶段可以产生大量的环境负荷。总体而言，绿色特性指数由高到低的电池组依次为：FeS_2 SS、Li-S、LMO-C、LMO/NMC-C、NMC111-C、NMC-SiNW、NMC-SiNT、NMC-C、NMC442-C、LFPy-C、LFPx-C。

1.6.4 不确定性分析

采用蒙特卡罗不确定性分析方法来探究不同车型电池组在生命周期环境影响评价结果的不确定性。模拟 1000 次运行、采用 95% 的置信区间显示环境影响值范围。以 A 车型为例来讨论动力电池组的 11 项环境影响值的仿真模拟运行值，如图 1-29 所示。

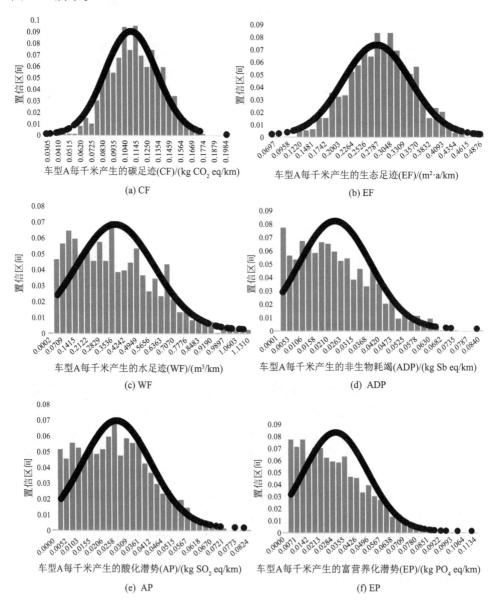

(a) CF

(b) EF

(c) WF

(d) ADP

(e) AP

(f) EP

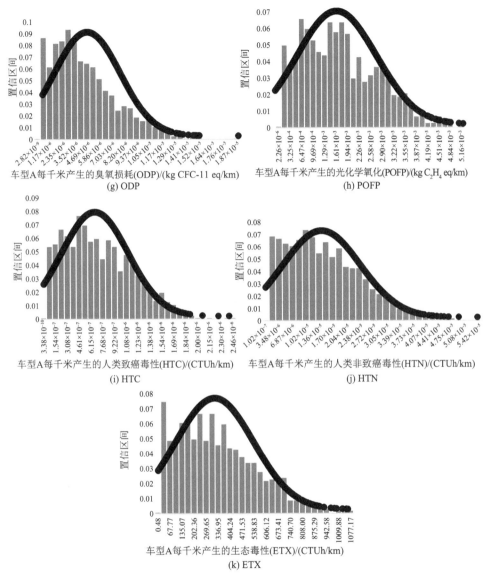

图 1-29 A 车型电池组的各项环境评价结果的不确定性分析

图 1-29 中横坐标代表 A 车型的电池组在生命周期阶段每千米所产生的环境影响值,纵坐标代表电池组产生对应环境影响值的概率。通过模拟运行值的分布特点,发现碳足迹和生态足迹的正态分布图像可较为完整地呈现,其余 9 项环境影响指标的正态分布有右偏的倾向,即平均值的取值在整个阈值范围中偏小。A、B、C、D 车型电池组在生命周期阶段所产生的各项环境影响值的平均值、中值、标准偏差、变异系数、标准平均误差、平均极差列于表 1-8~表 1-11。

从不确定性分析结果可以看出，碳足迹即全球变暖潜势值的不确定性范围相对于其他值是最低的，A 车型电池组的变异系数为 22.02%，如表 1-8 所示。在环境影响指标中，除碳足迹和生态足迹的变异系数低，其余指标的变异系数均为 60% 以上，其中臭氧损耗影响值具有最高的不确定性，即 A 车型电池组的变异系数为 73.62%。作为目标评估的 11 个锂离子电池组在各项环境影响值中有较大的差异性，是造成高不确定度范围的主要原因，如不同类型电池组在 ODP 中呈现的影响值波动范围很大。可以从图 1-29 中看出电池组产生各项环境影响值的范围及高概率下对应的影响值情况，子类别的不确定度范围的趋势非常接近。图中的灰色直方条代表 A 车型电池组在环境影响值范围内可能出现的频率。例如，在图 1-29（a）的碳足迹中，A 车型电池组的影响值在 0.1092～0.1145 kg CO_2 eq 会出现的概率为 9.6%，越接近平均值，概率越高。但由于基础数据的范围较大，运行数据不够充足，也会出现图 1-29（k）中的情况，在低值区出现频率较高，但依然满足平均值附近概率高的规律。

表 1-8　A 车型电池组的蒙特卡罗分析结果

指标	单位	平均值	中值	标准偏差	变异系数	标准平均误差	信赖区间的下限值	信赖区间的上限值
CF	kg CO_2 eq/km	0.1101	0.1102	0.0243	22.02%	0.0008	0.1086	0.1116
WF	m^3/km	0.3551	0.3292	0.2370	66.74%	0.0075	0.3404	0.3699
EF	$m^2 \cdot a$/km	0.2800	0.2804	0.0674	24.06%	0.0021	0.2759	0.2842
ADP	kg Sb eq/km	0.0227	0.0204	0.0153	67.67%	0.0005	0.0217	0.0236
AP	kg SO_2 eq/km	0.0253	0.0244	0.0155	61.41%	0.0005	0.0243	0.0262
EP	kg PO_4 eq/km	0.0281	0.0250	0.0198	70.59%	0.0006	0.0269	0.0293
ODP	kg CFC-11 eq/km	4.29×10^{-6}	3.60×10^{-6}	3.16×10^{-6}	73.62%	9.98×10^{-8}	4.09×10^{-6}	4.48×10^{-6}
POFP	kg C_2H_4 eq/km	1.68×10^{-3}	1.54×10^{-3}	1.08×10^{-3}	64.33%	3.42×10^{-5}	1.61×10^{-3}	1.75×10^{-3}
HTC	CTUh/km	6.80×10^{-7}	6.15×10^{-7}	4.43×10^{-7}	65.08%	1.40×10^{-8}	6.53×10^{-7}	7.08×10^{-7}
HTN	CTUh/km	1.44×10^{-5}	1.29×10^{-5}	9.81×10^{-6}	68.30%	3.10×10^{-7}	1.38×10^{-5}	1.50×10^{-5}
ETX	CTUe/km	321.65	286.94	221.42	68.84%	7.00	307.91	335.39

表 1-9　B 车型电池组的蒙特卡罗分析结果

指标	单位	平均值	中值	标准偏差	变异系数	标准平均误差	信赖区间的下限值	信赖区间的上限值
CF	kg CO_2 eq/km	0.1497	0.1490	0.0328	21.90%	0.0010	0.1477	0.1517
WF	m^3/km	0.4891	0.4452	0.3311	67.71%	0.0105	0.4685	0.5096
EF	$m^2 \cdot a$/km	0.3826	0.3821	0.0954	24.95%	0.0030	0.3767	0.3885
ADP	kg Sb eq/km	0.0312	0.0284	0.0212	67.91%	0.0007	0.0299	0.0325
AP	kg SO_2 eq/km	0.0347	0.0332	0.0220	63.44%	0.0007	0.0333	0.0360

续表

指标	单位	平均值	中值	标准偏差	变异系数	标准平均误差	信赖区间的下限值	信赖区间的上限值
EP	kg PO$_4$ eq/km	0.0378	0.0340	0.0273	72.27%	0.0009	0.0361	0.0395
ODP	kg CFC-11 eq/km	5.95×10^{-6}	4.78×10^{-6}	4.70×10^{-6}	78.92%	1.49×10^{-7}	5.66×10^{-6}	6.24×10^{-6}
POFP	kg C$_2$H$_4$ eq/km	2.27×10^{-3}	2.10×10^{-3}	1.47×10^{-3}	64.52%	4.64×10^{-5}	2.18×10^{-3}	2.36×10^{-3}
HTC	CTUh/km	9.47×10^{-7}	8.63×10^{-7}	6.26×10^{-7}	66.08%	1.98×10^{-8}	9.08×10^{-7}	9.86×10^{-7}
HTN	CTUh/km	1.87×10^{-5}	1.62×10^{-5}	1.32×10^{-5}	70.93%	4.18×10^{-7}	1.78×10^{-5}	1.95×10^{-5}
ETX	CTUe/km	455.84	410.46	312.88	68.64%	9.89	436.42	475.26

表 1-10　C 车型电池组的蒙特卡罗分析结果

指标	单位	平均值	中值	标准偏差	变异系数	标准平均误差	信赖区间的下限值	信赖区间的上限值
CF	kg CO$_2$ eq/km	0.1987	0.2019	0.0592	29.76%	0.0019	0.1951	0.2024
WF	m^3/km	0.8389	0.7666	0.5802	69.16%	0.0183	0.8029	0.8749
EF	m^2·a/km	0.5024	0.4976	0.1603	31.90%	0.0051	0.4924	0.5123
ADP	kg Sb eq/km	0.0523	0.0467	0.0358	68.49%	0.0011	0.0501	0.0546
AP	kg SO$_2$ eq/km	0.0610	0.0566	0.0366	60.00%	0.0012	0.0587	0.0632
EP	kg PO$_4$ eq/km	0.0676	0.0578	0.0485	71.73%	0.0015	0.0645	0.0706
ODP	kg CFC-11 eq/km	9.79×10^{-6}	8.60×10^{-6}	7.05×10^{-6}	72.05%	2.23×10^{-7}	9.35×10^{-6}	1.02×10^{-5}
POFP	kg C$_2$H$_4$ eq/km	3.89×10^{-3}	3.61×10^{-3}	2.58×10^{-3}	66.21%	8.15×10^{-5}	3.73×10^{-3}	4.05×10^{-3}
HTC	CTUh/km	1.61×10^{-6}	1.48×10^{-6}	1.08×10^{-6}	67.09%	3.41×10^{-8}	1.54×10^{-6}	1.67×10^{-6}
HTN	CTUh/km	3.11×10^{-5}	2.77×10^{-5}	2.22×10^{-5}	71.58%	7.03×10^{-7}	2.97×10^{-5}	3.25×10^{-5}
ETX	CTUe/km	766.90	690.57	530.01	69.11%	16.76	734.01	799.79

表 1-11　D 车型电池组的蒙特卡罗分析结果

指标	单位	平均值	中值	标准偏差	变异系数	标准平均误差	信赖区间的下限值	信赖区间的上限值
CF	kg CO$_2$ eq/km	0.2520	0.2507	0.0791	31.39%	0.0025	0.2471	0.2569
WF	m^3/km	1.2199	1.1427	0.8108	66.46%	0.0256	1.1696	1.2702
EF	m^2·a/km	0.6591	0.6561	0.2235	33.90%	0.0071	0.6452	0.6730
ADP	kg Sb eq/km	0.0781	0.0694	0.0538	68.93%	0.0017	0.0748	0.0815
AP	kg SO$_2$ eq/km	0.0897	0.0864	0.0542	60.41%	0.0017	0.0864	0.0931
EP	kg PO$_4$ eq/km	0.0945	0.0836	0.0659	69.70%	0.0021	0.0905	0.0986
ODP	Kg CFC-11 eq/km	1.45×10^{-5}	1.21×10^{-5}	1.09×10^{-5}	75.27%	3.46×10^{-7}	1.39×10^{-5}	1.52×10^{-5}
POFP	kg C$_2$H$_4$ eq/km	5.49×10^{-3}	4.99×10^{-3}	3.69×10^{-3}	67.20%	1.17×10^{-4}	5.26×10^{-3}	5.72×10^{-3}

指标	单位	平均值	中值	标准偏差	变异系数	标准平均误差	信赖区间的下限值	信赖区间的上限值
HTC	CTUh/km	$2.27×10^{-6}$	$2.14×10^{-6}$	$1.57×10^{-6}$	69.09%	$4.97×10^{-8}$	$2.18×10^{-6}$	$2.37×10^{-6}$
HTN	CTUh/km	$4.59×10^{-5}$	$4.11×10^{-5}$	$3.24×10^{-5}$	70.77%	$1.03×10^{-6}$	$4.38×10^{-5}$	$4.79×10^{-5}$
ETX	CTUe/km	1113.79	968.88	780.08	70.04%	24.67	1065.39	1162.20

为进一步探索电池组的环境影响值范围和影响平均值的概率,根据 1000 次模拟运行,绘制了 4 种车型电池组的影响值分布,如图 1-30 所示。

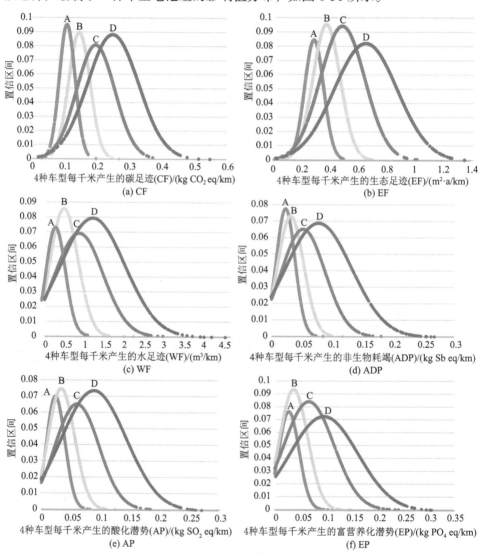

(a) CF

(b) EF

(c) WF

(d) ADP

(e) AP

(f) EP

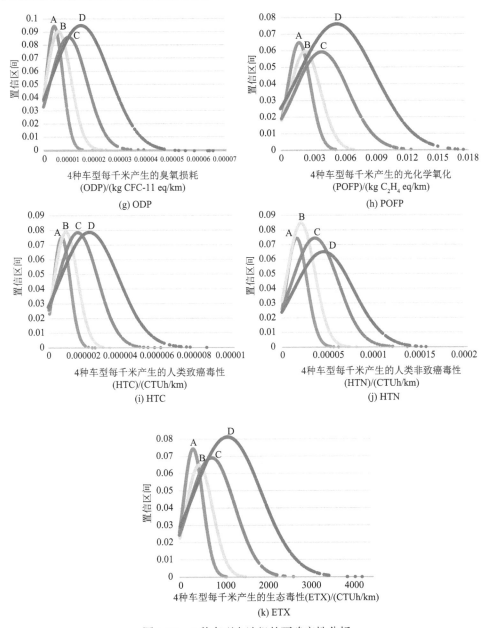

(g) ODP

(h) POFP

(i) HTC

(j) HTN

(k) ETX

图 1-30　4 种车型电池组的不确定性分析

　　从 4 种车型电池组的不确定性分析中了解到，臭氧损耗在所有车型的电池组中具有最高的不确定性，即车型 A 电池组的变异系数为 73.62%、车型 B 电池组的变异系数为 78.92%、车型 C 电池组的变异系数为 72.05% 和车型 D 电池组的变异系数为 75.27%。碳足迹和生态足迹的结果相对比较可靠，变异系数在 20%~34%。

除碳足迹和生态足迹之外,其他环境影响指标类别由于 LCA 数据库中某些特定材料或工艺的库存数据是准确的,输入相关数据的范围大,具有很高的不确定度范围,在 60%～80%。4 种车型电池组的碳足迹平均值依次为 0.1101 kg CO$_2$ eq/km、0.1497 kg CO$_2$ eq/km、0.1987 kg CO$_2$ eq/km 和 0.2520 kg CO$_2$ eq/km,可见,随着车型电池组的质量增加,其碳足迹指标值也逐渐增大。

图 1-30 代表 11 组环境影响值运行 1000 次下的环境影响值及其概率分布。在 11 项的环境指标中,最高频率取值范围下的影响值概率均在 0.06～0.09,电池组的车型类别与最高频率取值范围影响值的概率分布之间无明显规律。对于所有的环境影响指标而言,电池组质量的改变,会直接影响环境影响值的平均值和影响值范围,且电池组质量和影响值之间是正相关关系。

总体而言,在对 4 种车型电池组的生命周期阶段进行不确定性分析时,碳足迹的变异系数最低,其评价电池组的不确定性最低;臭氧损耗的变异系数最高,其评价电池组的不确定性最高。

1.7　小　　结

本章采用生命周期框架,结合综合环境影响指标和绿色特性指数的评价方法,对 11 种电池组的生产阶段和使用阶段进行综合环境影响评价。借助 SimaPro 软件选择碳足迹、水足迹、生态足迹、非生物耗竭、酸化潜势、富营养化潜势、臭氧损耗、光化学氧化、人类致癌毒性、人类非致癌毒性和生态毒性等 11 项三级环境指标,组合为足迹家族、资源耗竭和毒性损害等 3 项二级综合指标,利用组合赋权法归一为绿色特性指数。将 11 组电池装配到纯电动汽车后,在生产阶段和使用阶段对微型、中型、中高级型和高级型 4 种车型电池组的环境影响值进行计算和分析,并根据行驶里程、充电桩的充电效率、电池内部充电效率和质量-能耗关系比等参数设定的不同,假设了低效和高效情景进行情景分析。最后对 4 种车型电池组的环境影响值进行了不确定性分析。

经过综合分析,得到以下结论:

(1) 在生产阶段,NMC-SiNW 电池组在碳足迹、生态足迹、非生物耗竭、酸化方面的环境影响值最大,NMC111-C 在水足迹方面的环境影响值最大,LFP*y*-C 在富营养化、人类致癌毒性、人类非致癌毒性和生态毒性方面的环境影响值最大,LFP*x*-C 电池组在臭氧损耗方面的环境影响值最大,Li-S 在光化学氧化方面的环境影响值最大。

(2) 在生产阶段,FeS$_2$ SS 电池组在碳足迹、生态足迹、酸化、富营养化和光化学氧化方面的环境影响值最小,LMO-C 在水足迹上的环境影响值最小,LMO/NMC-C 在非生物耗竭的环境影响值最小,NMC111-C 电池组在臭氧损耗方面的环境影响值最小，Li-S 在人类致癌毒性方面环境影响值最小，FeS_2 SS 在人类非致癌毒性和生态毒性方面的环境影响值最小。

（3）在生产阶段，电池组中的正极材料会给环境带来较大的影响，以 LFPy-C 和 NMC-C 为代表的高质量比正极材料电池组在碳足迹、生态足迹、富营养化、酸化、人类致癌毒性、人类非致癌毒性和生态毒性方面有较高的环境影响值。负极为硅纳米材料的 SiNW 和 SiNT 动力电池组因其原材料的多样性和工艺制备的复杂性在各项环境指标中均有较大的环境负荷。

（4）在生产阶段，FeS_2 SS 电池组绿色特性指数最高，其综合绿色特性最好，NMC-SiNW 电池组绿色特性指数最低，其综合绿色特性最差。

（5）在电池组使用阶段，电力的使用和电力的组成结构都是电池组环境影响的重要因素。以全球、欧洲、中国、美国和日本 5 个区域的电力结构为参考，在中国运行电池组会产生更高的碳足迹、生态足迹、酸化潜势、富营养化潜势、人类致癌毒性和人类非致癌毒性的环境影响值，在欧洲区域运行电池组会产生更高的水足迹、光化学氧化的环境影响值，在日本运行电池组会产生更高的非生物耗竭、臭氧损耗、生态毒性的环境影响值。

（6）区域的电力组成结构与电池组部分环境指标之间具有一定相关性。煤炭发电可以影响电池组在使用阶段产生的碳足迹、生态足迹、酸化潜势和富营养化潜势；核能结构可以影响电池组在使用阶段产生的水足迹。电力结构中的天然气发电可以影响电池组在使用阶段产生的非生物耗竭。

（7）在电池组使用阶段，绿色特性指数的得分结果与生产阶段的结果不一致，由于 Li-S 的能量密度最高，在使用阶段消耗的电力最少，因而绿色特性指数最高，而在生产阶段中最为绿色环保的 LMO/NMC-C 电池组却在使用阶段产生大量的环境负荷。

（8）在生命周期阶段的车型电池组分析中，更小、更节能的电动汽车通常比大型电动汽车表现得更好，高级型车电池组是微型车电池组的环境影响值的 2.32～3.38 倍。碳足迹和生态足迹在电池组的生产阶段占评估生命周期阶段 25%～37%，而其余 9 项环境指标的环境影响值的排放主要集中在电池组的生产阶段。

（9）在电池组的运行情景中，根据动力电池的充电效率、充电桩的充电效率、电池在使用寿命下的行驶里程和质量-能耗关系比等 4 种不同的参数设定了低效情景、基本情景和高效情景。评估计算发现，从低效情景转换为高效情景，各项环境指标的减排能力的下降幅度为 20.30%～55.45%。

（10）在生命周期评估阶段，绿色特性指数受使用阶段的影响较大，FeS_2 SS 电池组绿色特性指数最高，其综合绿色特性最好，LFPx-C 绿色特性指数最低，其综合绿色特性最差。

（11）部分电池组清单的较大差异，导致相同环境指标评价下的影响值范围较大，在对生命周期评价结果进行不确定分析时，认为碳足迹和生态足迹的结果更为可靠，臭氧损耗的结果有较大的不确定性。

经过理论构架、多数据基础和假设模拟的实现，本次研究所确定的评价体系框架，在一定程度上被证明可以很好地从足迹家族、资源耗竭和毒性损害三方面综合评价锂离子电池的环境效能，并且这种综合不同环境体系的评价思路也可以应用于其他产品或服务中。但本次研究还有几部分内容需要进一步完善：

（1）由于电池清单数据可获取的有限性，对锂离子电池组类型的分析并不完善，如 NMC622、NMC532 等 NMC 型正极材料、NCA 型正极材料、LTO（钛酸盐）型负极材料等。在已知的电池清单中，由于软件本身的原因，有一些材料尚未录入软件，如 PVDF 在 SimPro 中并没有，只能通过替代的方式解决，如用 PVF 代替 PVDF，为研究增加了一定的不确定性。

（2）在分析车型电池组时，虽假设了具体车型的重量和相对应的电池质量，但并没有给出具体的电动汽车材料清单，因而整个评价的对象只能局限在电动汽车中的电池组。在向软件录入数据时，并无具体的电动汽车整车材料的具体成分，数据获取渠道有限。今后对整车质量清单的完善可以扩大到以整个电动汽车为评价对象。

（3）在对锂离子动力电池组进行生命周期评价时，由于 11 组电池组在回收利用过程中需要考虑到不同的工艺路线，以及不同的金属回收率、其他可回收材料等各项参数值，在本次研究中未考虑电池组的回收利用阶段。在今后的电池组全生命周期评价中，可以考虑分析电池组生命结束阶段的环境影响评价。

参 考 文 献

[1] Ioakimidis C S, Murillo-Marrodán A, Bagheri A, et al. Life cycle assessment of a lithium iron phosphate (LFP) electric vehicle battery in second life application scenarios[J]. Sustainability, 2019, 11(9): 1-14.

[2] Dai Q, Kelly J C, Gaines L, et al. Life cycle analysis of lithium-ion batteries for automotive applications[J]. Batteries, 2019, 5(2): 1-15.

[3] 甄文婷. 纯电动汽车与燃油汽车生命周期可持续性评估[D]. 合肥: 合肥工业大学, 2018.

[4] Shi S, Zhang H, Yang W, et al. A life-cycle assessment of battery electric and internal combustion engine vehicles: A case in Hebei province, China[J]. Journal of Cleaner Production, 2019, 228: 606-618.

[5] Ding Y, Cano Z P, Yu A, et al. Automotive Li-ion batteries: Current status and future perspectives[J]. Electrochemical Energy Reviews, 2019, 2(1): 1-28.

[6] 李书华. 电动汽车全生命周期分析及环境效益评价[D]. 长春: 吉林大学, 2014.

[7] Dunn J, Gaines L, Kelly J, et al. The significance of Li-ion batteries in electric vehicle life-cycle energy and emissions and recycling's role in its reduction[J]. Energy Environmental Science Pollution Research, 2015, 8(1): 158-168.

[8] Faria R, Moura P, Delgado J, et al. A sustainability assessment of electric vehicles as a personal mobility system[J]. Energy Conversion and Management, 2012, 61: 19-30.

[9] Hawkins T R, Singh B, Majeau-Bettez G, et al. Comparative environmental life cycle assessment of conventional and electric vehicles[J]. Journal of Industrial Ecology, 2013, 17(1): 53-64.

[10] Kurzweil P. Gaston Planté and his invention of the lead-acid battery—The genesis of the first practical rechargeable battery[J]. Journal of Power Sources, 2010, 195(14): 4424-4434.

[11] Chau K, Wong Y, Chan C. An overview of energy sources for electric vehicles[J]. Energy Conversion Management, 1999, 40(10): 1021-1039.

[12] Cairns E J, Albertus P. Batteries for electric and hybrid-electric vehicles[J].Annual Review of Chemical and Biomolecular Engineering, 2010, 1: 299-320.

[13] ENECO. 国际能源署对电动汽车的发展展望[J]. 中外能源, 2019, 24(1): 102.

[14] 张厚明, 赫荣亮, 周祺. 电动汽车产业发展趋势展望与对策[J]. 中国国情国力, 2019, 6: 61-64.

[15] Armand M, Tarascon J M. Building better batteries[J]. Nature, 2008, 451(7179): 652-657.

[16] Li M, Lu J, Chen Z, et al. 30 Years of Lithium-ion batteries[J]. Advanced Materials, 2018, 30: 1-24.

[17] Gaines L, Cuenca R. Costs of lithium-ion batteries for vehicles[R]. Chicago: Argonne National Laboratory, 2000.

[18] Pillot C. The rechargeable battery market and main trends 2014—2025[C]. 31st International Battery Seminar & Exhibit, 2015: 5-7.

[19] Gong Y, Yu Y, Huang K, et al. Evaluation of lithium-ion batteries through the simultaneous consideration of environmental, economic and electrochemical performance indicators[J]. Journal of Cleaner Production, 2018, 170: 915-923.

[20] Kinoshita Y, Hirai T, Watanabe Y, et al. Newly developed lithium-ion battery pack technology for a mass-market electric vehicle[R]. SAE Technical Paper, 2013: 1-8.

[21] Li L, Ge J, Chen R, et al. Environmental friendly leaching reagent for cobalt and lithium recovery from spent lithium-ion batteries[J]. Waste Management, 2010, 30(12): 2615-2621.

[22] Yin R, Hu S, Yang Y. Life cycle inventories of the commonly used materials for lithium-ion batteries in China[J]. Journal of cleaner production, 2019, 227: 960-971.

[23] Sullivan J, Gaines L. A review of battery life-cycle analysis: State of knowledge and critical needs[R]. Chicago: Argonne National Laboratory, 2010.

[24] 范丽伟, 邱云秋, 周鹏. 电动汽车激励政策研究综述与展望[J]. 中国石油大学学报(社会科学版), 2020, 36(1): 1-10.

[25] 魏丹, 刘莘昱. 电动汽车环境效益比较分析研究[J]. 河南电力, 2009, 37(4): 4-6.

[26] 王攀. 电动汽车与天然气车全生命周期环境影响评价研究[D]. 西安: 长安大学, 2018.

[27] 张城. 电动汽车动力电池绿色设计方法研究[D]. 合肥: 合肥工业大学, 2019.

[28] 卢强. 电动汽车动力电池全生命周期分析与评价[D]. 长春: 吉林大学, 2014.

[29] 程冬冬. 基于绿色发展理念的锂离子电池生命周期环境效益研究[D]. 广州: 广东工业大学, 2019.

[30] 弓原, 郁亚娟, 黄凯, 等. 典型锂离子电池材料的足迹家族分析[J]. 环境化学, 2016, 35(6): 1103-1108.

[31] 汪祺. 基于生命周期评价的锂电正极材料对比分析[D]. 广州: 华南理工大学, 2012.

[32] Wolfram P, Lutsey N. Electric vehicles: Literature review of technology costs and carbon emissions[C]. Washington: The International Council on Clean Transportation, 2016: 1-23.

[33] Tagliaferri C, Evangelisti S, Acconcia F, et al. Life cycle assessment of future electric and hybrid vehicles: A cradle-to-grave systems engineering approach[J]. Chemical Engineering Research and Design, 2016, 112: 298-309.

[34] Bicer Y, Dincer I. Comparative life cycle assessment of hydrogen, methanol and electric vehicles from well to wheel[J]. International Journal of Hydrogen Energy, 2017, 42(6): 3767-3777.

[35] de Souza L L P, Lora E E S, Palacio J C E, et al. Comparative environmental life cycle assessment of conventional vehicles with different fuel options, plug-in hybrid and electric vehicles for a sustainable transportation system in Brazil[J]. Journal of Cleaner Production, 2018, 203: 444-468.

[36] Wang C, Chen B, Yu Y, et al. Carbon footprint analysis of lithium ion secondary battery industry: Two case studies from China[J]. Journal of Cleaner Production, 2017, 163: 241-251.

[37] Majeau-Bettez G, Hawkins T R, Strømman A H J E S, et al. Life cycle environmental assessment of lithium-ion and nickel metal hydride batteries for plug-in hybrid and battery electric vehicles[J]. Environmental Science & Technology, 2011, 45(10): 4548-4554.

[38] Garcia J, Millet D, Tonnelier P, et al. A novel approach for global environmental performance evaluation of electric batteries for hybrid vehicles[J]. Journal of Cleaner Production, 2017, 156: 406-417.

[39] Wang Y, Yu Y, Huang K, et al. Quantifying the environmental impact of a Li-rich high-capacity cathode material in electric vehicles via life cycle assessment[J]. Environmental Science and Pollution Research, 2017, 24(2): 1251-1260.

[40] Deng Y, Li J, Li T, et al. Life cycle assessment of lithium sulfur battery for electric vehicles[J]. Journal of Power Sources, 2017, 343: 284-295.

[41] Gong Y, Yu Y, Huang K, et al. Evaluation of lithium-ion batteries through the simultaneous consideration of environmental, economic and electrochemical performance indicators[J]. Journal of Cleaner Production, 2018, 170: 915-923.

[42] Peters J F, Baumann M, Zimmermann B, et al. The environmental impact of Li-ion batteries and the role of key parameters—A review[J]. Renewable and Sustainable Energy Reviews, 2017, 67: 491-506.

[43] Wang L, Wu H, Hu Y, et al. Environmental sustainability assessment of typical cathode materials of lithium-ion battery based on three LCA approaches[J]. Processes, 2019, 7(2): 1-14.

[44] Mostert C, Ostrander B, Bringezu S, et al. Comparing electrical energy storage technologies regarding their material and carbon footprint[J]. Energies, 2018, 11(12): 1-25.

[45] Cusenza M A, Bobba S, Ardente F, et al. Energy and environmental assessment of a traction

lithium-ion battery pack for plug-in hybrid electric vehicles[J]. Journal of Cleaner Production, 2019, 215: 634-649.

[46] Qiao Q, Zhao F, Liu Z, et al. Cradle-to-gate greenhouse gas emissions of battery electric and internal combustion engine vehicles in China[J]. Applied Energy, 2017, 204: 1399-1411.

[47] Mukherjee J C, Gupta A. A review of charge scheduling of electric vehicles in smart grid[J]. IEEE Systems Journal, 2014, 9(4): 1541-1553.

[48] Zhang Q, Mclellan B C, Tezuka T, et al. A methodology for economic and environmental analysis of electric vehicles with different operational conditions[J]. Energy, 2013, 61: 118-127.

[49] Ehrenberger S I, Dunn J B, Jungmeier G, et al. An international dialogue about electric vehicle deployment to bring energy and greenhouse gas benefits through 2030 on a well-to-wheels basis[J]. Transportation Research Part D: Transport and Environment, 2019, 74: 245-254.

[50] Cusenza M A, Guarino F, Longo S, et al. Reuse of electric vehicle batteries in buildings: An integrated load match analysis and life cycle assessment approach[J]. Energy and Buildings, 2019, 186: 339-354.

[51] Cusenza M A, Guarino F, Longo S, et al. Energy and environmental benefits of circular economy strategies: The case study of reusing used batteries from electric vehicles[J]. Journal of Energy Storage, 2019, 25: 1-11.

[52] Ioakimidis C S, Murillo-Marrodan A, Bagheri A, et al. Life cycle assessment of a lithium iron phosphate (LFP) electric vehicle battery in second life application scenarios[J]. Sustainability, 2019, 11(9): 1-14.

[53] Zhai P, Williams E D. Dynamic hybrid life cycle assessment of energy and carbon of multicrystalline silicon photovoltaic systems[J]. Environmental Science & Technology, 2010, 44(20): 7950-7955.

[54] Joshi S. Product environmental life-cycle assessment using input-output techniques[J]. Journal of industrial ecology, 1999, 3(2-3): 95-120.

[55] Sanfélix J, De La Rúa C, Schmidt J H, et al. Environmental and economic performance of an li-ion battery pack: A multiregional input-output approach[J]. Energies, 2016, 9(8): 1-15.

[56] Sen B, Onat N C, Kucukvar M, et al. Material footprint of electric vehicles: A multiregional life cycle assessment[J]. Journal of Cleaner Production, 2019, 209: 1033-1043.

[57] Zhao Y, Onat N C, Kucukvar M, et al. Carbon and energy footprints of electric delivery trucks: A hybrid multi-regional input-output life cycle assessment[J]. Transportation Research Part D: Transport and Environment, 2016, 47: 195-207.

[58] Onat N C, Kucukvar M, Tatari O, et al. Combined application of multi-criteria optimization and life-cycle sustainability assessment for optimal distribution of alternative passenger cars in US[J]. Journal of Cleaner Production, 2016, 112: 291-307.

[59] Ercan T, Tatari O. A hybrid life cycle assessment of public transportation buses with alternative fuel options[J]. International Journal of Life Cycle Assessment, 2015, 20(9): 1213-1231.

[60] Zhao S, You F. Comparative life-cycle assessment of Li-ion batteries through process-based and integrated hybrid approaches[J]. ACS Sustainable Chemistry & Engineering, 2019, 7(5): 5082-5094.

[61] Onat N C, Kucukvar M, Tatari O. Conventional, hybrid, plug-in hybrid or electric vehicles? State-based comparative carbon and energy footprint analysis in the United States[J]. Applied Energy, 2015, 150: 36-49.

[62] Sen B, Ercan T, Tatari O. Does a battery-electric truck make a difference?Life cycle emissions, costs, and externality analysis of alternative fuel-powered Class 8 heavy-duty trucks in the United States[J]. Journal of Cleaner Production, 2017, 141: 110-121.

[63] Zhao Y, Tatari O. Carbon and energy footprints of refuse collection trucks: A hybrid life cycle evaluation[J]. Sustainable Production Consumption, 2017, 12: 180-192.

[64] Wu Z Y, Wang C, Wolfram P, et al. Assessing electric vehicle policy with region-specific carbon footprints[J]. Applied Energy, 2019, 256: 1-12.

[65] Notter D A, Gauch M, Widmer R, et al. Contribution of Li-ion batteries to the environmental impact of electric vehicles[J]. Environmental Science & Technology, 2010, 44(17): 6550-6556.

[66] Ellingsen L A-W, Majeau-Bettez G, Singh B, et al. Life cycle assessment of a lithium-ion battery vehicle pack[J]. Research and Analysis, 2014, 18(1): 113-124.

[67] Council N R. Technologies and approaches to reducing the fuel consumption of medium-and heavy-duty vehicles[M]. Pittsburgh: National Academies Press, 2010.

[68] Zhao Y, Tatari O. A hybrid life cycle assessment of the vehicle-to-grid application in light duty commercial fleet[J]. Energy, 2015, 93: 1277-1286.

[69] Cooney G, Hawkins T R, Marriott J. Life cycle assessment of diesel and electric public transportation buses[J]. Journal of Industrial Ecology, 2013, 17(5): 689-699.

[70] Burnham A. User Guide for AFLEET Tool 2020. https://greet.es.anl.gov/afleet. 2021-04-09.

[71] Karaaslan E, Zhao Y, Tatari O. Comparative life cycle assessment of sport utility vehicles with different fuel options[J]. International Journal of Life Cycle Assessment, 2018, 23(2): 333-347.

[72] Wolfram P, Wiedmann T. Electrifying Australian transport: Hybrid life cycle analysis of a transition to electric light-duty vehicles and renewable electricity[J]. Applied Energy, 2017, 206: 531-540.

[73] Zackrisson M. Life cycle assessment of long life lithium electrode for electric vehicle batteries: Cells for Leaf, Tesla and Volvo bus[R]. Swerea IVF Uppdragsrapporter, Swerea IVF AB, 2017: 56.

[74] Berg H, Zackrisson M. Perspectives on environmental and cost assessment of lithium metal negative electrodes in electric vehicle traction batteries[J]. Journal of Power Sources, 2019, 415: 83-90.

[75] Almeida A, Sousa N, Coutinho-Rodrigues J. Quest for sustainability: Life-cycle emissions assessment of electric vehicles considering newer Li-ion batteries[J]. Sustainability, 2019, 11(8): 1-19.

[76] Deng Y L, Ma L L, Li T H, et al. Life cycle assessment of silicon-nanotube-based lithium ion battery for electric vehicles[J]. ACS Sustainable Chemistry & Engineering, 2019, 7(1): 599-610.

[77] Raugei M, Winfield P. Prospective LCA of the production and EoL recycling of a novel type of Li-ion battery for electric vehicles[J]. Journal of Cleaner Production, 2019, 213: 926-932.

[78] Majeau-Bettez G, Hawkins T R, Strømman A H. Life cycle environmental assessment of

lithium-ion and nickel metal hydride batteries for plug-in hybrid and battery electric vehicles[J]. Environmental Science & Technology, 2011, 45(10): 4548-4554.

[79] Delgado M A S, Usai L, Ellingsen L A W, et al. Comparative life cycle assessment of a novel Al-ion and a Li-ion battery for stationary applications[J]. Materials, 2019, 12(19): 1-14.

[80] Zackrisson M, Avellán L, Orlenius J. Life cycle assessment of lithium-ion batteries for plug-in hybrid electric vehicles-critical issues[J]. Journal of Cleaner Production, 2010, 18(15): 1519-1529.

[81] Marques P, Garcia R, Kulay L, et al. Comparative life cycle assessment of lithium-ion batteries for electric vehicles addressing capacity fade[J]. Journal of Cleaner Production, 2019, 229: 787-794.

[82] Amarakoon S, Smith J, Segal B. Application of life-cycle assessment to nanoscale technology: Lithium-ion batteries for electric vehicles[R]. 2013.

[83] Kawamoto R, Mochizuki H, Moriguchi Y, et al. Estimation of CO_2 emissions of internal combustion engine vehicle and battery electric vehicle using LCA[J]. Sustainability, 2019, 11(9): 1-15.

[84] Yu A, Wei Y, Chen W, et al. Life cycle environmental impacts and carbon emissions: A case study of electric and gasoline vehicles in China[J]. Transportation Research Part D: Transport and Environment, 2018, 65: 409-420.

[85] Keshavarzmohammadian A, Cook S M, Milford J B. Cradle-to-gate environmental impacts of sulfur-based solid-state lithium batteries for electric vehicle applications[J]. Journal of Cleaner Production, 2018, 202: 770-778.

[86] Egede P, Nehuis F, Herrmann C, et al. Integration of eLCAr guidelines into vehicle design[C]// Innovative Design, Analysis and Development Practices in Aerospace and Automotive Engineering: I-DAD 2014, Springer India, 2014: 235-241.

[87] Bicer Y, Dincer I. Life cycle environmental impact assessments and comparisons of alternative fuels for clean vehicles[J]. Resources, Conservation and Recycling, 2018, 132: 141-157.

[88] Burchart-Korol D, Jursova S, Folega P, et al. Environmental life cycle assessment of electric vehicles in Poland and the Czech Republic[J]. Journal of Cleaner Production, 2018, 202: 476-487.

[89] Del Pero F, Delogu M, Pierini M. Life cycle assessment in the automotive sector: A comparative case study of Internal Combustion Engine (ICE) and electric car[J]. Aias 2018 International Conference on Stress Analysis, 2018, 12: 521-537.

[90] Boyden A, Soo V K, Doolan M. The environmental impacts of recycling portable lithium-ion batteries[J]. Procedia CIRP, 2016, 48: 188-193.

[91] Hao H, Mu Z, Jiang S, et al. GHG emissions from the production of lithium-ion batteries for electric vehicles in China[J]. Sustainability, 2017, 9(4): 1-12.

[92] Dunn J B, James C, Gaines L, et al. Material and energy flows in the production of cathode and anode materials for lithium ion batteries[R]. Chicago: Argonne National Laboratory, 2015.

[93] Deng Y, Li J, Li T, et al. Life cycle assessment of lithium sulfur battery for electric vehicles[J]. Journal of Power Sources, 2017, 343: 284-295.

[94] Kim H C, Wallington T J, Arsenault R, et al. Cradle-to-gate emissions from a commercial electric vehicle Li-ion battery: A comparative analysis[J]. Environmental Science & Technology, 2016, 50(14): 7715-7722.

[95] Oliveira L, Messagie M, Rangaraju S, et al. Key issues of lithium-ion batteries-from resource depletion to environmental performance indicators[J]. Journal of Cleaner Production, 2015, 108: 354-362.

[96] Sanfélix J, Messagie M, Omar N, et al. Environmental performance of advanced hybrid energy storage systems for electric vehicle applications[J]. Applied Energy, 2015, 137: 925-930.

[97] Sen B, Kucukvar M, Onat N C, et al. Life cycle sustainability assessment of autonomous heavy-duty trucks[J]. Journal of Industrial Ecology, 2020, 24(1): 149-164.

[98] Wang Y J, Zhou G G, Li T, et al. Comprehensive evaluation of the sustainable development of battery electric vehicles in China[J]. Sustainability, 2019, 11(20): 1-27.

[99] van den Bossche P, Vergels F, van Mierlo J, et al. Subat: An assessment of sustainable battery technology[J]. Journal of Power Sources, 2006, 162(2): 913-919.

[100] Miller S A, Theis T L. Comparison of life-cycle inventory databases: A case study using soybean production[J]. Journal of Industrial Ecology, 2006, 10(1-2): 133-147.

[101] 陈博. 基于生命周期评价的锂离子电池材料合成分析与环境性分析[D]. 北京: 北京理工大学, 2015.

[102] Owsianiak M, Laurent A, Bjørn A, et al. IMPACT 2002+, ReCiPe 2008 and ILCD's recommended practice for characterization modelling in life cycle impact assessment: A case study-based comparison[J]. International Journal of Life Cycle Assessment, 2014, 19(5): 1007-1021.

[103] 王营, 李慧洁, 郭英玲, 等. 基于全生命周期的产品环境足迹研究[J]. 机电产品开发与创新, 2018, 31(6): 38-39, 43.

[104] Finkbeiner M. Towards Life Cycle Sustainability Management[M]. Berlin: Springer, 2011.

[105] Wu H, Yu Y, Li S, et al. An empirical study of the assessment of green development in Beijing, China: considering resource depletion, environmental damage and ecological benefits simultaneously[J]. Sustainability, 2018, 10(3): 1-25.

[106] Fang K, Heijungs R, Snoo G R D. Theoretical exploration for the combination of the ecological, energy, carbon, and water footprints: Overview of a footprint family[J]. Ecological Indicators, 2014, 36: 508-518.

[107] Wiedmann T O, Schandl H, Lenzen M, et al. The material footprint of nations[J]. Proceeding of the National Academy of Science of the United States of America, 2015, 112(20): 6271-6276.

[108] Sala S, Goralczyk M. Chemical footprint: A methodological framework for bridging life cycle assessment and planetary boundaries for chemical pollution[J]. Integrated Environmental Assessment and Management, 2013, 9(4): 623-632.

[109] 王晓旭, 陈晓芳, 卫凯平, 等. 碳氮足迹研究进展与展望[J]. 绿色科技, 2019, (4): 32-34.

[110] Galli A, Wiedmann T, Ercin E, et al. Integrating ecological, carbon and water footprint into a "Footprint Family" of indicators: Definition and role in tracking human pressure on the planet[J]. Ecological Indicators, 2012, 16: 100-112.

[111] Klinglmair M, Sala S, Brandão M. Assessing resource depletion in LCA: A review of methods and methodological issues[J]. International Journal of Life Cycle Assessment, 2013, 19(3): 580-592.

[112] Guinée J B, Lindeijer E. Handbook on Life Cycle Assessment: Operational Guide to the ISO Standards[M]. New York: Springer Science & Business Media, 2002.

[113] Ubando A T, Gue I H V, Mayol A P, et al. Life cycle validation study of algal biofuels in Philippines via CML impact assessment[C]. 2015 IEEE Region 10 Humanitarian Technology Conference (R10-HTC), 2015, 1-5.

[114] Rosenbaum R K, Bachmann T M, Gold L S, et al. USEtox—The UNEP-SETAC toxicity model: Recommended characterisation factors for human toxicity and freshwater ecotoxicity in life cycle impact assessment[J]. International Journal of Life Cycle Assessment, 2008, 13(7): 532-546.

[115] Hauschild M Z, Huijbregts M, Jolliet O, et al. Building a model based on scientific consensus for life cycle impact assessment of chemicals: The search for harmony and parsimony[J]. Environmental Science & Technology, 2008, 42(19): 7032-7037.

[116] 王义保, 杨婷惠, 王世达. 基于组合赋权和灰色关联的城市公共安全感评价[J]. 统计与决策, 2019, 35(18): 45-50.

[117] 高炎冰. 绥芬河森林公园生态效应分析及规划设计研究[D]. 长春: 东北农业大学, 2007.

[118] 郭昱. 权重确定方法综述[J]. 农村经济与科技, 2018, 29(08): 252-253.

[119] 张连龙. 组合赋权法在高校排名中的应用研究[D]. 南昌: 江西财经大学, 2017.

[120] Li B, Gao X, Li J, et al. Life cycle environmental impact of high-capacity lithium ion battery with silicon nanowires anode for electric vehicles[J]. Environmental Science & Technology, 2014, 48(5): 3047-3055.

[121] Matheys J, Autenboer W V, Timmermans J M, et al. Influence of functional unit on the life cycle assessment of traction batteries[J]. International Journal of Life Cycle Assessment, 2007, 12(3): 191-196.

[122] Zubi G, Dufo-López R, Carvalho M, et al. The lithium-ion battery: State of the art and future perspectives[J]. Renewable and Sustainable Energy Reviews, 2018, 89: 292-308.

[123] Mayyas A, Shen Q, Mayyas A, et al. Using quality function deployment and analytical hierarchy process for material selection of Body-in-White[J]. Materials & Design, 2011, 32(5): 2771-2782.

[124] Modaresi R, Pauliuk S, Løvik A N, et al. Global carbon benefits of material substitution in passenger cars until 2050 and the impact on the steel and aluminum industries[J]. Environmental Science & Technology, 2014, 48(18): 10776-10784.

[125] Ellingsen L A W, Singh B, Strømman A H. The size and range effect: Lifecycle greenhouse gas emissions of electric vehicles[J]. Environmental Research Letters, 2016, 11(5): 4010-4018.

[126] 谭艳秋. 电力系统应用中电池储能系统的生命周期温室气体影响分析[D]. 南京: 南京大学, 2017.

[127] Watari T, Mclellan B C, Giurco D, et al. Total material requirement for the global energy transition to 2050: A focus on transport and electricity[J]. Resources, Conservation and

Recycling, 2019, 148: 91-103.

[128] Cellura M, Longo S, Mistretta M. Sensitivity analysis to quantify uncertainty in life cycle assessment: The case study of an Italian tile[J]. Renewable and Sustainable Energy Reviews, 2011, 15(9): 4697-4705.

[129] Bobba S, Mathieux F, Ardente F, et al. Life cycle assessment of repurposed electric vehicle batteries: an adapted method based on modelling energy flows[J]. Journal of Energy Storage, 2018, 19: 213-225.

[130] Bodo N, Levi E, Subotic I, et al. Efficiency evaluation of fully integrated on-board EV battery chargers with nine-phase machines[J]. IEEE Transactions on Energy Conversion, 2017, 32(1): 257-266.

第2章　基于案例的锂离子电池行业碳足迹

作为缓解能源、资源和环境问题的一种重要技术产品[1]，绿色二次电池得到中国政府的大力支持。21 世纪以来，中国的绿色二次电池行业呈现跨越式的发展[2]。其中，锂离子电池行业得到极大发展，其市场占有率不断提高，产量和销售额逐年增长，2010 年即已达到镍镉电池和镍氢电池的销售额的总和[3]。在全球市场份额中，2010 年中国锂离子电池所占份额仅为 17%，到 2020 年已达 75%，位居世界首位。

锂离子电池行业的发展面临着不断加大的生态环境压力和国家政策压力。随着温室效应和气候变化加剧，在 21 世纪，全球迫切需要发展低碳经济，特别是在 2050 年之前，要保持大气中温室气体的浓度在一定的水平内，以保持全球温度的升高与工业化前的温度相比不超过 2℃[4-6]，并寻求将气温升幅进一步限制在 1.5℃以内的措施。

就国内而言，由世界自然基金会（World Wide Fund for Nature，WWF）和中国社会科学院及其他组织联合编写的《中国生态足迹报告 2012——消费、生产与可持续发展》显示，自 20 世纪 70 年代，由于经济的快速增长，中国的工业化引起的资源和能源的消耗量大大超过了中国的生态系统可提供的数量。2008 年，中国的碳足迹占全球碳足迹的 54%，而 1961 年中国的碳足迹只占全球碳足迹的 10%[7]，中国正在经历最大的生态赤字。

我国高度重视环境保护和减少碳排放，注重发展绿色经济、低碳经济，走新型工业化道路。在 2009 年哥本哈根世界气候大会前夕，我国向世界作出负责任的承诺，到 2020 年我国单位国内生产总值（GDP）二氧化碳排放量比 2005 年下降 40%～45%[8]；2014 年，在《中美气候变化联合声明》中，我国对 2020 年后碳减排的目标作出新的承诺，中国将努力实现二氧化碳排放于 2030 年左右达到峰值，并努力早日达到峰值[9]；2020 年，在第七十五届联合国大会上，我国再次向世界作出庄严承诺，"中国将提高国家自主贡献力度，采取更加有力的政策和措施，二氧化碳排放力争于 2030 年前达到峰值，努力争取 2060 年前实现碳中和"[10]。

基于上述承诺和目标，2011 年，在中国"十二五"规划纲要中确立每单位 GDP 的二氧化碳排放量减少 17%的目标[11]；"十三五"规划纲要明确提出，2020 年碳排放强度（单位 GDP 碳排放总量）较 2015 年下降 18%的约束性指标[12]。

根据《气候变化绿皮书：应对气候变化报告（2018）》，"十二五"期间中国全面超额完成目标减排任务，且 2017 年碳排放强度下降 5.1%，比 2005 年累计下降 46%，提前三年实现了哥本哈根会议的承诺，即 2020 年比 2005 年单位 GDP 碳排放量下降 40%～45% 的目标[13]。2021 年，在《中华人民共和国国民经济和社会发展第十四个五年规划和 2035 年远景目标纲要》中，进一步对碳达峰、碳中和提出了具体要求。

然而，在环境和国家政策的双重压力下，目前，有关锂离子电池行业这一新兴的、迅速发展的行业研究还十分欠缺。因此，有必要对锂离子电池产业进行研究，以预防锂离子电池生产使用过程中对资源和环境带来的潜在风险及危害[14]。

本章将从碳足迹方面对锂离子电池行业可能造成的环境污染展开研究，通过建立锂离子电池行业研究的方法框架，并基于对产业链的案例分析找到影响锂离子电池行业碳足迹的因素。

2.1　锂离子电池行业分析

2.1.1　锂离子电池的发展

锂离子电池（lithium-ion battery，LIB）的研制起源于 20 世纪 60～70 年代的石油危机，不仅石油危机迫使人们寻找新的能源，而且医疗、电子、通信、航空和军事等领域的发展也对电池有了更高的要求。锂离子电池诞生于 20 世纪 80 年代末至 90 年代初[15]。锂离子电池自 1991 年由日本索尼公司率先推出[16]后，凭借其比能量高（130～200 W·h/kg）、比功率高（1800 W/kg）、循环寿命长（500～1000 次）、工作电压高（3.6 V）、自放电低（每月 6%～8%）、无记忆效应等优点[17]，得到迅速发展和应用。

与传统电池的工作原理相比，锂离子电池有着本质的不同。Armand 等[18-22]称之为"摇椅式电池"（rocking chair battery）。锂离子电池是指以两种不同的能够可逆地嵌入及脱出锂离子的嵌锂化合物分别作为电池正极和负极的二次电池体系。1995 年，聚合物锂离子电池诞生，聚合物锂离子电池用聚合物固体电解质来制造，相比于用液体电解质制造锂离子电池，是技术上的一大进步。1999 年，聚合物锂离子电池实现商业化。

2.1.2　锂离子电池行业的发展

从图 2-1 中可以看出，2020 年中国锂离子电池产量达到 188.5 亿只，同比增长 19.9%。自 2009～2020 年，中国的锂离子电池产量不断增长，并无减少趋势。

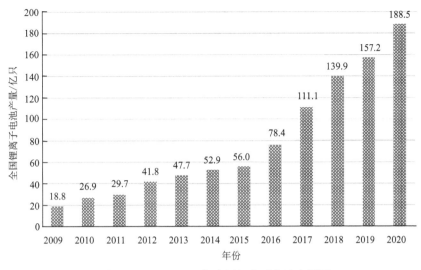

图 2-1　2009～2020 年中国锂离子电池产量图

从图 2-2 中可以看出，2009～2020 年，全国和广东省的锂离子电池产量均呈现上涨趋势，广东省的锂离子电池的年产量增速低于全国锂离子电池的年产量增速，但由于其基数大，到 2020 年依然占据了 1/4 以上的全国锂离子电池年产量。

在电动汽车的应用方面，国际品牌［如日产聆风、特斯拉（上海）有限公司、宝马（中国）汽车贸易有限公司、梅赛德斯奔驰（中国）汽车销售有限公司等］

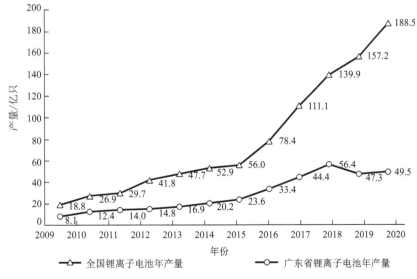

图 2-2　2009～2020 年全国及广东省的锂离子电池产量图

采用的锂离子动力电池以三元材料和锰酸锂为主，国内品牌（如比亚迪股份有限公司、上汽汽车集团股份有限公司等）以磷酸铁锂为主。除丰田采用镍氢电池作为电动汽车的动力以外，其他品牌的电动汽车都采用锂离子电池。在主要国家的大力推动下，全球电动汽车和锂电自行车产量保持增长态势，据《锂离子电池产业发展白皮书（2015 版）》统计，2014 年，全球电动汽车产量达到 42 万辆，同比增长近 80%，锂电自行车产量突破 500 万辆，同比增长超过 40%。

此外，国际清洁交通委员会（International Council on Clean Transportation，ICCT）的报告显示，2010～2020 年，全球电动汽车发展迅速，电动汽车产量累计已超过 1000 万辆，其中，中国电动汽车产量为 460 万辆左右，约占全球总产量的 44%；欧洲位居第二，产量为 260 万辆，占全球总产量的 25%；美国产量位于第三，占全球总产量的 18%。快速发展的电动汽车背后，是各国减排目标与各项支持政策和举措的共同作用。

在储能领域，锂离子电池的应用逐步拓展，这得益于锂离子电池系统成本的快速下降。2012 年以前，在电化学储能领域，主要使用铅蓄电池、钠基电池和液流电池，但由于铅蓄电池存在寿命较短、制造过程易污染环境等问题，钠基电池存在短路燃烧风险，液流电池存在系统效率低、原材料价格高、环境温度要求高等问题，锂离子电池开始被广泛应用，就化学储能在电力系统的累计装机数量而言，我国的锂离子电池应用比例已由 2012 年的 26%提升至 2019 年 88.8%[23]。

从市场占比来看，随着储能电站建设步伐加快，锂离子电池在移动通信基站储能电池领域逐步推广，储能型锂离子电池的市场从无到有，并且市场占比从 2012 年的 2%、2013 年的 3%上升至 2014 年的 4%。除储能型锂离子电池之外的另外两类电池，即消费型锂离子电池和动力型锂离子电池的市场占比变动也较大，其中消费型锂离子电池（含手机、便携式电脑和其他消费电子产品）市场占比不断下滑，2012 年和 2013 年分别为 92%和 91%，2014 年进一步下降为 83%，下降幅度加快。而动力型锂离子电池占比快速提高，2014 年为 13%，与 2012 年的 5%、2013 年的 6%相比有明显提升，这是由于电动汽车产量迅猛增长，电动自行车中锂离子电池的渗透率在稳步提升[24]，以及至 2019 年，按容量计算，中国锂离子电池出货总量达到 131.6 GW·h，其中储能型锂离子电池在 2019 年的出货量达到 3.8 GW·h，占锂离子出货量的 2.89%；动力型锂电池出货量为 71 GW·h，占锂离子出货量的 53.95%；消费型锂电池出货量为 56.8 GW·h，占锂离子出货量的 43.16%[25]。

全球锂离子电池产业重心进一步向中国转移，2014 年中国锂离子电池产量超过了日本、韩国，至今仍位居世界第一。2019 年初，全球锂离子电池制造能力达316 GW·h，其中，中国锂电池产能占 73%，位居世界首位[26]。与此同时，关键配套材料的供应能力显著增强,中国已经形成了完善的锂离子电池产业体系,且正在大力推广电动汽车,庞大的消费市场使得中国对各大企业的吸引力更加凸显,已然成为各大企业的布局重点。

产业整合活跃,动力型锂离子电池市场的爆发式增长,中央及地方扶持电动汽车政策的密集出台、电动汽车的火爆产销,极大提升了锂离子电池行业的投资热情,各方企业不仅加快新上锂离子电池尤其动力型锂离子电池项目,同时加大资本运作力度,行业并购开始活跃,不断加强整合产业链力度。当前,行业并购活动以产业链整合为目的,主要通过两种方式展开:一是打通整条产业链,实现上下游整合,典型代表有菲斯科(上海)汽车有限公司、欣旺达电子股份有限公司收购东莞锂威能源科技有限公司,万向集团公司收购美国 A123系统公司等;二是扩大生产规模,降低生产成本,提升市场占有率,以获得规模经济效益,进而提高市场竞争力,如广州天赐高新材料股份有限公司收购东莞市凯欣电池材料有限公司,福建众和股份有限公司收购深圳市天骄科技开发有限公司等。

2.2　生命周期评价方法

生命周期评价(life cycle assessment,LCA)是一种评价产品、工艺或活动,从原材料采集,到产品生产、运输、销售、使用、回用、维护和最终处置整个生命周期阶段有关的环境负荷的过程;它首先辨识和量化整个生命周期阶段中能量和物质的消耗及环境释放,然后评价这些消耗和释放对环境的影响,最后辨识和评价减少这些影响的机会。生命周期评价注重研究系统在生态健康、人类健康和资源消耗领域内的环境影响[27-30]。

2.2.1　生命周期评价方法的常用软件

随着生命周期评价方法的广泛应用,国内外也相继开发了生命周期评价软件,其中既包括企业和科研机构的内部软件,也包括相当数量的商业软件,目前常用的汽车生命周期评价软件主要有国际上的 GaBi、SimaPro、GREET、TEAM,以及国内的 eBalance 等。

生命周期评价软件简化了生命周期评价的实施,提高了生命周期评价工作的效率,生命周期评价软件内嵌的数据库是完成产品生命周期评价的基础。我国开展汽车产品的生命周期评价工作可借鉴国外的经验,并针对汽车行业和汽车相关产品的特点,开发定制化的汽车产品生命周期评价软件,建立我国汽车产品生命周期的数据库。

2.2.2　生命周期评价方法的主要应用

生命周期评价方法作为一种评价产品、工艺或活动整个生命周期环境后果的分析工具，迄今在私人和公共领域都已有不少应用。在私人企业，主要用于产品的比较和改进。国际上特别著名的研究案例有如婴幼儿用品废弃物比较[31]、塑料杯和纸杯的比较[31, 32]及汉堡包聚苯乙烯和纸质包装盒的比较[33]等。在政府方面，主要用于公共政策的制定，其中最为普遍的是用于环境标志或生态标志标准的确定，许多国家（如奥地利、加拿大、法国、德国、北欧国家、荷兰、美国等）和国际组织（如欧盟、经济合作与发展组织、国际标准化组织等）都要求将LCA作为制定标志标准的方法[34-36]。例如，美国总统克林顿于1993年10月签发了"联邦采购、循环利用和废物预防（12873号决议）"[34, 35]，要求环境保护局颁布和执行"政府机构必须采购环境更优产品或服务"的指南，其中环境更优产品或服务的确定，即采用LCA方法，美国国防部已把生命周期环境成本结合到采购决策中。

另外，LCA还用来制订政策、法规和刺激市场等。例如，美国国家环境保护局在《清洁水法》中正在考虑使用LCA来完善工业洗涤污水指南；在《空气清洁法修正案》中使用生命周期理论来评价材料清洁方案；美国能源部用LCA来检查托管电车使用的效应和评价不同能源方案的环境影响[34]；美国国家环境保护局将LCA用于制定污染防治政策[37, 38]。在欧洲，LCA已用于欧盟制定的"包装和包装法"。1993年比利时政府作出决定，根据环境负荷大小对包装和产品征税，其中确定环境负荷采用的就是LCA方法[36]。丹麦政府和企业间的一个约定中也特别包含了LCA，并用3年的时间对10种产品类型进行了LCA[39]。

在企业层次上，以一些国际著名的跨国企业为龙头，一方面开展生命周期评价方法论的研究；另一方面积极开展各种产品，尤其是高新技术产品的生命周期评价工作。

在公共政策支持层次上，很多发达国家已经借助生命周期评价制定"面向产品的环境政策"，北欧及欧盟已制定了一些"从摇篮到坟墓"的环境产品政策。特别是"欧盟产品环境标志计划"，已对一些产品颁布了环境标志，如洗碗机、洗衣机、卫生间用纸巾、浓缩土壤改善剂、油漆、洗衣粉及电灯泡等，而且正在准备对更多的产品授予环境标志。

2.3　碳足迹研究

碳足迹[40-42]是在全球气候变暖的背景下提出的，是目前世界各国公认的碳排放的度量依据。碳足迹主要用来评价人类活动产出的温室气体对环境的影响，是节能减排的基本量化参数。

2.3.1 碳足迹的定义

碳足迹的概念起源于生态足迹。生态足迹是 1992 年加拿大生态经济学家 William Rees 等提出的。1996 年 Wackernagel 博士进行了完善，生态足迹是一种衡量人类对自然资源的利用程度，以及自然界为人类提供的生命支持服务功能的方法，其定义是要维持特定人口生存和经济发展所需要的能够吸纳人类所排放的废物及具有生物生产力的土地面积[43-47]。

在众多学术文章中，碳足迹的定义不一。Druckman 和 Jackson[48]将碳足迹定义为由某一活动直接及间接引起的 CO_2 排放总量，或是某一产品在整个生命周期内累积的 CO_2 排放总量。Wiedmann 和 Minx[49]提出，碳足迹是一项活动直接和间接产生的 CO_2 排放量，或者是产品在整个生命周期过程中累积的 CO_2 排放量。Matthews 等[50]将碳足迹定义为某一商品或服务在整个生命周期内排放的温室气体的总量。

2.3.2 碳足迹的分类方法

依照不同的标准，碳足迹有不同的分类方法。根据碳足迹的应用对象不同，可分为个人碳足迹、产品服务碳足迹、企业碳足迹和国家/城市碳足迹 4 类。按照计算边界和范围，可分为直接碳足迹和间接碳足迹。根据联合国政府间气候变化专门委员会（Intergovernmental Panel on Climate Change，IPCC）[51]的部门分类方法，可将碳足迹分为能源部门碳足迹、工业过程和产品使用部门碳足迹、农林和土地利用变化部门碳足迹、废弃物部门碳足迹等。

2.3.3 碳足迹的计算方法

一般来说，碳足迹的计算方法主要有以下三种。

1. 投入产出法

投入产出法（IO）最早由美国经济学家华西里·列昂惕夫（Wassily Leontief）提出，主要通过编制投入产出表，建立相宜的数学平衡方程，以计算在整个产业链中各个部门因生产产品或提供服务而产生的温室气体量，主要反映了在经济系统中产业间各部门、各生产活动之间投入产出的依存关系[52-54]。

投入产出法是一种自上而下的计算方法，具有综合性，适用于宏观分析。Bicknell 等[55]在其生态足迹研究中提出了投入产出分析模型。孙建卫等[56]在

Bicknell 的投入产出分析模型的基础上，从区域投入产出分析出发，通过核算生产出满足国民经济最终消费的产品/服务量产生的碳排放量，对我国的碳足迹进行了全面系统的分析。

2. 生命周期评价法

生命周期评价（LCA）法是评价一项产品或活动"从摇篮到坟墓"的整个生命周期内，所有阶段的投入与产出的环境影响。

LCA 是 1990 年由环境毒理与化学学会（Society of Environmental Toxicology and Chemistry，SETAC）[57-58]倡议定义的。ISO 标准化指导规定 LCA 有四个阶段：目的与范围的确定、清单分析、影响评价和结果解释[59]。LCA 是一种自下而上的计算方法，主要用于微观分析，已被国内外广泛应用。

3. IPCC 碳足迹计算法

IPCC 碳足迹计算法主要依据联合国政府间气候变化专门委员会编写的国家温室气体清单指南，计算公式为：碳排放量=活动数据×CO_2 排放因子，活动数据主要指燃料消耗量。

IPCC 碳足迹计算法是一种自上而下的计算方法，简单易行，已被国内外广泛认可。

2.3.4　行业碳足迹研究进展

根据对国内外文献的调研，行业碳足迹的研究目前仍处于起步阶段。

在交通行业方面，目前，国内外的交通业的碳足迹研究都只关注交通活动的某一方面，缺少对整个生命周期的碳足迹的研究[60]。Piecyk 和 Mckinnon[61]根据德菲尔调查的研究结果，建立了 3 种情景模式来预测 2020 年公路物流、供应链的碳排放。Huang 等[62]根据生命周期评价法，建立了道路修建和维护评价模型，计算了英国 A34 道路重建过程中的能量消耗和温室气体排放。Melanta 等[63]采用 IPCC 碳足迹计算法，在相关数据的基础上，提出了碳足迹评估工具，可以对道路和交通相关的基础设施建设项目产生的温室气体和其他空气污染物进行评估。

在金属行业，目前，已经有部分学者对主要金属（铜、铅、铝等）行业碳排放状况进行了初步研究[64-68]，得到了相关金属在生产过程中的碳排放状况。国内关于有色金属行业的碳足迹研究相对较少，缺少对行业整个生命周期的碳足迹的研究。

在造纸行业，碳足迹评价的研究应用才刚刚起步。雨林行动网络（Rainforest Action Network，RAN）和日本热带森林行动网络（Japan Tropical Forest Action Network，JATAN）这两个机构曾对印度尼西亚的 8 家浆纸厂在 2006 年的碳足迹进行了核算，核算的碳排放范围包括土地利用变化产生的、枯木腐烂产生的、泥炭土腐烂产生的、木材原料进入浆厂产生的及制浆和造纸过程中产生的森林固碳[69]。

近来，纺织服装行业碳足迹的研究还不完善。Eija 和 Pertti[70]对酒店使用的纺织品进行了生命周期评价，给出了棉花种植阶段和整个纺织生产阶段的清单。王来力等[71]采用对数平均迪氏指数法（LMDI）建立了我国纺织服装行业的碳排放因素模型。

在国内外，对于钢铁建材行业的碳足迹的研究较少，缺乏系统整体的研究和计算。黄志甲等[72]采用某钢铁联合企业的产品生命周期评价的数据清单，利用 Tornado Chart 工具，找出对企业 CO_2 排放的主要影响因素；侯玉梅等[73]通过对钢铁生产过程碳足迹进行分析，找出了钢铁行业生产过程中对碳排放影响较大的因素；赵春芝等[74]依据国际通用温室气体排放计算方法，结合国内建材行业现状，编制了企业温室气体排放的核查清单。

2.3.5　锂离子电池行业碳足迹研究进展

根据对国内外文献的调研，目前还没有锂离子电池行业碳足迹的相关研究。随着锂离子电池产量的连年攀升，全球锂离子电池产业重心进一步向中国转移，国家、行业、企业、个人碳减排的重视，以及锂离子电池市场开始活跃的行业并购、产业链整合，国内"碳交易"市场的开展，锂离子电池行业碳足迹的研究势在必行。

2.4　碳足迹研究现状及案例

2.4.1　主要研究内容

随着温室效应的不断加剧、国内外对于碳减排的越发重视、国内"碳交易"市场的快速开展，企业、消费者开始重视低碳产品，锂离子电池市场行业并购、产业链整合也开始活跃，而在目前还没有锂离子电池行业碳足迹的相关研究的情况下，基于锂离子电池产业链的锂离子电池行业的碳足迹的研究显得十分迫切。

因而，本次课题的研究内容是建立锂离子电池行业碳足迹研究的方法体系，选用中国的两个锂离子电池生产链进行案例研究，分析讨论锂离子电池行业在整个生产过程中的碳足迹。

2.4.2　本研究的技术路线

本研究的技术路线图如图 2-3 所示。

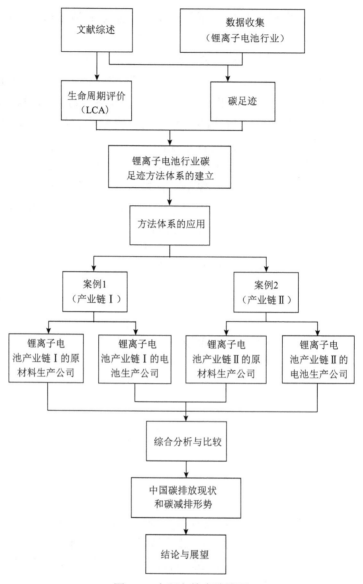

图 2-3 本研究技术路线图

2.4.3 碳足迹研究方法

1. 研究方案和步骤

本章以生命周期评价方法理论为基础，借鉴生命周期评价方法理论的研究方法进行锂离子电池行业碳排放的研究。本章将锂离子电池行业的碳足迹视作市场上当前现有的所有锂离子电池生产链的碳足迹的总和，并将每条锂离子电池生产链分为两部分，分别是仅负责生产锂离子电池的公司（简称为锂离子电池生产公司）和该锂离子电池生产公司上游的仅负责生产锂离子电池原材料的公司（简称为锂离子电池原材料生产公司）。

本章将锂离子电池生产公司的运作过程分为 4 个阶段，分别是采购、生产、销售和废弃物回收处理阶段。由于数据获得的有限性，在锂离子电池生产公司的采购、销售和废弃物回收处理阶段只考虑了运输产生的碳排放，并且把这三个阶段产生的碳排放统一为运输产生的碳排放（见图 2-4 中 B_1、B_2 和 B）。在生产阶段，只考虑了生产线由于生产而消耗的电能所产生的碳排放。

在锂离子电池原材料生产公司的碳足迹计算过程中，进行了清单分析，并借助生命周期评价方法计算软件 SimaPro8.0 简化了计算过程。

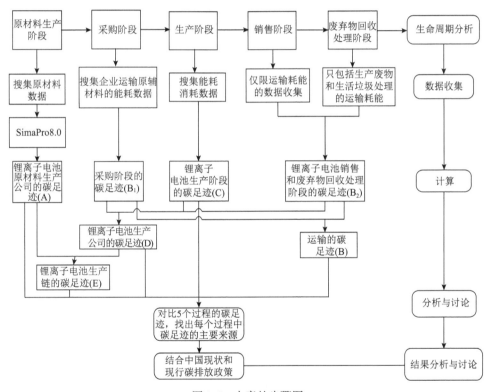

图 2-4　本章的步骤图

2. 碳足迹分部分计算方法

从图 2-5（注：图中 A、B、C、D、E 的含义与图 2-4 中的相同）可以清晰地看出，本次研究分析并讨论了锂离子电池生产链上 5 个部分的碳足迹，这五个部分分别是锂离子电池原材料生产公司的碳足迹（用 A 表示）、运输的碳足迹（用 B 表示）、锂离子电池生产阶段的碳足迹（用 C 表示）、锂离子电池生产公司的碳足迹（用 D 表示）、锂离子电池生产链的碳足迹（用 E 表示）。

通过收集到的数据，并使用 SimaPro8.0 软件，可以得到三个部分的碳足迹：A、B、C。通过公式 D=B+C 和 E=A+D，可得出 D、E。若想得到整个锂离子电池行业的碳足迹，需将市场上存在的所有锂离子电池生产链的碳足迹相加。

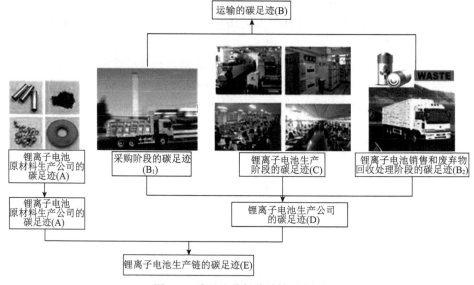

图 2-5　碳足迹分部分计算示意图

2.4.4　选取的案例及相关说明

1. 选取的案例

本章中作为案例进行分析的两条产业链分别记为Ⅰ和Ⅱ：

（1）Ⅰ指 2009 年年产 7000 万 A·h 磷酸铁锂电池生产线扩建建设项目所对应的生产链。对于Ⅰ，锂离子电池生产公司扩建前年产磷酸铁锂离电池 900 万 A·h，扩建后年产 7000 万 A·h，年产量为扩建前的 7.8 倍。年生产时间约为 4800 h，用电由当地电力系统提供，原有工程用电负荷为 1000 kW，扩建工程新增用电负荷 1400 kW。

（2）Ⅱ指 2014 年某年产 300 万只聚合物锂离子电池生产线建设项目所对应的生产链。对于Ⅱ，该锂离子电池生产公司位于广东省，年产聚合物锂离子电池 300 万只。用电由当地电力系统提供，用电负荷为 100 万 kW。

2. 运输距离说明

由于无法根据两个项目文件确定锂离子电池原材料生产公司和锂离子电池生产公司之间的运输距离，也无法确定锂离子电池生产公司和锂离子电池购买商家及废弃物回收场所的距离，因此经过综合考虑，在进行计算时，我们将运输距离设为特定值 500 km。这是因为，企业在选址时势必要综合考虑劳动力条件、与市场的接近程度、生活质量、与供应商和资源的接近程度及与其他企业设施的相对位置，选取的案例Ⅱ位于广东省，因此，根据《中国锂离子电池产业地图白皮书（2011 年）》，广东省内诞生了大量的锂离子电池材料企业（得益于广东地区下游电芯产业与组装产业的蓬勃发展及大量廉价的劳动力优势），结合广东省的面积约为 17.97 万 km²、广东省的地图，笔者作出假定，这两条产业链上的两个锂离子电池生产公司的运入及运出距离均为 500 km。

3. 各部分的描述说明

锂离子电池生产链上的仅负责生产锂离子电池的公司，简称锂离子电池生产公司。

该锂离子电池生产公司上游的仅负责生产锂离子电池原材料的公司，简称锂离子电池原材料生产公司。

锂离子电池原材料生产公司的碳足迹，简称 A。

运输的碳足迹，简称 B。

锂离子电池生产阶段的碳足迹，简称 C。

锂离子电池生产公司的碳足迹，简称 D。

锂离子电池生产链的碳足迹，简称 E。

2009 年某年产 7000 万 A·h 磷酸铁锂电池生产线扩建建设项目所对应的产业链，简称Ⅰ。

2014 年某年产 300 万只聚合物锂离子电池生产线建设项目所对应的产业链，简称Ⅱ。

Ⅰ扩建前的产业链，简称Ⅰa。

Ⅰ扩建后的产业链，简称Ⅰb。

Ⅰa 的原材料生产公司的碳足迹，简称Ⅰa-A，其余部分的碳足迹，分别简称Ⅰa-B、Ⅰa-C、Ⅰa-D 和Ⅰa-E；Ⅰb 的简略写法同Ⅰa。

Ⅱ的原材料生产公司的碳足迹，简称Ⅱ-A，其余部分的碳足迹，分别简称Ⅱ-B、Ⅱ-C、Ⅱ-D 和Ⅱ-E。

2.4.5　案例的清单分析和研究范围

本章讨论的三条产业链Ⅰa、Ⅰb 和Ⅱ的清单分析如表 2-1 所示。本章案例的研究范围为虚线方框里的部分，如图 2-6 所示。

表 2-1　本章讨论的Ⅰa、Ⅰb和Ⅱ三条产业链的清单分析

材料名称	Ⅰa 年用量	Ⅰb 年用量	材料名称	Ⅱ 年用量
N-甲基-2-吡咯烷酮（NMP）	23 t	70 t	N-甲基-2-吡咯烷酮（正极）（NMP）	10 t
磷酸铁锂	65 t	200 t	钴酸锂（正极）（LCO）	30 t
石墨	30 t	94 t	羧甲基纤维素钠盐(负极)（CMC-Na）	0.5 t
电解液（六氟磷酸锂电解液）	38 t	115 t	苯乙烯-丁二烯共聚物（负极）（SBC）	0.5 t
隔膜	54.6 t	161.07 t	聚偏二氟乙烯（正极）（PVDF）	0.8 t
铜箔	25 t	74 t	铜箔	8 t
铝箔	14 t	43 t	铝箔	5 t
镍带	1.8 t	5.5 t	隔膜	18.2 t
铝带	0.9 t	2.7 t	石墨（负极）	13 t
钢壳（未加入计算）	300×10⁴ 个	900×10⁴ 个	铝塑膜	92.7 t
盖帽（未加入计算）	300×10⁴ 个	900×10⁴ 个	去离子水	60 t
			电解液	50 t
			镍带	1 t

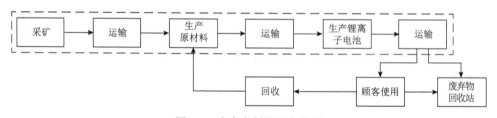

图 2-6　本章案例的研究范围

　　本章仅考虑了锂离子电池在未到达消费者之前，由于生产商进行锂离子电池生产而产生的碳足迹，所以研究范围仅包括图 2-6 中上方虚线方框部分。

2.5　案例分析与讨论

2.5.1　案例 1：锂离子电池产业链 Ⅰ

　　本章研究的案例 1，即锂离子电池产业链 Ⅰ。本章将对比分析锂离子电池产业链 Ⅰ 的两个阶段，分别是扩建前和扩建后，即Ⅰa 和Ⅰb。

1. Ⅰa 和 Ⅰb 的原材料需求量及其原材料生产公司的碳足迹

锂离子电池产业链Ⅰ在扩建前（Ⅰa）和扩建后（Ⅰb）生产所需的主要原材料的名称及数量，以及各原材料在上游原材料生产公司生产时产生的碳足迹（Ⅰa-A、Ⅰb-A），如图 2-7 所示。

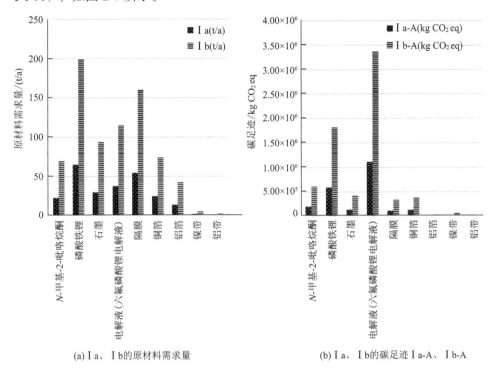

(a) Ⅰa、Ⅰb 的原材料需求量　　　　　　(b) Ⅰa、Ⅰb 的碳足迹Ⅰa-A、Ⅰb-A

图 2-7　Ⅰa、Ⅰb 的原材料需求量及Ⅰa-A、Ⅰb-A

从图 2-7（a）可以看出，产业链扩建前Ⅰa 和扩建后Ⅰb 所需的原材料中，磷酸铁锂、隔膜和六氟磷酸锂电解液是需求量最多的三个。从整体来看，扩建后Ⅰb 所需的各种原材料的数量均约为扩建前所需的 3 倍。根据上文，我们知道扩建后的产量约为扩建前的产量的 7.8 倍。这也许可以归功于规模经济效应或生产技术的革新。由于该项目没有进行技术革新，所以我们将这一效益归功于规模经济。

从图 2-7（b）可以看出，在扩建前Ⅰa 和扩建后Ⅰb 所需的原材料中，六氟磷酸锂电解液和磷酸铁锂是碳足迹最多的两种原材料，除 N-甲基-2-吡咯烷酮的碳足迹较多外，其余原材料的碳足迹均较少。结合图 2-7（a），这或许是由于不同种类的原材料的需求量不同，或许是由于原材料自身的性质和生产工艺不同。

从图 2-7 中可以观察到，原材料六氟磷酸锂电解液和磷酸铁锂相比较，磷酸铁锂所需的数量高于六氟磷酸锂电解液［图 2-7（a）］，然而，磷酸铁锂生产产生的碳足迹低于六氟磷酸锂电解液[图 2-7（b）]；隔膜所需的数量虽然较多，位于第二位[图 2-7（a）]，但是隔膜生产产生的碳足迹相对少很多[图 2-7（b）]。

从整体来看，扩建后所需的各种原材料生产所产生的碳足迹均约为扩建前所需的各种原材料生产产生的碳足迹的 3 倍。结合图 2-7（a），这或许是与扩建后所需的各种原材料的数量均约为扩建前所需的 3 倍有关。所以，这也许间接受益于规模经济效应。从表 2-2 可以清晰地看到该产业链扩建前后原材料的使用量及其碳足迹。

表 2-2　Ⅰa、Ⅰb 的原材料需求量及Ⅰa-A、Ⅰb-A

材料名称	Ⅰa		Ⅰb	
	需求量/（t/a）	每种原材料生产产生的碳足迹/kg CO$_2$ eq	需求量/（t/a）	每种原材料生产产生的碳足迹/kg CO$_2$ eq
N-甲基-2-吡咯烷酮	23	2.00×10^5	70	6.09×10^5
磷酸铁锂	65	5.90×10^5	200	1.82×10^6
石墨	30	1.35×10^5	94	4.22×10^5
电解液（六氟磷酸锂电解液）	38	1.11×10^6	115	3.37×10^6
隔膜	54.6	1.14×10^5	161.07	3.35×10^5
铜箔	25	1.29×10^5	74	3.83×10^5
铝箔	14	1.22×10^4	43	3.74×10^4
镍带	1.8	2.31×10^4	5.5	7.05×10^4
铝带	0.9	2.87×10^3	2.7	8.60×10^3

2. Ⅰa 和Ⅰb 的各部分的碳足迹的比较

锂离子电池产业链Ⅰ在扩建前（Ⅰa）和扩建后（Ⅰb）各部分的碳足迹如图 2-8 所示。

从图 2-8 中的条形图可以看出：

（1）在扩建前后，锂离子电池生产公司的碳足迹（D）均高于其上游锂离子电池原材料生产的碳足迹（A）。

（2）扩建后的产量（年产 7000 万 A·h 磷酸铁锂电池）约为扩建前（年产 900 万 A·h）的 7.8 倍，而扩建后的锂离子电池生产公司碳足迹（Ⅰb-D）仅为扩建前（Ⅰa-D）的 2.402 倍。扩建后单位容量的磷酸铁锂电池的碳足迹明显减小。

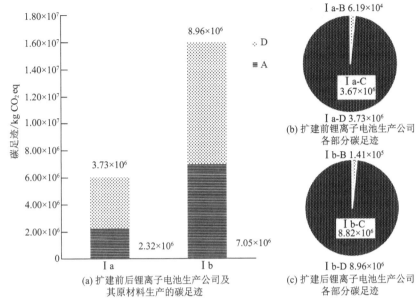

图 2-8　Ⅰa 和Ⅰb 各部分的碳足迹

图中 A、B、C、D 的含义同图 2-4

　　在本章中，2.402 倍这一数值或许和扩建前后的电能消耗的变化有关。原因有两个，一是从两个饼图可以看出，锂离子电池生产公司的碳足迹（D）的绝大部分来源于生产过程中电能的消耗而产生的碳足迹（C）；二是根据项目文件中给出的数据可知，公司年生产时间约为 4800 h，公司用电由当地电力系统提供，扩建前工程耗电用电负荷为 1000 kW，扩建后工程新增用电负荷 1400 kW。可以通过计算得出，该公司扩建前年耗电量 4800000 kW·h，扩建后年耗电量为 11520000 kW·h。扩建后年耗电量与扩建前年耗电量的比值为 2.4。

　　（3）扩建前该锂离子电池生产公司（即年产 900 万 A·h 磷酸铁锂电池）及其上游产业的碳足迹，即Ⅰa 为 $6.05×10^6$ kg CO_2 eq，扩建后该锂离子电池生产公司（即年产 7000 万 A·h 磷酸铁锂电池）及其上游产业的碳足迹，即Ⅰb 为 $1.60×10^7$ kg CO_2 eq。

　　从图 2-8 中的两个饼状图可以看出，

　　（1）该锂离子电池生产公司的碳足迹（D）的绝大部分来源于生产过程（本次研究仅考虑了电能的消耗），这或许和中国电力主要来自火力煤炭发电有关。而运输所产生的碳足迹仅占极小的一部分，这或许和本章中设定的运输距离，以及选择的货车类型有关。

　　（2）扩建后运输的碳足迹（B）占该锂离子电池生产公司的碳足迹（D）的比例约为 1.57%，略低于扩建前（约 1.66%）。

2.5.2 案例2：锂离子电池产业链Ⅱ

1. Ⅱ的原材料需求量及其原材料生产公司的碳足迹

锂离子电池产业链Ⅱ生产所需的主要原材料的名称及数量，以及各原材料在上游原材料生产公司生产时产生的碳足迹，如图2-9所示。

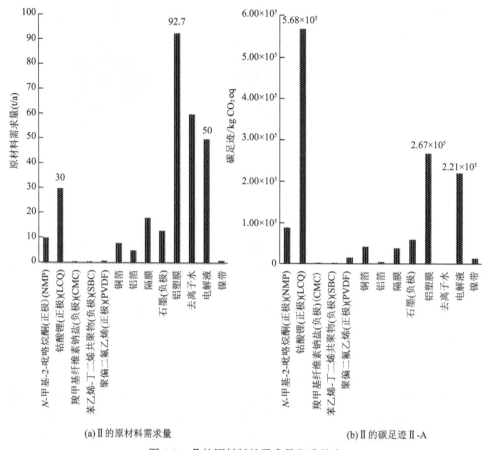

(a) Ⅱ的原材料需求量　　　　　　　　(b) Ⅱ的碳足迹Ⅱ-A

图2-9　Ⅱ的原材料的需求量和碳足迹

图2-9（b）中，去离子水没有碳足迹。从图2-9（a）可以看出，锂离子电池产业链Ⅱ所需的原材料中，除去离子水外，铝塑膜、电解液和钴酸锂的数量最多。从图2-9（b）可以看出，锂离子电池产业链Ⅱ所需的原材料中，铝塑膜、电解液和钴酸锂的碳足迹也最多。就这三种原材料而言，单位重量原材料的碳足迹最高的是钴酸锂，其次是电解液，最低的是铝塑膜。这可能是由于原材料自身的性质和生产工艺不同。

从表2-3可以看出，锂离子电池产业链Ⅱ生产所需的原材料及每种原材料生产产生的碳足迹。

表 2-3　锂离子电池产业链 Ⅱ 的原材料需求量及每种原材料生产产生的碳足迹

材料名称	原材料需求量/（t/a）	原材料生产产生的碳足迹/kg CO_2 eq
N-甲基-2-吡咯烷酮（正极）（NMP）	10	$8.70×10^4$
钴酸锂（正极）（LCQ）	30	$5.68×10^5$
羧甲基纤维素钠盐（负极）（CMC-Na）	0.5	$2.19×10^3$
苯乙烯-丁二烯共聚物（负极）（SBC）	0.5	$1.88×10^3$
聚偏二氟乙烯（正极）（PVDF）	0.8	$1.48×10^4$
铜箔	8	$4.14×10^4$
铝箔	5	$4.35×10^3$
隔膜	18.2	$3.79×10^4$
石墨（负极）	13	$5.83×10^4$
铝塑膜	92.7	$2.67×10^5$
去离子水	60	$5.11×10^2$
电解液	50	$2.21×10^5$
镍带	1	$1.28×10^4$

2. Ⅱ 的各部分的碳足迹的比较

锂离子电池产业链 Ⅱ 各部分的碳足迹如图 2-10 所示。

图 2-10 中 A、B、C、D 的含义同图 2-4，表示四部分的碳足迹。

（1）从图 2-10 中可以看出，该聚合物锂离子电池生产公司的碳足迹低于其原材料生产的碳足迹。

（2）该聚合物锂离子电池生产公司的碳足迹的绝大部分来源于生产过程（本章仅考虑了电能的消耗），这或许和中国电力主要来自火力发电以及本章中设定的运输距离和选择的运输工具有关。

（3）该锂离子电池生产公司（年产 300 万只聚合物锂离子电池）及其上游产业的碳足迹为 $2.21×10^6$ kg CO_2 eq（应用公式：

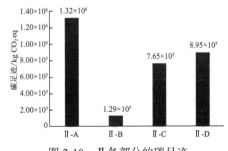

图 2-10　Ⅱ 各部分的碳足迹

E=A+D）。

2.5.3 案例综合分析

1. 分部分的碳足迹

锂离子电池产业链（Ⅰ和Ⅱ）各部分的碳足迹的比较如图 2-11 所示。

从图 2-11 中的柱形图可以看出，磷酸铁锂电池生产公司在扩建前后的碳足迹均高于其原材料生产的碳足迹，而聚合物锂离子电池生产公司与之相反。

从图 2-11 中三个饼状图可以看出：

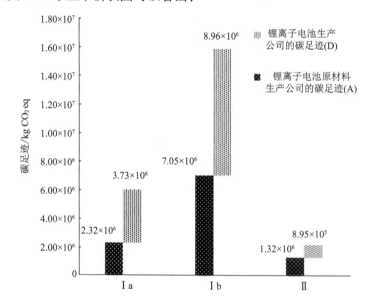

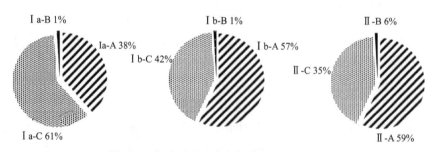

图 2-11　锂离子电池产业链各部分的碳足迹

（1）锂离子电池生产公司及其上游产业的总碳足迹中，上游产业的原材料生产的碳足迹所占比例十分大，原材料生产企业的碳足迹和锂离子电池生产公司的碳足迹均不容忽视。

（2）锂离子电池生产公司的碳足迹的绝大部分均来源于生产过程（本章仅考虑了电能的消耗），这或许与中国电力的来源及生产线电能的利用率低有关。而运输所产生的碳足迹仅占极小的一部分，这或许和本章中设定的运输距离和选择的运输工具有关。

2. 两个案例之间的比较分析

本节通过对两个实例的分析，验证了本章的技术路线，得到了三条锂离子电池产业链的碳足迹，三条产业链的碳足迹如表 2-4 所示。

表 2-4　锂离子电池产业链的碳足迹

编号	锂离子电池产业链的碳足迹/kg CO_2 eq
I a	6.05×10^6
I b	1.60×10^7
II	2.21×10^6

本次研究中作为案例的三条产业链各部分的碳足迹，如表 2-5 所示。

表 2-5　锂离子电池产业链各部分的碳足迹

编号	A/kg CO_2 eq	B/kg CO_2 eq	C/kg CO_2 eq	D/kg CO_2 eq
I a	2.32×10^6	6.19×10^4	3.67×10^6	3.73×10^6
I b	7.05×10^6	1.41×10^5	8.82×10^6	8.96×10^6
II	1.32×10^6	1.29×10^5	7.65×10^5	8.95×10^5

2.5.4　中国碳排放现状和形势分析

1. 中国碳排放现状

随着经济的飞速发展，我国已成为世界性的碳排放大国。2021 年 5 月 7 日，Rhodium Group 研究指出，2019 年，中国碳排放量占全球总排放量（约 102.85 亿 t）的 27%，排放 27.77 亿 t；美国占比 11%；印度占比 6.6%。统计指出，中国的排放量是所有发达国家的总和，自 20 世纪 90 年代开始，中国经济进入高速发展期，碳排放量增长 2 倍多，这与中国庞大的人口基数及高速发展的经济相关，大量燃煤电厂（1142 座）投产发电也是其中因素之一。这要求我国的发展模式从粗放型的"世界工厂"转向清洁、绿色的高科技产品制造，技术性、经济性、环境友好性将成为淘汰落后产能、发展高效清洁能源的重要衡量标准。

2. 中国碳排放的形势分析

根据《京都议定书》要求，在 2020 年之前，都是由发达国家承担减排义务。因此，虽然中国的碳排放量已居世界首位，并且中国的人均碳排放量已超过欧盟，但是作为发展中国家，中国在 2020 年之前不用承担减排义务，中国没有明确的碳排放上限。然而，中国仍在努力控制碳排放。2009 年 11 月 26 日，中国政府正式对外宣布到 2020 年单位 GDP 二氧化碳排放量比 2005 年下降 40%～45% 的控制二氧化碳排放的具体目标。在 2009 年哥本哈根世界气候大会上，北京环境交易所联合其他参与方对外发布了中国首个自愿减排标准——熊猫标准，迈出了中国参与碳交易标准建设的第一步。碳排放权交易制度是指由碳排放的经济主体承担其社会成本的制度安排，其本质是把环境容量作为一种稀缺资源，将碳排放权作为一种商品，通过市场化交易达到减少碳排放、保护环境的目的。

近年来，中国积极开发应用各项节能减排的新技术，加强行业规范，并且正在逐步建立碳排放权交易市场，以期通过这一市场化手段有效实现减少碳排放的各项目标。党的十八届三中全会通过的《中共中央关于全面深化改革若干重大问题的决定》首次明确提出了推行碳排放权交易制度，建立吸引社会资本投入生态环境保护的市场化机制。国家"十二五"规划明确提出要建立完善温室气体排放统计核算制度，逐步建立碳排放权交易市场。2011 年 10 月，国家正式批准北京、上海、湖北等七省市启动碳排放权交易试点。全国碳排放权交易市场建设大致可以分为 3 个阶段，其中，2014～2016 年为前期准备阶段，目前 7 个试点已建立完整的碳排放权交易体系，2016～2019 年是全国碳排放权交易市场的正式启动阶段。

国家"十四五"规划期间，将在"十二五"试点先行、"十三五"经验积累的基础上，实现从单一行业到多行业纳入、从启动交易到持续平稳运行。2021 年 7 月，全国碳排放权交易开市，按照全国碳排放权交易市场的规划，电力行业为全国碳排放权交易率先被纳入的行业，后续将逐步将石化、化工、建材、有色、造纸、电力、航空等重点排放行业纳入碳排放权交易市场。"十四五"期间，将进一步加快全国碳市场建设、积极参与全球气候治理，以期基本建成制度完善、交易活跃、监管严格、公开透明的全国碳排放权市场，实现全国碳排放权交易市场的平稳有效运行。

2.6　小　　结

本章对两个锂离子电池产业链案例进行了分析、讨论，对建立的锂离子电池行业碳足迹的方法体系进行了应用和验证。锂离子电池生产公司和原材料生产公司都应该适当扩大生产规模，利用规模经济效应间接减少单位产品的碳足迹，应当节约电能，提高电能利用率，积极应用节能的新技术。

结合中国的碳排放现状和碳减排形势，中国市场各企业、行业的碳减排势在必行。中国政府对于碳减排的重视，将引导各企业、行业开发、应用低碳技术，走低碳、绿色的新型工业化道路，还将对重碳企业释放巨大的压力。

就锂离子电池行业而言，自 2009～2020 年，中国的锂离子电池产量不断增长，随着全球锂离子电池产业重心进一步向中国转移，国家、行业、企业、个人碳减排的不断重视，国内"碳交易"市场的开展，以及锂离子电池市场开始活跃的行业并购、产业链整合，锂离子电池生产公司和原材料生产公司都应该在加快发展的同时，注重环境影响，减少污染和排放，减少单位产品的碳足迹，以获得碳排放权交易兴起和锂离子电池行业蓬勃发展的双收益。

参 考 文 献

[1] 吴锋. 绿色二次电池材料的研究进展[J]. 中国材料进展, 2009, 28(7-8): 41-49.

[2] 王金良. 二次电池工业现状与动力电池的发展[J]. 新材料产业, 2007, 9(2): 42-47.

[3] 电池工业协会. 2011 年工业电池年鉴[K]. 2011.

[4] UNFCCC. Report on the Conference of the Parties on its 15th session[R]. 2010.

[5] UNFCCC. Report of the Ad Hoc Working Group on the Durban Platform for Enhanced Action on the first and second parts of its second session[R]. 2013.

[6] United Nations Environment Program(UNEP). The emissions gap report 2013: A UNEP Synthesis Report[EB/OL]. https://digitallibrary.un.org/record/3894832?ln=zh CN.[2013-11-06].

[7] WWF, Institute of Geographic Sciences and Natural Resources Research, Global Footprint Network, et al. China Ecological Footprint Report 2012[EB/OL]. http://awsassets.panda.org/downloads/china_ecological_footprint_report_2012_small[2012-12-12].

[8] Wang J L. China to adopt "binding" goal to reduce CO_2 emissions per unit GDP by 40 to 45% of 2005 levels by 2020[N]. The Green Leap Forward, 2009-11-26.

[9] Mo H E. China-US joint statement on climate change draws applause[N]. Xinhua, 2014-11-14.

[10] 全球能源互联网发展合作组织. 中国碳达峰碳中和成果发布暨研讨会[EB/OL]. https://www.geidco. org. cn/html/qqnyhlw/zt20210120_1/index. html. 2021-03-18.

[11] Lan L. China to reduce carbon intensity by 17% by 2015 [N]. China Daily, 2011-07-29.

[12] 中国金融信息网. 发改委：实现"十三五"碳排放强度下降目标进展态势较好[EB/OL]. http://www.idacn.org/news/34732.html. 2017-11-02.

[13] 21 世纪经济报道. "十三五"碳减排目标有望提前完成 控煤仍是关键[EB/OL]. http://www.tanpaifang.com/jienenjianpai/2018/1130/62537. html. 2018-11-30.

[14] Lash J, Wellington F. Competitive advantage on a warming planet[J]. Harvard Business Review, 2007, 85(3): 94-102.

[15] Megahed S, Scrosati B. Lithium-ion rechargeable batteries[J]. Journal of Power Sources, 1994, 51(1): 79-104.

[16] 吴宇平, 戴晓兵, 马军旗, 等. 锂离子电池——应用与实践[M]. 北京: 化学工业出版社, 2004.

[17] 汪继强. 锂离子蓄电池技术进展及市场前景[J]. 电源技术, 1996, 20(4): 147-151.

[18] 吉野彰. 日本锂离子蓄电池技术的开发过程和最新趋势[J]. 电源技术, 2001, 25(6): 416-421.

[19] Armand M B. Materials for Advance Batteries[M]. New York: Plenum, 1980: 145.

[20] Ozawa K. Lithium-ion rechargeable batteries with $LiCoO_2$ and carbon electrodes the $LiCoO_2$/C system[J]. Solid State Ionics, 1994, 69(3-4): 212-221.

[21] Miure K, Yamada A. Electric states of spinel $Li_xMn_2O_4$ as a cathode of the rechargeable battery [J]. Electrochimica Acta, 1996, 41: 249-256.

[22] Dahn J R, Saken U V, Juzkow M W, et al. Rechargeable $LiNiO_2$/carbon cells[J]. Journal of the Electrochemical Society, 1991, 138: 2207-2211.

[23] 朱茜. 预见 2021: 《2021 年中国储能电池产业全景图谱》(附市场供需、竞争格局、发展前景等)[EB/OL]. https://baijiahao.baidu. com/s?id=1706313173928289073&wfr=spider&for= pc. 2021-07-26.

[24] 中国储能网新闻中心. 锂离子电池: 投资空前活跃 集约化发展是方向 [EB/OL]. http://www.cbea.com/www/zy/20150425/4095045_2.html. 2015-04-24.

[25] 蔡雨晴. 2020 年锂电池市场规模与发展趋势分析 产量及出货量稳步增长[EB/OL]. https://baijiahao.baidu.com/s?id=1666466491888404722&wfr=spider&for=pc. 2020-05-12.

[26] 金十数据. 占比 73%, 中国锂电池产能位居全球第一! 欧洲担心被"卡脖子"[EB/OL]. https://baijiahao.baidu.com/s?id=1685119844792939348&wfr=spider&for=pc. 2020-12-04.

[27] Thomas G, Theodore S, Magalie B, et al. Life-cycle assessment: A survey of current implementation[J]. Environmental Quality Management, 1995, 4(3): 33-50.

[28] Huang E, Hunkeler D. Using life-cycle assessments in large corporations: A survey of current practices[J]. Environmental Quality Management, 1995, 5: 35-47.

[29] Berkhout F, Howes R. The adoption of life-cycle approaches by industry: Patterns and impacts[J]. Resources Conservation and Recycling, 1997, 20: 71-94.

[30] Consoli F, Allen D, Boustead I, et al. Guidelines for life-cycle assessment: a code of practice[J]. Society of Environmental Toxicology and Chemistry, 1994, 1(1): 55.

[31] Franklin Associates, Ltd. Energy and Environmental Profile Analysis of Children's Disposable and Cloth Diapers[R]. Report Prepared for the American Paper Institute's Diaper Manufacturers' Group, Prairie Village, 1990.

[32] Hocking M B. Paper versus polystyrene: A complex choice[J]. Science, 1991, 2(251): 504-505.

[33] Livesey S M. McDonald's and the environmental defense fund: A case study of a green alliance[J]. Journal of Business Communication, 1999, 36(1): 5-39.

[34] Curran M A. Environmental life-cycle assessment[C]//Allen D. Application of the Life-Cycle Assessment. New York: The United States of America McGraw-Hill Companies, Inc, 1996, 5: 1-16.

[35] Curran M A. Environmental life-cycle assessment[C]//Goide E S, Mckiel M. Public Policy Application of Life-Cycle Assessment. New York: The United State of America McGraw-Hill Companies, Inc, 1996, 8: 1-11.

[36] Haes H A. Guidelines for the Application of Life-Cycle Assessment in the EU Ecolabeling

Program[M]. Brussels: Society for the Promotion of Life-Cycle Development(SPOLD), 1994: 18.

[37] Curran M A. Using LCA-based approaches to evaluate pollution prevention[J]. Environmental Progress, 1995, 14(4): 247-253.

[38] Tolle D A, Vigon B W, Becker J R, et al. Development of a Pollution Prevention Factors Methodology Based on Life-Cycle Assessment: Lithographic Printing Case Study[M]. Cincinnati: Risk Reduction Engineering Laboratory, Office of Research and Development, U. S. Environmental Protection Agency, 1994.

[39] Fava J A. Application of product life-cycle assessment to product stewardship and pollution prevention programs[J]. Water Science & Technology, 1992, 26(1-2): 275-287.

[40] Messerli B, Grosjean M, Hofer T, et al. From nature-dominated to human-dominated environmental changes[J]. Quaternary Science Reviews, 2000, 19(1): 459-479.

[41] Suh S. Are services better for climate change?[J]. Environmental Science & Technology, 2006, 21(4): 6555-6560.

[42] Wackernagel M, Schulz N B, Deumling D, et al. Tracking the ecological over shoot of the human economy[J]. Proceedings of the National Academy of Sciences of the United States of America, 2002, 99(14): 9266-9271.

[43] William E R. Ecological footprints and appropriated carrying capacity: What urban economics leaves out[J]. Environment and Urbanization, 1992, 4(2): 121-l30.

[44] William E R. Revisiting carrying capacity: Area-based indicators of sustainability[J]. Population and Environment, 1996, 17(3): 195-215.

[45] Wackernagel M. Ecological footprint and appropriated carrying capacity: A tool for planning toward sustainability[D]. Vancouver: University of British Columbia, 1994.

[46] Wackernagel M, Rees W E. Our Ecological Footprint: Reducing Human Hmpact on the Earth[M]. Philadelphia: New Society Publishers, 1996.

[47] Pandey D, Agrawal M, Pandey J S. Carbon footprint: Current methods of estimation[J]. Environment Assess, 2011, 178(1): 135-160.

[48] Druckman A, Jackson T. The carbon footprint of UK households 1990-2004: A socio-economically disaggregated, quasi-multi-reginal input-output model[J]. Ecological Economics, 2009, 68(7): 2006-2007.

[49] Wiedmann T, Minx J. A definition of carbon footprint[C]. Pertsova C C. Ecological Economics Research Trends. New York: Nova Science Publishers, 2008, 2: 55-65.

[50] Matthews H S, Hendrickson C T, Weber C L. The importance of carbon footprint estimation boundaries[J]. Environmental Science & Technology, 2008, 42(16): 5839-5842.

[51] Intergovernmental Panel on Climate Change (IPCC). Climate Change 2007: The Physical Science Basis[M]. Paris: Cambridge University Press, 2007.

[52] 耿涌, 董会娟, 郗凤明, 等. 应对气候变化的碳足迹研究综述[J]. 中国人口. 资源与环境, 2010, 20(10): 6-12.

[53] Leontief W. The Structure of American Economy, 1919-1929[M]. Cambridge: Harvard University Press, 1941: 1919-1929.

[54] Leontief W. Studies in the Structure of the American Economy[M]. Oxford: Oxford University

Press, 1953.

[55] Bicknell K, Ball R, Ross C, et al. New methodology for the ecological footprint with an application to the New Zealand economy[J]. Ecological Economic, 1998, 27(2): 149-160.

[56] 孙建卫, 陈志刚, 赵荣钦, 等. 基于投入产出分析的中国碳排放足迹研究[J]. 中国人口. 资源与环境, 2010, 20(5): 28-34.

[57] Bossche P V, Vergels F, Mierlo J V, et al. An assessment of sustainable battery technology[J]. Journal of Power Sources, 2006, 162(2): 913-919.

[58] Miller S A, Theis T L. Comparison of life-cycle inventory databases: A case study using soybean production[J]. Journal of Industrial Ecology, 2006, 10(1-2): 133-147.

[59] Owsianiak M, Laurent A, Bjørn A, et al. IMPACT 2002+, ReCiPe 2008 and ILCD's recommended practice for characterization modeling in life cycle impact assessment: a case study-based comparison[J]. International Journal of Life Cycle Assessment, 2014, 19(5): 1007-1021.

[60] 许伦辉, 魏艳楠. 交通领域碳足迹研究综述[J]. 交通信息与安全, 2014, 6(188): 1-7.

[61] Piecyk M I, Mckinnon A C. Forecasting the carbon footprint of road freight transport in 2020[J]. International Journal of Production Economics, 2010, 128(1): 31-42.

[62] Huang Y, Bird R, Bell M. A comparative study of the emissions by road maintenance works and the disrupted traffic using life cycle assessment and micro-simulation[J]. Transportation Research Part D: Transport and Environment, 2009, 14(3): 197-204.

[63] Melanta S, Miller-Hooks E, Avetisyan G H. Carbon footprint estimation tool for transportation construction projects[J]. Journal of Construction Engineering and Management-ASCE, 2013, 139(5): 547-555.

[64] Wang Y J, Chandler W. The Chinese nonferrous metals industry-energy use and CO_2 emissions [J]. Energy Policy, 2010, 38(11): 6475-6484.

[65] 于宏民, 王青, 俞雪飞, 等. 中国钢铁行业的生态足迹[J]. 东北大学学报(自然科学版), 2008, 29(6): 897-900.

[66] Kuckshinrichs W, Zapp P, Poganietz W. CO_2 emissions of global metal-industries: The case of copper[J]. Applied Energy, 2007, 84(7-8): 842-852.

[67] 任希珍, 田晓刚, 鞠美庭, 等. 基于生命周期评价的中国铝业 2000—2009 年碳足迹研究[J]. 安全与环境学报, 2011, 11(1): 124-129.

[68] 关杨, 邵超峰, 田晓刚, 等. 2000—2009 年中国铅行业碳足迹分析及控制策略研究[J]. 环境污染与防治, 2013, 2(2): 99-103.

[69] Jim F. 100% recycled papers made by cascades: greenhouse gas emission performance and competing products[R]. Indonesia: Asia Pulp & Paper, 2008.

[70] Eija M K, Pertti N. Life cycle assessment-environmental profile of cotton and polyester-cotton fabrics[J]. Autex Research Journal, 1999, 1(1): 8-20.

[71] 王来力, 丁雪梅, 吴雄英. 我国纺织服装行业碳排放因素分解模型及实证分析[C]. 上海: 2011 中国纺织学术年会论文集, 2011: 389-393.

[72] 黄志甲, 丁晓, 孙浩. 基于 LCA 的钢铁联合企业 CO_2 排放影响因素分析[J]. 环境科学学报, 2010, 30(2): 444-448.

[73] 侯玉梅, 梁聪智, 田歆, 等. 我国钢铁行业碳足迹及相关减排对策研究[J]. 生态经济, 2012, 12: 105-108.

[74] 赵春芝, 蒋荃, 马丽萍. 建材行业开展碳足迹认证的探讨[J]. 节能减排评价技术, 2010, 8(11): 79-89.

第3章 纯电动汽车动力电池全生命周期 CO_2 等排放

3.1 纯电动汽车全生命周期污染排放

为解决道路交通温室气体排放问题，中国在 2009 年启动了电动汽车试点计划[1]。2014~2018 年，电动汽车以每年 420000 辆的速度增加并且依旧处于快速增长阶段[2, 3]。相较于传统内燃机汽车（internal combustion engine vehicle，ICEV），纯电动汽车（battery electric vehicle，BEV）的道路"零排放"优势能大量减少汽车道路行驶过程中 CO_2 气体的排放[2]，也有利于交通部门达到"碳中和"和"碳达峰"的目标。此外，传统燃油车尾气中的 $PM_{2.5}$、SO_2 和 NO_x 污染排放物同 CO_2 相比，与影响人体健康和空气质量的联系更加紧密，也成为人们越来越关注的问题。因此，关注电动汽车的 $PM_{2.5}$、SO_2 和 NO_x 减排同样有重要意义[3, 4]。而电动汽车取代传统燃油车更具有国家发展层面上的战略意义，我国原油对外依存度为 69.9%，远超过国际上 50% 的警戒线，扩大新能源汽车市场，有助于我国减小燃油的对外依存度，保护我国的能源安全。虽然我国新能源汽车的发展依然受到多种因素的影响，但仍然有很大的发展空间[5]。气候变化和全球变暖是全世界共同面临的问题，妥善合理对待气候问题需要全球各个国家同心协力共同进行，2020年中国政府承诺争取于 2060 年实现碳中和，建设以清洁电力为主体的能源系统[6]。

生命周期评价（life cycle assessment，LCA）作为计算产品或产业链环境影响的一种成熟方法，被广泛用于量化比较电动汽车和传统燃油车的环境影响评价[7, 8]。对于纯电动汽车和传统燃油车而言，由于纯电动汽车生产阶段中车载动力电池的生产需要大量的能源输入和原材料消耗，而传统燃油车与电动汽车车身生产本身的环境负荷并无太大差别，最终动力电池生产带来的环境负荷使得纯电动汽车生产阶段的环境影响远大于相应的传统燃油车[9]。这部分多的环境负荷需要在使用阶段和报废回收阶段尽可能地抵消，以期实现在整个生命周期过程中纯电动汽车的 CO_2、$PM_{2.5}$、SO_2 和 NO_x 排放低于传统燃油车的目标[10]。而在使用阶段中，如果电力生产大量依靠于不清洁能源发电技术，如燃煤发电，纯电动汽车一定比传统燃油车环保实际上是一个存疑的命题[11, 12]。道路"零排放"并不意味着在时间和空间上均是零排放的，依赖于不清洁能源发电的电力结构会产生大量的上游排放,这些排放存在于电动汽车使用过程的电能循环中,而不在纯电动汽车的尾气中[13]。

更加值得注意的是,电力生产和消费不对等会使得污染排放具有时空上的差异性,即发电在某一区域,而消费却在另一区域。区分纯电动汽车行驶过程中的区域外排放和区域内排放,即全面考虑电动汽车行驶过程中的上游排放有利于不同区域针对性发展电动汽车[14, 15]。对于报废回收阶段而言,目前全世界对锂离子电池的需求急剧上升,废旧锂离子电池的数量也在成比例增加,使得锂离子电池回收利用对于保护环境是必不可少的[16]。国内采取了必要的措施来应对这一局面,但 2019 年回收废旧动力电池 3.3 万 t,仅占市场废旧动力锂离子电池总量的24.8%,回收率仍低于预期[17]。

因为动力电池的生产使得相同整备质量下的纯电动汽车的环境负荷远大于相应的传统燃油车,所以动力电池相关材料的有效回收、行驶阶段消耗电力和当地的电力清洁度已经成为衡量纯电动汽车是否比传统燃油车环保的重要考虑因素。当我们以 LCA 的角度来比较纯电动汽车与传统燃油车环境友好性时,如果仅仅关注电动汽车 CO_2 排放这一单一指标且只考虑行驶区域的排放,电动汽车的减排效果或许过于乐观。将 $PM_{2.5}$、SO_2 和 NO_x 这类直接危害到人类健康和空气质量的污染排放物纳入评价体系,并结合电力结构和电力清洁度对电动汽车上游排放进行全面的量化计算将更加有意义。

国内外学者就电动汽车和传统燃油车的环保问题这一命题展开过十分详细的研究。由于电动汽车和传统燃油车两者车身的生产环境影响差异不大,电池包的生产使得生产阶段电动汽车的环境影响远高于相应的传统燃油车[18]。动力电池成分复杂,生产过程烦琐,量化动力电池各种材料生产的环境负荷有利于筛选环境负荷大的原材料,这对于后期对动力电池相关材料的回收进行优先级排序,保证优先回收环境负荷大的材料显得十分重要[19]。

在评价指标的选择方面,国内外对电动汽车生产阶段的环境影响的评价主要集中在 CO_2 排放这一指标,这与"碳达峰"和"碳中和"中碳的概念十分接近,CO_2 排放数据可作为政府控制碳排放的决策依据和相关碳交易市场建立数据库的数据源文件[20]。国外学者 Zackrisson 等[21]强调了清单中黏合剂生产、锂盐生产、电池制造和组装、车辆重量与车辆能耗之间的关系都会对电动汽车环境影响评价有所影响,并基于环境产品认证(environmental product declaration, EPD)方法对 LFP 动力电池在不同溶剂下生产的 CO_2 排放量进行了量化。Kawamoto 等[22]预设了电动汽车行驶阶段每千米的 CO_2 排放量低于传统燃油车,电池生产过程中增加的 CO_2 排放会在行驶阶段慢慢被弥补抵消,电动汽车寿命变为一个比较重要的参数,强调了电动汽车需要在单位行驶距离上实现减排并通过里程数的提高来抵消生产阶段电动汽车高于传统燃油车的环境负荷。

Majeau-Bettez 等[23]利用 ReCiPe 评价方法,发现 NiMH 技术对环境的影响最大,其次是 NCM,然后是 LFP,除了臭氧的去除潜力,发现生命周期的全球变暖排放量比以前报道的要高。Ellingsen 等[24]研究发现对动力电池生产环境影响最具冲击力的生产链是电池芯、正极膏和负极集电器的制造,降低电池生产用电的碳强度和电池生产用电的能源需求是降低电池生产用电温室气体排放的最有效途径。Kim 等[25]在福克斯电动汽车动力电池生产的研究中拓展了系统边界以便其包含整个车辆,并与福克斯燃油车相比,福克斯纯电动汽车的从摇篮到坟墓温室气体排放量增加了 39%。

Yu 等[26]对国内实际生产的电动汽车类型进行了 LCA,结果表明,LFP 电力系统的综合环境负荷比燃油车系统高 376%,NCM 电力系统的综合环境负荷比燃油车系统高 119%。Wang[27]研究发现电池生产和原材料生产的碳足迹值在锂离子电池整个生产链中占比最大。肖胜权[28]基于国内电池生产厂商的具体数据,对 LFP 和 NMC 动力电池进行了 LCA,发现除资源耗竭这一指标外,LFP 电池的综合环境影响及化石燃料潜力均大于 NMC 电池。卢强[29]的研究量化了 LFP 动力电池各个组件的环境影响贡献率,特别是温室气体排放这一指标的量化,并强调了生产过程中铝资源造成了较大的环境影响。李娟[30]基于 CML 的方法,对长丰猎豹飞腾的电动汽车和燃油车作出了环境影响对比分析,并得出生产阶段电动汽车的综合环境影响远大于燃油车的结论。

纯电动汽车相较于传统燃油车具有更低的环境负荷是立足于两类汽车行驶阶段能实现百千米减排阐述的。在进行 LCA 时,系统边界的选择对量化结果有着较大的影响,由于电力使用地和生产地的不同,电动汽车的上游排放在时空分布上具有差异[31]。国外学者主要针对不同区域推广电动汽车的环境污染进行了量化评价。Buekers 等[14]的研究结果发现,即使是欧盟,其中一些依赖污染更严重的混合燃料的国家,可能也无法从引入电动汽车中获得环境收益。而 Casals 等[32]的一项研究也发现,正在努力使发电厂机组脱碳的德国或英国,也并没有由于使用电动汽车而不是燃油车达到温室气体减排的效果,而推广电动汽车只是有利于人口过多的城市。

de Souza 等[33]基于 LCA 方法对巴西推广电动汽车政策作出了研究,在非清洁能源,即化石能源(烟煤 2.6%,柴油 4.4%)仅仅占当地发电使用能源的 7% 时,电动汽车的温室气体排放数值明显低于传统的燃油车。而 Mansour 和 Haddad[1]研究发现电动汽车对于黎巴嫩而言有长期收益,因为他们需要昂贵的充电基础设施和清洁的电力混合,插电式混合动力电动汽车在中期具有吸引力,汽油或柴油混合动力电动汽车是短期内最可行和最有益的技术。Weldon 等[34]基于爱尔兰的电力水平条件,对电动汽车和传统燃油车环境影响进行比较得出使用电动汽车的环境影响高度依赖于发电的碳含量,因为它们仅限于发电来源,所以建议继续对电网进行脱碳。Nanaki 和 Koroneos[35]通过研究得出电动汽车使用对环境的影响取决于电力来源，混合动力汽车和电动汽车比传统燃油车具有优势。Burchart-Korol 等[36]分析了波兰和捷克 2015～2050 年电动汽车的发展情况，温室气体排放量和化石燃料消耗量都较低于燃油车，然而，电动汽车引起的酸化、富营养化、人类致癌毒性和颗粒物形成均高于燃油车。Onn 等[37]发现依赖电网的电动汽车只有在其使用与低碳电网相结合的条件下才能获得好处。

Jochem 等[38]讨论了评估方法对电动汽车环境影响量化值的影响，并使用 Perseus-NET-TS 模型分析德国 2030 年相应的 CO_2 排放量呈现从零排放到 0.55 kg/（kW·h）（110 g/km）的分布，发现部分排放超过了燃油车辆的排放。Seo 等[39]通过 4 个模型验证了韩国电动汽车推广的减排潜力在 BAU 情景、温和情景、正常情景和激进情景下的不同变化。国内学者主要以中国某一城市或者某一特征区域，以及整个国家水平上的电力条件作为量化参数，极少数研究详细提到上游排放转移这一现象。李娟[30]以某具体品牌的电动汽车为研究对象，发现电动汽车的综合环境影响无论是在使用阶段还是在生产阶段均大于传统燃油车。

Wu 等[40]对我国京津冀区域、长江三角洲及珠江三角洲推广电动汽车的 CO_2 排放作出了评价，实验证明了在京津冀区域混合动力汽车比电动汽车和插电式混合动力汽车环保，而在长江三角洲，电动汽车相较于传统燃油车更加环保。Liang 等[41]研究了上述三个区域的电动汽车的 $PM_{2.5}$ 和 NO_x 排放，证明了电动汽车的使用对空气质量和人体健康的好处远远超过了气候调整，这一点在人口稠密的特大城市表现得更为显著。而 Zhuge 等[42]以北京市为模型，说明由于电动汽车的推广，2017 年以后 CO_2 排放量略有下降，NO_x 排放量有所增加。Yu 和 Li[43]的研究则是以北京市为出发点，发现北京市更多的 SO_2、NO_x 和 PM_{10} 空气污染物排放将从北京转移到邻近城市（内蒙古、张家口、山西、河北、廊坊、京津塘和秦皇岛）。在 Li 等[44]的研究中，在中国台湾以煤为基础的热电网中，当地推广电动汽车使得 SO_2 的排放量增加了 11%，NO_x 的排放量增加了 8%。Yu 等[45]以青岛市为例，作为一个典型的能源输入城市，45.4%的用电量依赖于从邻近电网进口电力，这说明这种电力生产所产生的排放是向外转移的。

从电动汽车本身的性能参数水平出发，Yang 等[46]调查了美国州一级电动汽车运行产生的温室气体排放，发现电动汽车行驶过程中会由于电池性能的退化造成实际百千米耗电量的提高，从而增加电动汽车的环境负荷。构建新型电力系统对推动我国能源结构转型，助力实现"双碳"目标意义重大。本章对新型电力系统规划方面的研究现状及重点研究方向进行了分析，以期为低碳发展目标下的电网规划决策研究提供参考[47]。相关研究基于中国温室气体排放情况和碳汇潜力，分析认为实现碳中和目标，要求到 2060 年建成 CO_2 近零排放的新型能源体系[48]。而我国的能源结构改革可以大致分为三个方向：能源系统电气化、电力系统低碳化和能源电力系统去中心化，能源开发利用方式将由集中式转向分布式，能源系统形态将发生深刻变革[49]。

而对于动力电池材料的回收，中国锂离子电池的保有量从 2016 年的 78.4 亿只快速增长到 2019 年的 150 亿只以上[50]。2020 年中国市场的废旧锂离子电池回收总经济效益超过 150 亿元[51]。而世界废旧锂离子电池数量更是会达到 250 亿只和 50 万 t[52]。预计到 2025 年，中国动力锂离子电池的报废量将超过 50 万 t[53]。国外学者 Abdelbaky 等[54]的模型证明了 2040 年欧盟的锂离子电池存量及报废量将随着电动汽车的发展大幅度上升，并强调了对于锂资源等实现闭环回收的重要性。

国内对于动力电池的 LCA 多存在于原材料获取使用方面，对于动力电池报废回收的 LCA 研究十分少，或者使用极为简单的模型进行简化计算[55, 56]。而对于废旧锂离子电池的成熟的资源化回收方法主要是采用物理或化学方法将电池中的有价金属回收，分为干法回收和湿法回收[57]。国内学者宋丹等[58]以 LFP 动力电池为例分析了相关产业的环境影响，并强调了回收这一环节的重要性。卢强[29]评价了 LFP 动力电池的全生命周期环境影响，提供了铝、钢和碳酸锂的回收率，并说明了铝的有效回收可以使得 LFP 电池生产阶段的环境影响下降 52%。

3.1.1　新能源汽车碳排放

大力发展新能源汽车，不断提升中国新能源汽车竞争力，不仅可以降低中国对进口石油的依赖、提高中国能源安全性，还可以明显减少温室气体排放，对我国实现碳达峰、碳中和具有重要意义[59]。按照国际能源机构（IEA）的预测，要达到《巴黎协定》的目标，电动汽车要增长接近 40 倍[60]。

纯电动汽车碳排放主要由三个部分组成：电池组和车身生产消耗原材料开采制备过程中的碳排放，使用过程中电力消耗带来的上游碳排放，报废回收工艺投入试剂、设备等带来的碳排放，其中行驶阶段，即使用阶段需要以电力作为动力来源，而发电技术是决定纯电动汽车是否环保的关键步骤，另外在纯电动汽车生产和报废回收阶段，由于工艺条件需要而输入的电能也对纯电动汽车全生命周期环境负荷有所贡献。因此在和传统燃油车比较时，两者不同之处主要有两点，一是动力系统的不同，新能源汽车依靠动力电池驱动，传统燃油车依靠汽油驱动，前者相较于后者涉及动力电池的生产；二是使用过程中的能源来源不同，电动汽车依靠电力驱动，产生因电力消耗产生的上游碳排放且排放多在上游发电端。

3.1.2　新能源汽车碳达峰研究的目标与技术路线

碳达峰和碳中和是政府和社会都颇为关注的大事，调整优化能源结构则是实现"双碳"目标的重头戏，而在交通领域推广使用新能源汽车，能为节约资源、减少碳排放、改善城市空气质量发挥持久作用[61]。据不完全统计，截至目前，已有包括大众汽车（中国）投资有限公司、梅赛德斯-奔驰集团股份有限公司、捷豹路虎（中国）投资有限公司、沃尔沃汽车公司、宝马（中国）汽车贸易有限公司、日产（中国）投资有限公司等 13 家跨国车企提出明确的减碳目标或碳中和时间表，计划到 2050 年企业运营和产品生命周期实现碳中和，在 2030 年初期实现核心市场新车型 100%电动化。

　　大众汽车致力于在 2050 年前通过全产品生命周期的碳减排，实现碳中和；奔驰计划到 2039 年停止销售传统内燃机乘用车；保时捷（中国）汽车销售有限公司争取在 2030 年实现全价值链碳中和。相较之下，在电动化赛道上扮演重要角色的中国车企减碳步伐慢了半拍。截至 2021 年 11 月，中国车企仅有长城汽车股份有限公司公开宣布减碳时间表，将在 2045 年全面实现碳中和，成为国内首个公开提出碳中和时间表的汽车企业[62]。此外，广汽、上汽、比亚迪等车企也陆续公布了减排时间表，国内车企正在陆续制定碳中和路线图，掌握相关技术、标准，助力我国新能源汽车产业实现弯道超车[63]。

　　本研究中对于新能源汽车碳达峰研究的技术路线是基于生命周期评价方法进行的，生命周期评价是一种评价产品、工艺或服务从原材料采集到产品生产、运输、使用及最终处置整个生命周期阶段（从摇篮到坟墓）的能源消耗及环境影响的方法[64, 65]。如图 3-1 所示，生命周期评价包括目的与范围定义、清单分析、影响评价和结果解释 4 个具体实施步骤。

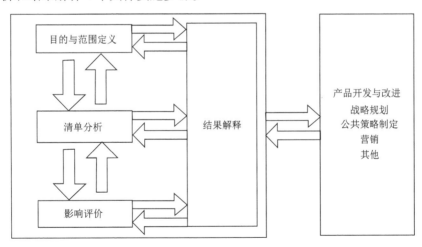

图 3-1　生命周期评价（LCA）框架图[66]

　　目的与范围定义是 LCA 的首要步骤，也是评价过程中最重要的一步，结合自己的研究目标确定合适的研究范围和系统边界对 LCA 的评价结果有着直接影响。如图 3-2 所示，本研究确定的研究范围和系统边界分别为电动汽车车载动力电池全生命周期评价和传统燃油车燃油的全生命周期评价。图 3-2（a）显示纯电动汽车车载动力电池包括动力电池的生产排放、使用过程中电力的生命周期评价，以及后期对动力电池回收工艺的排放。而图 3-2（b）则是显示了对于传统燃油车主要是对汽油能源全生命周期排放进行分析。

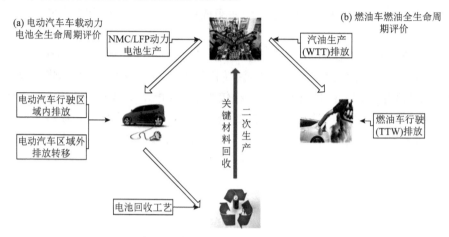

图 3-2　本研究研究范围与系统边界

LCA 结果解释是对上述步骤完成后的结果进行总结和归纳，并在此基础上，以 LCA 报告的形式反映研究对象的环境影响结果。通过 LCA 报告可以对产品生产过程中的高污染环节提出改善意见，或者对产品在某一领域的高污染作出预警。客观合理的 LCA 报告具有一定的局限性，局限性大小取决于 LCA 研究开始确定的研究对象和系统边界、清单来源、LCA 体系的选择等，是在一定框架下得到的 LCA 报告[67]。而本研究则是主要考虑纯电动汽车和传统内燃机燃油车的环境差值，对于车身生产、使用和报废回收的环境影响没有考虑，因此本研究的结果无法为单独量化一辆完整的纯电动汽车或者传统内燃机燃油车提供参考，仅考虑两类汽车产生环境影响的差别进行研究。

纯电动汽车道路"零排放"优势有利于降低交通部门传统燃油车带来的尾气排放，CO_2 排放量也一直是电动汽车相较于传统燃油车是否环保的主要评价尺度。除了关注 CO_2 排放这一指标，还将 $PM_{2.5}$、SO_2 和 NO_x 排放指标加入电动汽车 LCA 体系中。生产阶段纯电动汽车动力电池的 CO_2、$PM_{2.5}$、SO_2 和 NO_x 排放将会被考虑，使用阶段则是以华北区域——京津冀地区的电网结构为模型，确定了电动汽车行驶过程中上游的 CO_2、$PM_{2.5}$、SO_2 和 NO_x 排放如何转移，并与使用汽油的传统燃油车 CO_2、$PM_{2.5}$、SO_2 和 NO_x 排放评价结果比较。回收阶段考虑电动汽车动力电池因铜片、铝片、LFP 和 NMC 活性材料的回收对动力电池二次生产过程中的 CO_2、$PM_{2.5}$、SO_2 和 NO_x 的减排影响，旨在确定纯电动汽车相较于传统燃油车在 CO_2、$PM_{2.5}$、SO_2 和 NO_x 排放上体现出低排放优势的相关参数条件，为区域发展电动汽车提供数据支撑，利于客观认识电动汽车推广背景下的减排内涵，探索纯电动汽车实现环保的可行性。通过对纯电动汽车和传统燃油车的全生命周期评价，确定了电动汽车在不同阶段 CO_2、$PM_{2.5}$、SO_2 和 NO_x 排放的关键影响因素，并和传统燃油车 CO_2、$PM_{2.5}$、SO_2 和 NO_x 排放进行量化比较。

　　研究中首先确定了以市场上主流的 LFP 动力电池和 NMC 动力电池为研究对象，通过数据收集，整理出不同整备质量下电动汽车效率参数和相应整备质量下的燃油车耗油对应数据。为了方便结果的比较，本研究均使用同一 LCA 体系量化下的 CO_2、$PM_{2.5}$、SO_2 和 NO_x 排放。同时，LCA 体系本身具有的局限性在纯电动汽车环保可行性分析中将会充分体现，详细的新能源汽车碳达峰研究的技术路线如图 3-3 所示。

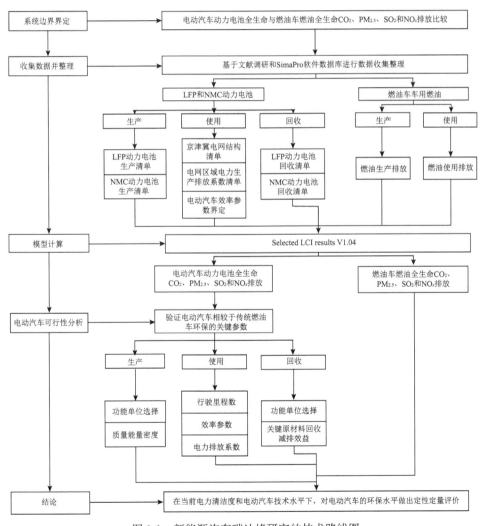

图 3-3　新能源汽车碳达峰研究的技术路线图

如图 3-3 所示，本研究旨在比较纯电动汽车和相应整备质量下的传统燃油车 CO_2、$PM_{2.5}$、SO_2 和 NO_x 排放水平，因此在收集数据与整理纯电动汽车可行性分析中只针对影响纯电动汽车排放水平的参数进行了收集、加工和整理。通过研究，纯电动汽车生产过程中的功能单位选择和质量能量密度、使用过程中的行驶里程数、效率参数和电力排放系数（电力清洁度）、回收阶段功能单位的选择和关键原材料回收的比例均对纯电动汽车全生命周期的环境影响有所贡献，但贡献值大小不一。

3.2　新能源汽车碳达峰研究方法

3.2.1　研究方案

纯电动汽车和传统燃油车的环境影响差别主要来自动力电池的全生命周期环境负荷和能源循环环境负荷。基于 LCA 方法，以市面上主流的 LFP 动力电池和 NMC 动力电池为研究对象，分别归纳总结生产阶段、使用阶段和回收阶段的电动汽车动力电池的 CO_2、$PM_{2.5}$、SO_2 和 NO_x 排放水平，其中使用阶段以京津冀区域推广电动汽车的现实情形为例。并将量化的 CO_2、$PM_{2.5}$、SO_2 和 NO_x 排放水平与使用汽油的传统燃油车的油井到车轮（well-to-wheel，WTW）排放水平作出比较。最后确定电动汽车相较于传统燃油车实现低 CO_2、$PM_{2.5}$、SO_2 和 NO_x 排放水平的关键参数。在工作环境的选择上，SimaPro 和 GaBi 被全世界许多 LCA 从业者用作决策支持工具[68]。本研究在专业的环境评价软件（SimaPro）中建模并进行影响评估。该软件允许研究人员收集、分析和监控从原材料提取到制造、分销、使用和处置过程中产品和服务的可持续性表现[69]。不同阶段的系统数据建模参考图 3-3。

生产阶段中，因为电动汽车和传统燃油车的主要环境负荷差异来自电动汽车中动力电池的生产，二者车身的原材料投入默认一样且环境影响一样，所以生产阶段仅仅对 LFP 和 NMC 动力电池生产过程中的 CO_2、$PM_{2.5}$、SO_2 和 NO_x 作了量化计算。另外，生产和回收阶段选择的功能单位（function unit，FU）分别为 1 kg 和 1 kW·h，选择两个功能单位是为了引入质量能量密度这一参数，探究 NMC 和 LFP 动力电池生产和回收阶段中质量能量密度大小对上述过程中的 CO_2、$PM_{2.5}$、SO_2 和 NO_x 排放的影响。

使用阶段中，以 WTT 法，即油井到油箱（well-to-tank，WTT）和油箱到车轮（tank-to-wheel，TTW）对汽油能源生命周期进行区分[16]，其中燃油车 TTW 阶段的排放主要在道路行驶阶段，而 WTT 阶段主要是指汽油生产阶段。电动汽车行驶过程中的电力消耗则依靠排放区域进行划分，即纯电动汽车行驶区域和上游区域。最后对电力和汽油能源循环过程中的 CO_2、$PM_{2.5}$、SO_2 和 NO_x 排放作了量化计算。电动汽车是否能够实现环保关键之一在于投入使用之后能否表现出相较于传统燃油车的低排放特性，并且在行驶里程数足够的前提下以此弥补生产过程中高环境污染。基于第一电动网、国家统计局和相关车企官网数据，本研究收集了中国市场上销售前十的车企共 42 类纯电动汽车车型的里程性能参数（kW·h/100 km）和相应的整备质量，并参考 GB 27999-2014 标准对相同整备质量燃油车的耗油量（L/100 km）的相关要求，将国内目前的电动汽车性能参数水平和相应燃油车耗油量水平之间的关系反映在图 3-4 中[10]。因为同一家车企的同一系列车型的性能参数十分接近，收集的数据远超过研究中提供的 42 类车型。

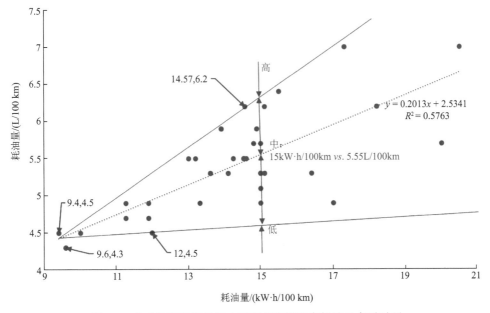

图 3-4　电动汽车性能参数水平和相应燃油车耗油量水平对照

如图 3-4 所示，本文以性能参数为 15 kW·h/100 km 的电动汽车和 5.55 L/100 km 的燃油车展开研究，探究电动汽车在 CO₂、PM₂.₅、SO₂ 和 NOₓ 排放指标上的相关表现。

回收过程中，因为目前国内的动力电池回收产业相对还不完善，所以本研究使用的数据基于大量的文献调研，结合生产过程中量化影响较大的特征材料，选择适合本研究的回收清单，即重点关注正极活性材料 LFP 和 NMC、铜资源和铝资源的回收。

动力电池主要由冷却系统、电池组、包装和蓄电池管理系统（battery management system，BMS）四部分组成[33]。本研究使用的 LFP 动力电池与 NMC 动力电池的生产清单分别如表 3-1 和表 3-2 所示。其中 LFP 动力电池清单来自 Majeau-Bettez 等的研究[23]，该研究提供了一个质量能量密度为 88 W·h/kg 的 LFP 电池包生产清单，因为原清单中缺失了冷却系统的相关清单数据，根据质量守恒定律和 1 kg 功能单位的要求，我们将 NMC 动力电池中冷却系统的生产过程补充到了 LFP 动力电池生产清单中。

表 3-1　LFP 动力电池清单（FU=1 kg）

组件	原材料	质量/kg	组件	原材料	质量/kg
正极活性物质	氢氧化锂	0.1001	隔膜	PP	0.0165
	磷酸	0.1414	电池壳	铝	0.2000
	硫酸亚铁	0.2175	冷却系统	散热器	0.0070
	去离子水	10.0050		歧管	0.0003
	炭黑	0.0125		夹具和紧固件	0.0002
	PTFE	0.0200		管件	7.68×10^{-6}
	NMP	0.0700		隔热垫	0.0002
	铝箔	0.0360		乙二醇	0.0004
负极活性物质	石墨烯	0.0760	模组和整体包装	PE	0.1700
	PTFE	0.0040	BMS	电路板	0.0020
	NMP	0.0224		铜片	0.0100
	铜片	0.0830		铬	0.0080
电解液	六氟磷酸锂	0.0144	水		380
	有机溶剂	0.1056	电		27 MJ
隔膜	PE	0.0165			

表 3-2 提供的 NMC 动力电池生产的质量清单来自 Cox 等[70]的研究，该研究提供的 NMC 动力电池质量能量密度为 150 W·h/kg，电池类型初步设计为 NMC（111）。

表 3-2　NMC 动力电池清单（FU=1 kg）

组件	原材料	质量/kg	组件	原材料	质量/kg
正极活性材料	聚氟乙烯	0.0108	负极活性材料	石墨烯	0.1152
	炭黑	0.0054		羧甲基纤维素	0.0024
	NMC	0.2538		丙烯酸	0.0024
	NMP	0.1107		NMP	0.1128
	铝箔	0.0330		铜片	0.1539

续表

组件	原材料	质量/kg	组件	原材料	质量/kg
电解液	六氟磷酸锂	0.0132	冷却系统	乙二醇	0.0014
	碳酸乙烯酯	0.0968	模组和整体包装	模块封装	0.1416
隔膜	PP	0.0150		电池支撑	0.0264
电池壳	铝	0.0010		电池托盘	0.0720
	铜	0.0018	BMS	印刷线路板	0.0027
	塑料	0.0019		IBIS	0.0144
冷却系统	散热器	0.0261		IBIS 紧固件	0.0001
	歧管	0.0011		高压系统	0.0090
	夹具和紧固件	0.0007		低压系统	0.0039
	管件	2.88×10^{-5}	水		266
	隔热垫	0.0006	电		20 kW·h

通过对两类动力电池的清单进行处理,得到功能单位为 1 kg 的质量清单,后续进行 1 kW·h 功能单位的相关数据计算时,基于 LFP 动力电池 88 W·h/kg 和 NMC 动力电池 150 W·h/kg 的质量能量密度进行折算,本研究不再提供功能单位为 1 kW·h 时的质量清单。

行驶过程中的电力结构建模更加有利于我们理解电动汽车是在何种电力条件下行驶的,也是判断电动汽车能否实现减排的关键因素。电动汽车行驶过程中的环境负荷与当地的电网结构和电力排放系数有关,以京津冀地区的电网结构分布为模型,并将电网范围扩大到整个华北区域,研究了电动汽车行驶过程中上游的 CO_2、$PM_{2.5}$、SO_2 和 NO_x 排放,此过程中的清单包括华北电力结构建模清单和华北电力生产 CO_2、$PM_{2.5}$、SO_2 和 NO_x 排放系数清单。基于国家统计局统计的电网数据,2010~2017 年整个华北区域的电力输入输出结果如表 3-3 所示。

表 3-3　华北区域电网结构

年份	华北电网			山西省			内蒙古		
	需求量/ ($\times 10^9$ kW·h)	供应量/ ($\times 10^9$ kW·h)	外部输入率	需求量/ ($\times 10^9$ kW·h)	供应量/ ($\times 10^9$ kW·h)	输出量/ ($\times 10^9$ kW·h)	需求量/ ($\times 10^9$ kW·h)	供应量/ ($\times 10^9$ kW·h)	输出量/ ($\times 10^9$ kW·h)
2010	7143.99	7089.46	0.76%	1460.00	2118.17	658.17	1536.83	2214.38	677.55
2011	8016.77	7994.85	0.27%	1650.41	2292.14	641.73	1864.70	2651.16	786.46
2012	8457.10	8317.23	1.65%	1765.80	2437.34	671.54	2016.80	2810.80	794.00
2013	8953.20	9478.73	−5.87%	1832.30	2603.69	771.39	2181.90	3472.23	1290.33

年份	华北电网			山西省			内蒙古		
	需求量/（$\times 10^9$ kW·h）	供应量/（$\times 10^9$ kW·h）	外部输入率	需求量/（$\times 10^9$ kW·h）	供应量/（$\times 10^9$ kW·h）	输出量/（$\times 10^9$ kW·h）	需求量/（$\times 10^9$ kW·h）	供应量/（$\times 10^9$ kW·h）	输出量/（$\times 10^9$ kW·h）
2014	9284.89	9663.45	−4.08%	1822.63	2626.09	803.46	2416.74	3604.88	1188.14
2015	9208.52	9560.00	−3.82%	1737.21	2421.22	684.01	2542.87	3649.39	1106.52
2016	9494.93	9877.60	−4.03%	1797.18	2491.60	694.42	2605.03	3740.70	1135.67
2017	10196.70	10636.80	−4.32%	1990.61	2743.20	752.59	2891.87	4155.70	1263.83

如表 3-3 所示，华北区域的供应量和需求量基本维持平衡，外部输入率在 −5.87%～1.65%。本研究在以 2018 年的实际电网数据为基础数据的基础上，假设华北区域整体的外部输入率为 0，这也是我们将电网结构建模的系统边界扩大到整个华北区域的原因。因为 2018 年华北区域电力生产盈余，所以在计算电力供应比例时以满足京津冀地区的电力需求侧为准。本研究以 2018 年的电网数据为基础开展，2018 年华北区域电网结构如表 3-4 所示。

表 3-4　2018 年华北区域电网结构

城市	电力消费量/（$\times 10^9$kW·h）	电力生产量/（$\times 10^9$kW·h）	电力分布/（$\times 10^9$kW·h）
北京	1142.38	450.35	−692.03
天津	861.44	711.47	−149.97
河北	3665.66	3133.18	−532.48
山西	2160.53	3180.52	1019.99
内蒙古	3353.44	5002.96	1649.52
总计	11183.45	12478.48	1295.03

基于表 3-4 和表 3-5 确定了北京市、天津市及河北省的电力使用消耗分布，因为精确数字的保留问题，可能存在分布比例和不为 1 的情况，实际计算过程中采用原精确数值进行计算，京津冀各个地区电力供求关系如表 3-5 所示。

表 3-5　京津冀地区电力使用分布

电力消耗地区	电力负荷分布区域	分布比例/%
北京	北京	39.42
	山西	23.15
	内蒙古	37.43
天津	天津	82.59

续表

电力消耗地区	电力负荷分布区域	分布比例/%
天津	山西	6.65
	内蒙古	10.76
河北	河北	85.47
	山西	5.55
	内蒙古	8.96

影响电动汽车使用过程环境影响的另一因素则是当地的电力生产排放系数的水平，排放系数客观反映了当地电力生产的清洁度，对量化电动汽车行驶过程中的上游污染排放有着重要作用。在 SimP₁₀ 软件中的 Selected LCI results V1.04 体系下的相关排放系数如表 3-6 所示。

表 3-6　电力生产排放系数水平

地区	单位	CO_2	$PM_{2.5}$	SO_2	NO_x
北京	g/（kW·h）	801	0.123	4.58	2.79
天津	g/（kW·h）	980	0.15	5.60	3.42
河北	g/（kW·h）	1070	0.164	6.14	3.75
山西	g/（kW·h）	1110	0.17	6.35	3.87
内蒙古	g/（kW·h）	1450	0.222	8.28	5.05
WTT-汽油	g/kg	603	0.262	4.66	2.24
TTW-汽油[71]	g/L	2975.42	0.3234	0.0058	1.0349

由于 LFP 动力电池中不含镍、钴、锰等贵金属，所以在回收利用技术上与 NMC 动力电池有所不同。LFP 动力电池火法回收主要是回收锂、磷和铁等物质，回收的附加价值低[72]。另外，LFP 动力电池回收多用物理回收法，在 Wu 等[73]的研究中，可以在不改变电极材料化学结构和性能的前提下，且在非高（节能）温度条件下，LFP 的解离率稳定在 80%~85%，但是该回收工艺重点在于回收活性材料 LFP。然而动力电池的组成是十分复杂的，回收工艺聚焦于某一两种物质的回收很有可能提高其他材料的回收难度。而本研究使用回收工艺来自清华大学王琢璞的研究[74]，该 LFP 回收技术包含传统湿法技术和全组分"物理法"回收技术，且重点可以回收活性材料 LFP、铜片和铝片。值得注意的是，对于铝的回收率主要应用在集流体铝片回收中，铝壳体是完全回收的，这个要求在目前电池回收相关工艺技术可以达到[75]，详细的回收清单如表 3-7 所示。

表 3-7　LFP 动力电池回收清单

类别	物质名称	单位	数量
	废旧 LFP 动力电池	kg	1.000
	液氮	kg	3.619
原材料	DMC 溶剂	kg	0.184
	碳酸锂	kg	0.015
	氮气	kg	0.104
	葡萄糖	kg	0.047
能源	电能	kW·h	3.476
	铝箔	kg	0.250
回收物质	铜箔	kg	0.080
	LFP 正极材料	kg	0.221

对于 NMC 动力电池，因为其 NMC 活性材料中含有大量贵金属材料，特别是对土壤污染极大的钴材料，对于 NMC 活性材料的回收是十分必要的。本研究中，NMC 动力电池回收清单来自谢英豪等提供的废旧动力电池定向循环工艺流程[76]，该法结合了传统湿法和火法的优势并改进了各自的不足，如传统湿法无法有效回收铝资源，且需要消耗更多的碱，具体的回收清单如表 3-8 所示。

表 3-8　NMC 动力电池回收清单

类别	名称	单位	数量	类别	名称	单位	数量
	废旧 NMC 动力电池	kg	1.000		H_2O_2	kg	0.366
	H_2SO_4	kg	1.099	原材料	工业用水	t	0.014
	HCl	kg	0.040		碳酸锂	kg	0.121
	NaOH	kg	1.871	能源	电能	kW·h	2.329
原材料	Na_2CO_3	kg	0.021		天然气	m³	0.280
	氨水	kg	0.112		铜箔	kg	0.100
	P507	kg	0.002	回收物质	铝箔	kg	0.060
	煤油	kg	0.005		NMC 正极材料	kg	0.300

综上所述，本研究倾向于选择可以同时对铝片、铜片和活性材料进行回收的回收工艺。对于其他成分的回收并未深入研究，一是因为其他材料的回收的环境效益不及活性材料、铝片和铜片回收直观；二是因为电解液回收企业技术

要求较高,目前国内回收电解液的企业较少,隔膜属于高分子材料,使用一段时间后会有老化的问题,回收价值不大。负极长时间使用,结构会产生变化,回收后不能直接利用,而且石墨价格并不高,回收的经济价值不大[77]。因此本研究一是基于动力电池生产排放确定动力电池中铜片、铝片和活性材料回收,二是避免活性材料完全以单质或者化合物回收,增加回收工艺过程中的能源和试剂的投入。

3.2.2　研究对象

本研究以市面上电动汽车搭载的主流的 LFP 动力电池和 NMC 动力电池,以及传统燃油车行驶过程中使用的汽油为研究对象。将全生命周期分为生产、使用和回收三个阶段,对不同阶段的 CO_2、$PM_{2.5}$、SO_2 和 NO_x 排放进行量化计算并比较。

3.3　生产阶段 CO_2、$PM_{2.5}$、SO_2 和 NO_x 排放

欧盟作为世界第一大电动汽车市场,已在 2020 年提出的《新电池法草案》中对电池价值链引入碳排放量、原材料供应、可再利用原材料使用比率等作出了具体环保规定,计划建立新的电池监管框架[78]。在纯电动汽车高速发展的同时也带动了动力电池生产相关产业的发展,尽管纯电动汽车在道路排放端表现完美,但是动力电池生产带来的资源消耗和能源输入应该受到足够的重视。

3.3.1　LFP 和 NMC 动力电池包生产排放

量化 LFP 和 NMC 电池生产的环境影响会以功能单位的选择不同而有所差别。在电池设计过程中,需要以质量尽可能小的电池包获得更大的质量能量密度。图 3-5 显示了 LFP 和 NMC 动力电池分别在 1 kg 和 1 kW·h 功能单位下的 CO_2、$PM_{2.5}$、SO_2 和 NO_x 总体排放水平。

如图 3-5 所示,分别生产 1 kg 的 LFP 和 NMC 电池动力电池包,LFP 动力电池的 CO_2、$PM_{2.5}$、SO_2 和 NO_x 的排放量分别为 15.683 kg、0.018 kg、0.084 kg 和 0.046 kg,均低于 NMC 动力电池的 21.368 kg CO_2、0.032 kg $PM_{2.5}$、0.295 kg SO_2 和 0.080 kg NO_x 的排放水平。NMC 动力电池的 CO_2、$PM_{2.5}$、SO_2 和 NO_x 的排放量分别超过 LFP 动力电池的 36.25%、77.78%、251.19% 和 73.91%。这说明在同为 1 kg 的材料投入时,NMC 动力电池生产所需的物质和能源输入环境影响更大。这可能是由于 NMC 动力电池需要的原材料具有更大的排放因子造成的,如镍基、锰基和钴基材料的使用。然而生产 1 kW·h 的 LFP 动力电池和 NMC 动力电池

时，NMC 的 CO_2 排放值（142.450 kg）反而明显低于 LFP 电池（178.216 kg）。LFP
电池和 NMC 电池在 $PM_{2.5}$ 和 NO_x 的排放水平相对接近。LFP 电池的 SO_2 和 NO_x
排放值依然低于 NMC 电池。当功能单位从 1 kg 转向 1 kW·h 时，LFP 电池 CO_2、
$PM_{2.5}$、SO_2 和 NO_x 的排放水平相对于 NMC 电池，呈现明显上升趋势并逼近 NMC
电池的排放水平。因此质量能量密度也可以与环境优势联系起来，即在既定的物
质能源消耗下，产出较高质量能量密度的电池组，或者说提供相同的储能水平时，
NMC 动力电池需要的物质能源投入相对较小。

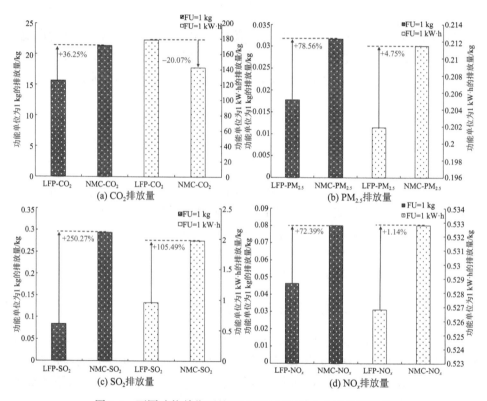

图 3-5　不同功能单位下的 NMC 和 LFP 动力电池生产排放

而各生产过程排放占比如图 3-6 所示，电能的输入对 LFP 动力电池生产 CO_2、
$PM_{2.5}$、SO_2 和 NO_x 的排放占比分别达到 30.86%、36.95%、16.40% 和 25.08%。对
NMC 动力电池生产 CO_2、$PM_{2.5}$、SO_2 和 NO_x 的排放占比分别达到 59.19%、54.09%、
12.24% 和 38.03%。除在 SO_2 排放上贡献较低以外，电能的输入在 CO_2、$PM_{2.5}$ 和
NO_x 的排放上贡献是最大的，电力的清洁度不仅影响着电动汽车行驶过程中的上
游排放，同样对动力电池生产过程中的排放有着较大的影响，使用更加清洁的电
力可以极大降低动力电池生产过程中的环境负荷。

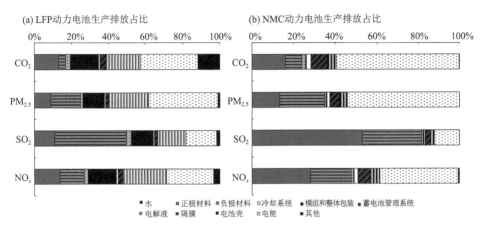

图 3-6　LFP 和 NMC 动力电池包生产过程的排放占比水平

LFP 动力电池包中电池组的生产 CO_2、$PM_{2.5}$、SO_2 和 NO_x 的排放占比总计分别为 65.53%、74.71%、80.69% 和 69.42%，而 NMC 动力电池包中电池组的生产对 CO_2、$PM_{2.5}$、SO_2 和 NO_x 的排放占比达到 85.32%、90.17%、94.73% 和 87.22%。电池组的生产依然是动力电池环境污染的主要贡献来源。另外，可以确定的是对于不同排放物，同一组件生产的排放占比是不同的，即相同组件对于不同的排放物具有偏好性，这与生产该组件需要的原材料的种类和获取工艺具有明显的相关性。

3.3.2　LFP 和 NMC 电池组生产排放分析

以 CO_2 排放为例，CO_2 排放作为电动汽车能否取代传统燃油车的关键衡量指标，几乎所有的研究都会将 CO_2 的排放量纳入电动汽车 LCA 的指标体系中，本研究中 LFP 动力电池和 NMC 动力电池生产的 CO_2 排放水平如图 3-7 所示。

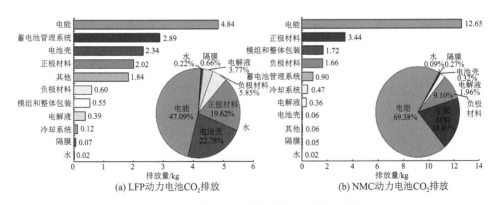

图 3-7　电池组生产过程中的 CO_2 排放贡献

由图 3-7 可知，两类动力电池生产的最大 CO_2 排放量均来自电池组生产过程中的电能输入，其中 1 kg LFP 动力电池生产的 CO_2 仅是电能部分，即排放为 4.84 kg，而相对应的 1 kg NMC 动力电池生产的 CO_2 排放为 12.65 kg，远高于其他组件生产的排放。降低电池生产环节中的电能消耗或者提高电力清洁度可以有效从工艺角度降低电动汽车动力电池生产过程中的 CO_2 排放量。对于 LFP 动力电池，图 3-7（a）显示蓄电池管理系统（2.89 kg CO_2）、电池壳（2.34 kg CO_2）和正极材料（2.02 kg CO_2）的生产均对其生产过程中的 CO_2 排放有着明显贡献。对于 NMC 电池而言，则是正极材料（3.44 kg CO_2）、模组和整体包装（1.72 kg CO_2）和负极（1.66 kg CO_2）的贡献明显。结合清单分析可以知道，对于电池壳而言，LFP 电池使用的全铝材料或许是造成该组件 CO_2 排放水平高于其他电池组组件的关键原因。这与相关研究要求减少 LFP 动力电池中原生铝的使用的目的一致[28, 79]。对于两类动力电池组的生产，正极材料的生产均有着较高的 CO_2 排放贡献，LFP 动力电池中正极材料生产贡献了 19.62% 的排放，NMC 动力电池中正极材料贡献了 18.89% 的排放。除去工艺上电能输入及 LFP 动力电池全铝电池壳的生产带来的 CO_2 排放，正极材料的贡献值是最高的。更加详细的材料生产过程的 CO_2 排放量如图 3-8 所示，图中仅提供了贡献排放前五的组件各个材料的排放量，其中电能贡献值较大且不属于动力电池材料成分并不包含在图中。

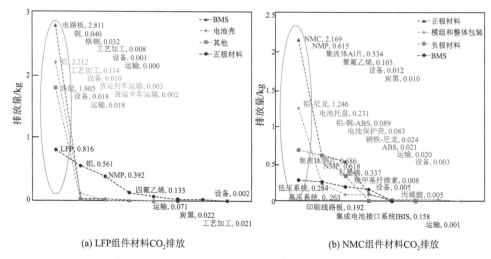

(a) LFP组件材料CO_2排放　　　　　　　　(b) NMC组件材料CO_2排放

图 3-8　动力电池生产 CO_2 排放贡献前五的组件各组分贡献

如图 3-8 所示，LFP 动力电池中 BMS 电路板的生产、电池壳中铝材料的生产、热能的输入，以及正极材料 LFP 的生产分别为上述 4 类组件中贡献最大的组分，分别达到了 2.811 kg、2.212 kg、1.805 kg 和 0.816 kg 的水平。而 NMC 动力电池中活性材料 NMC、铝-尼龙材料、集流体铜片和低压系统的生产是 CO_2 排放的最大贡献来源，分别达到了 2.169 kg、1.246 kg、0.686 kg 和 0.284 kg 的水平。其中 NMC 活性材料的生产不仅是正极材料中 CO_2 排放贡献最高的，也是所有组件中 CO_2 排放的最大贡献来源，而 LFP 活性材料的生产的 CO_2 贡献值相对较低，仅为 0.816 kg 的水平。因此，相较于 LFP 活性材料而言，NMC 动力电池中正极活性物质是否能有效回收更加重要。在 CO_2 贡献前五的组件中，NMC 动力电池的各个组件除了 BMS 和电池壳的生产的 CO_2 排放量低于 LFP 动力电池，其他组件生产的 CO_2 排放量均高于 LFP 动力电池，其中以正极材料的生产最为明显。仅从电池组生产材料的排放贡献来看，铝片、铜片和正极活性材料的贡献相对明显。

再者是 $PM_{2.5}$ 排放问题，$PM_{2.5}$ 作为人口密集型城市交通部门传统燃油车尾气排放污染的主要污染物种类之一，其浓度是评价当地空气质量的重要指标，尤其以京津冀地区最为明显，近几年来北京市的雾霾一直为人诟病，纯电动汽车的推广将有利于降低当地交通部门 $PM_{2.5}$ 的排放，并且改善当地的空气质量。而在电动汽车生命周期评价研究领域，电动汽车动力电池过程中的 $PM_{2.5}$ 排放很少被人们关注。图 3-9 显示了 LFP 动力电池和 NMC 动力电池各组件生产过程中 $PM_{2.5}$ 的排放水平。

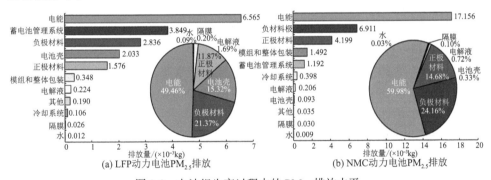

图 3-9　电池组生产过程中的 $PM_{2.5}$ 排放水平

如图 3-9 所示，在 $PM_{2.5}$ 排放方面，用于电池生产的电能投入依然是 $PM_{2.5}$ 排放的最大来源，LFP 电池组中贡献达到了 49.46% 的水平，而在 NMC 电池组中达到了 59.98% 的水平。在 LFP 电池组中，负极材料、电池壳和正极材料分别对 $PM_{2.5}$ 排放贡献了 21.37%、15.32% 和 11.87%。在 NMC 电池组中，负极材料生产贡献了 24.16% 的 $PM_{2.5}$ 排放，正极材料生产贡献了 14.68% 的 $PM_{2.5}$ 排放。因此，对于 $PM_{2.5}$ 排放，除了电能消耗方面带来的 $PM_{2.5}$ 排放，正负极材料的生产是电池组中 $PM_{2.5}$ 排放的主要来源。值得注意的是，两类动力电池正极材料的排放量低于负极材料，这与 CO_2 排放贡献结果并不相同，说明 LFP 动力电池和 NMC 动力电池负极材料的生产对于 $PM_{2.5}$ 排放更加有偏好性。除了电能输入产生的排放，各类详细材料的 $PM_{2.5}$ 排放量如图 3-10 所示。

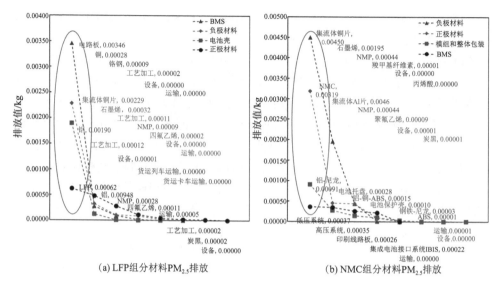

(a) LFP组分材料PM$_{2.5}$排放　　　(b) NMC组分材料PM$_{2.5}$排放

图 3-10　动力电池生产 PM$_{2.5}$ 排放贡献前五的组件各组分贡献

如图 3-10 所示，对于 PM$_{2.5}$ 排放而言，NMC 动力电池各部分贡献大小顺序与 CO$_2$ 排放贡献排序有所不同。贡献由大到小依次是负极材料、正极材料、模组和电池包装材料和 BMS 的生产，其中集流体铜片、NMC 活性材料、铝-尼龙材料和低压系统的生产依然是相应组件的最大贡献来源，分别达到了 0.00450 kg、0.00319 kg、0.00091 kg 和 0.00037 kg 的水平。在 CO$_2$ 排放中，集流体铜片的生产是低于 NMC 活性材料和铝-尼龙材料的生产的，但是在 PM$_{2.5}$ 的排放中，其生产所致的 PM$_{2.5}$ 排放最高，充分体现了同一材料对不同排放物的排放偏好性是不同的，也是造成这两类电池组中，负极材料在 PM$_{2.5}$ 排放贡献水平高于正极材料的原因。对于 LFP 动力电池而言，BMS、负极材料、电池壳和正极材料是 PM$_{2.5}$ 排放的最大贡献来源，其中电路板、集流体铜片、铝和 LFP 活性物质的生产贡献分别最大，达到了 0.00346 kg、0.00229 kg、0.00190 kg 和 0.00062 kg 的水平。由此可见，负极材料由于铜材料的使用使得其 PM$_{2.5}$ 排放水平超过了正极材料，电池用集流体铜片的获取和使用对 PM$_{2.5}$ 排放具有偏好性。

最后是硫化物和氮化物，两类污染排放物均是对人体健康和生态环境有较大危害的排放物，但在生命周期评价的研究领域很少单独作为指标进行讨论，多以水体富营养化、人类健康等指标显示。实际上，目前我国的汽油已经不断在低硫化，电动汽车动力电池的全生命周期的 SO$_2$ 和 NO$_x$ 是否一定低于传统燃油车是存疑的。图 3-11 显示了 LFP 动力电池和 NMC 动力电池生产过程中的 SO$_2$ 排放量计算结果。

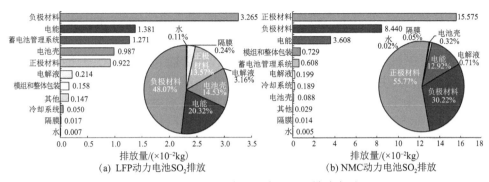

图 3-11　电池组生产过程中的 SO_2 排放水平

与 CO_2 排放的主要来源是电能输入不同，LFP 电池组中负极材料生产的 SO_2 排放量最高，达到了 0.03265 kg，占到电池组整体排放的 48.07%，而正极材料仅仅达到了 13.57% 的水平。与 $PM_{2.5}$ 排放的主要来源不同，LFP 负极材料生产的 SO_2 排放贡献不仅超过正极材料，更是高于电力消耗带来的 SO_2 排放。而 NMC 动力电池则是正极材料生产的 SO_2 排放量最高，达到 0.15575 kg，占电池组生产 SO_2 排放的 55.77%，其次是负极材料，SO_2 排放量为 0.08440kg，占比达到了 30.22%。相较于电能在 CO_2 和 $PM_{2.5}$ 排放中的较大贡献，SO_2 的排放多与电极材料有关。具体不同材料的贡献值如图 3-12 所示。

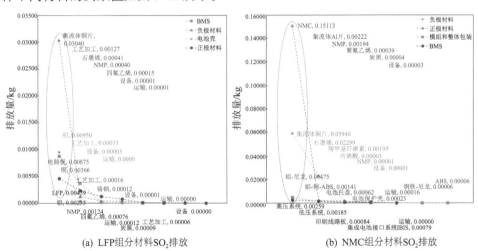

图 3-12　动力电池生产 SO_2 排放贡献前五的组件各组分贡献

如图 3-12 所示，SO_2 的排放在两类电池生产中呈现出完全不同于 CO_2 和 $PM_{2.5}$ 排放的特征，即电能输入不再是 SO_2 排放的贡献主要来源。对于 LFP 动力电池而言，负极材料生产成为 SO_2 排放的最大贡献来源，其中集流体铜片的生产排放远高于同组件中其他材料生产带来的排放，达到了 0.03040 kg 的水平，远高于 BMS、正极材料和电池壳组件生产的排放。对于 NMC 动力电池而言，同样是因为铜材料的使用，负极材料的生产中 SO_2 排放贡献排在第二位，SO_2 排放了 0.05940 kg，而正极材料中 NMC 活性物质的生产排放了 0.15113 kg 的 SO_2。SO_2 的排放主要来自正负极材料的生产，尤其是 NMC 活性材料。这或许是由于我国的铜冶炼原材料以铜精矿为主，且铜是一种典型的亲硫元素，在自然界中主要形成硫化物，如黄铜矿、斑铜矿等[80]。另外，国内主流的冶炼方法以火法为主，在对硫化铜矿进行冶炼时 SO_2 排放相对较高。

图 3-13 则是显示了 LFP 动力电池和 NMC 动力电池生产过程中的 NO_x 排放量计算结果。

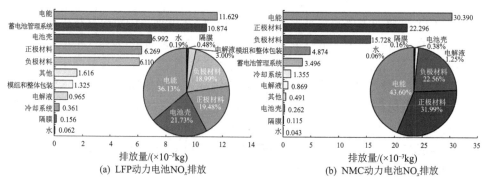

图 3-13　电池组生产过程中的 NO_x 排放水平

如图 3-13 所示，LFP 和 NMC 动力电池的生产过程中的 NO_x 排放依然主要来自电能的使用，前者占比达到 36.13%，后者占比达到 43.60%。对于 LFP 动力电池而言，蓄电池管理系统和电池壳生产的 NO_x 依然比较高。但在电池组成成分中，电池壳和正负极材料的生产是 NO_x 排放的主要来源，电池壳生产占比达到了 21.73%，正极材料生产占比达到了 19.48%，而负极材料生产占比达到了 18.99%。对于 NMC 电池组而言，正负极材料的生产会造成较高的 NO_x 排放，前者贡献达 31.99%，后者则达到了 22.56% 的水平，非电池组中模块和整体包装材料的生产和蓄电池管理系统具有较高的 NO_x 排放贡献，总体而言 NO_x 的排放规律和 CO_2 排放相似。具体的材料生产 NO_x 排放量如图 3-14 所示。

如图 3-14 所示，LFP 动力电池各个组件的 NO_x 的排放贡献由大到小依次为 BMS、电池壳、负极材料和正极材料，其中电路板、铝、集流体铜片和 LFP 活性物质依然是各个组分中 NO_x 排放贡献最大来源。而 NMC 动力电池生产的 NO_x 排放贡献由大到小排序依次是负极材料、正极材料、模组和整体包装及 BMS 的生产，其中集流体铜片、NMC 活性物质、铝-尼龙材料和低压系统分别为主要的 NO_x 排放贡献来源。若仅考虑电池组成成分，铜片的生产有着较大的 NO_x 排放水平，在 $PM_{2.5}$ 和 SO_2 排放中铜片的生产也有着较高的贡献。

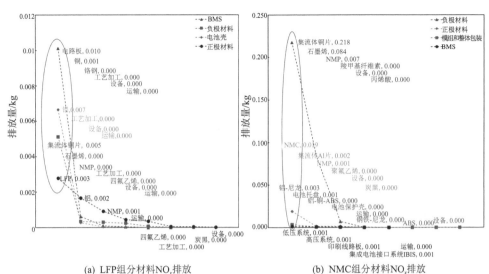

(a) LFP组分材料NO_x排放　　　　　　(b) NMC组分材料NO_x排放

图 3-14　动力电池生产 NO_x 排放贡献前五的组件各组分贡献

3.3.3　动力电池包质量能量密度的影响

不同功能单位下量化比较 NMC 和 LFP 的 CO_2、$PM_{2.5}$、SO_2 和 NO_x 排放会有所差异，功能单位由 1 kg 变化为 1 kW·h 时，不同排放物相对变化的趋势并不一致。LFP 电池从 1 kg 到 1 kW·h 时排放值同比扩大 11.36，而 NMC 电池从 1 kg 到 1 kW·h 的排放值同比扩大 6.67。考虑质量能量密度时，NMC 更加具有环境性价比。表 3-9 则进一步显示了 NMC 和 LFP 电池两者之间的相对排放关系，这与实验选择的质量能量密度值有较大关系。

表 3-9　不同功能单位下 NMC 和 LFP 生产排放比（NMC/LFP）

组件	功能单位	CO_2	$PM_{2.5}$	SO_2	NO_x
电池组	kg	1.54	2.13	4.05	2.10
	kW·h	0.91	1.25	2.38	1.23
冷却系统	kg	3.75	3.75	3.75	3.75
	kW·h	2.20	2.20	2.20	2.20
模组和整体包装	kg	3.13	4.29	4.63	3.68
	kW·h	1.84	2.52	2.72	2.16
蓄电池管理系统	kg	0.31	0.31	0.48	0.32
	kW·h	0.18	0.18	0.28	0.19
组装加工	kg	0.10	0.38	0.49	0.52
	kW·h	0.06	0.22	0.29	0.30
总值	kg	1.36	1.79	3.50	1.72
	kW·h	0.80	1.05	2.05	1.01

如表 3-9 所示,对于所有组分,当以 1 kW·h 为功能单位时,LFP 电池与 NMC 电池的 CO_2、$PM_{2.5}$、SO_2 和 NO_x 排放差距均有所缩小且缩小幅度不同,NMC 电池的边际排放低于 LFP 电池。对于电池组的生产,NMC 电池组的 CO_2 排放量低于 LFP 电池(0.91),而 $PM_{2.5}$(1.25)、SO_2(2.38)和 NO_x(1.23)排放量依然高于 LFP 电池组。冷却系统和模组和整体包装的生产过程中,NMC 电池的 CO_2、$PM_{2.5}$、SO_2 和 NO_x 排放量均高于 LFP 电池。蓄电池管理系统的生产过程及后续组装加工过程中,NMC 电池的 CO_2、$PM_{2.5}$、SO_2 和 NO_x 排放量均低于 LFP 电池。整个 NMC 电池包生产过程中的 CO_2 的排放量与 LFP 电池生产的比值为 0.80(小于 1),说明在提供相同储能水平时,NMC 电池生产的 CO_2 排放较低。但是 $PM_{2.5}$、SO_2 和 NO_x 排放量与 LFP 电池相比分别为 1.05、2.05 和 1.01,均大于 1,NMC 电池生产的 $PM_{2.5}$、SO_2 和 NO_x 排放相较于 LFP 电池生产并不具有优势,其中对于 $PM_{2.5}$ 和 NO_x 排放,NMC 电池和 LFP 电池的排放比值十分接近,继续提高 NMC 电池包的质量能量密度将有利于其低排优势的体现。

详细的排放偏好性如表 3-10 所示,动力电池加工过程中电能输入始终是 CO_2、$PM_{2.5}$ 和 NO_x 排放的最大贡献来源。而在 SO_2 排放中,负极材料生产有着比电能输入还高的 SO_2 排放,主要贡献来自集流体铜片的生产。

表 3-10　两类动力电池生产关键材料贡献(贡献前五)

排放物	LFP 动力电池		NMC 动力电池	
	组件	主要贡献成分	组件	主要贡献成分
CO_2	电能	—	电能	—
	BMS	电路板	正极材料	NMC
	电池壳	铝	模组和整体包装	铝-尼龙
	正极材料	LFP	负极材料	集流体铜片
	其他	热能	BMS	低压系统
$PM_{2.5}$	电能	—	电能	—
	BMS	电路板	负极材料	集流体铜片
	负极材料	集流体铜片	正极材料	NMC
	电池壳	铝	模组和整体包装	铝-尼龙
	正极材料	LFP	BMS	低压系统
SO_2	负极材料	集流体铜片	正极材料	NMC
	电能	—	负极材料	集流体铜片
	BMS	电路板	电能	

续表

排放物	LFP 动力电池		NMC 动力电池	
	组件	主要贡献成分	组件	主要贡献成分
SO$_2$	电池壳	铝	模组和整体包装	铝-尼龙
	正极材料	LFP	BMS	高压系统
NO$_x$	电能	—	电能	—
	BMS	电路板	正极材料	NMC
	电池壳	铝	负极材料	集流体铜片
	正极材料	LFP	模组和整体包装	铝-尼龙
	负极材料	集流体铜片	BMS	低压系统

其他组件则对 CO$_2$、PM$_{2.5}$、SO$_2$ 和 NO$_x$ 排放的偏好性不同。LFP 动力电池的 BMS、电池壳和正极材料的生产对 4 类排放物有着明显的贡献，负极材料生产除了在 CO$_2$ 排放贡献未达到前五的水平，对 PM$_{2.5}$、SO$_2$ 和 NO$_x$ 排放贡献均排在前五的水平。而在 NMC 动力电池中，正负极材料、模组和整体包装及 BMS 对 CO$_2$、PM$_{2.5}$、SO$_2$ 和 NO$_x$ 排放均有所贡献，贡献大小因排放物种类不同而变动。基于此，我们可以对动力电池本身的产业回收的相关材料提出一定要求，在动力电池生产过程中，要更加注重正极活性材料 LFP 和 NMC、负极材料中的集流体铜片、电池包装中铝材料及正极集流体铝片的高效回收和二次利用[81]。

3.4 使用阶段 CO$_2$、PM$_{2.5}$、SO$_2$ 和 NO$_x$ 排放

3.4.1 区域交通部门排放

电动汽车行驶过程中的上游排放在时间和空间上具有差异性，即在考虑电动汽车的减排效果时，应该与当地的电力结构联系起来。一方面应该强调电动汽车推广对当地空气质量的影响，即电动汽车和燃油车行驶过程中的排放，特别是人口密集型的城市，空气质量将直接影响大部分人的健康水平和生活体验。另一方面，应该全面考虑并追踪到电动汽车上游排放，这对针对性降低电动汽车行驶过程中的 CO$_2$、PM$_{2.5}$、SO$_2$ 和 NO$_x$ 排放有着重要作用，也有利于客观全面认识电动汽车的减排效益。

1. 北京市电动汽车行驶当地排放

电动汽车的推广最初是为了解决城市交通部门燃油尾气排放，尽管电动汽

车在行驶过程中有着道路"零排放"的优势，但是由于电力结构的原因，上游电力带来的排放仍然有一部分留在本地区域。考虑这部分排放将有利于我们全面认识区域内电动汽车的减排潜力，而北京市作为典型的人口密集型和电力受入型城市，改善其市内空气质量意义重大。其电动汽车百千米行驶过程中北京市区域内的 CO_2、$PM_{2.5}$、SO_2 和 NO_x 排放与燃油车使用汽油相应的道路尾气排放比较如图 3-15 所示。

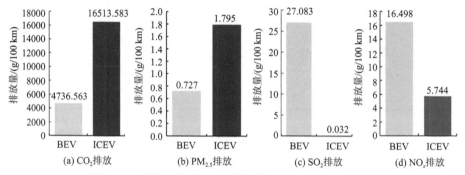

图 3-15　北京市电动汽车和燃油车行驶区域内排放比较

对于北京市而言，纯电动汽车的推广能有效缓解北京市交通部门传统燃油车燃烧汽油带来的 CO_2 和 $PM_{2.5}$ 尾气排放。纯电动汽车在北京市行驶排放的 CO_2 和 $PM_{2.5}$ 仅为 4736.563 g/100 km 和 0.727 g/100 km，而传统燃油车行驶过程中的 CO_2 和 $PM_{2.5}$ 排放则达到了 16513.583 g/100 km 和 1.795 g/100 km。纯电动汽车推广除了实现北京市区域 CO_2 减排，对于北京市目前较为关注的 $PM_{2.5}$ 减排问题，同样具有正面效益。但是对于 SO_2 和 NO_x 排放物而言，电动汽车行驶带来的当地排放远大于相应的燃油车尾气排放。特别是 SO_2 的排放，传统燃油车（0.032 g/100 km）相较于电动汽车（27.083 g/100 km）几乎是零排放，在汽油品质不断提高，如低硫化汽油不断推广的前提下，北京市电力生产工艺过程中 SO_2 排放系数相对较高，使得电动汽车行驶过程中的 SO_2 排放高于传统燃油车。对于 NO_x 排放，电动汽车行驶过程中的上游排放（16.498 g/100 km）依然高于传统燃油车的排放（5.744 g/100 km）。NO_x 作为高温反应的产物，其排放高于汽油在气缸内高温燃烧。因此，电动汽车要在 SO_2 和 NO_x 排放上体现出减排优势，对于绿色电力生产工艺有着极高的要求。换句话说，寻求绿色电力能源十分重要，如太阳能、风能和水力发电工艺都是满足电动汽车绿色行驶要求的，只是目前京津冀地区的电力结构依然以燃煤发电为主，而绿色电力结构占比不足。我国风能主要分布在三北地区（东北、华北、西北）和沿海及其岛屿地区[82]。而根据计算从装机规模来看，2060 年光伏发电、风电分别成为我国第一、第二大电源，从发电量来看，风电、光伏发电分别成为第一、第二大电源[62]。太阳能是可再生能源，光伏发电是零碳电力，光伏产业发展是解决碳达峰和碳中和的有效途径之一[83]。

2. 天津市电动汽车行驶当地排放

天津市纯电动汽车行驶过程中的 CO_2、$PM_{2.5}$、SO_2 和 NO_x 排放与传统燃油车使用汽油的相应尾气排放比较如图 3-16 所示。

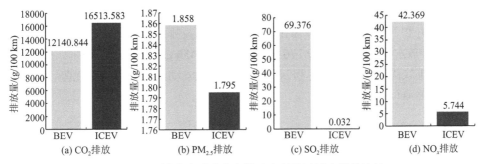

图 3-16　天津市电动汽车和燃油车行驶区域内排放比较

如图 3-16 所示，天津市推广电动汽车依然有利于当地的 CO_2 减排，其 CO_2 排放为 12140.844 g/100 km，减排比例有所缩小。此外，天津市推广电动汽车无法实现 $PM_{2.5}$、SO_2 和 NO_x 排放的减排。这主要是与当地的电力结构有关，当自供电的比例上升，电动汽车行驶的上游排放将更多地留在本地。

3. 河北省电动汽车行驶当地排放

河北省电动汽车行驶过程中的 CO_2、$PM_{2.5}$、SO_2 和 NO_x 排放与燃油车使用汽油的相应尾气排放比较如图 3-17 所示。

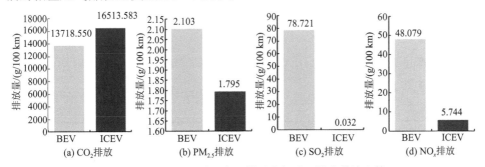

图 3-17　河北省电动汽车和燃油车行驶区域内排放比较

如图 3-17 所示，河北省推广电动汽车依然有利于当地的 CO_2 减排，其 CO_2 排放为 13718.550 g/100 km，相较于北京市和天津市的减排效果，河北省推广电动汽车 CO_2 减排比例最小。对于 $PM_{2.5}$、SO_2 和 NO_x 的排放，电动汽车无法体现相较于传统燃油车的减排优势，前者百千米排放达到了 2.103 g、78.721 g 和 48.079 g，

其中 SO_2 和 NO_x 的减排效果最差。电动汽车的推广是有利于三个地区当地 CO_2 减排的,而仅有北京市可以实现百千米下的 $PM_{2.5}$ 减排,对于 SO_2 和 NO_x 减排效果来看,电动汽车的推广无疑是增加了交通部门的 SO_2 和 NO_x 排放。

4. 京津冀地区电动汽车行驶区域排放

图 3-18 显示了在京津冀地区平均电力生产水平下,电动汽车行驶过程中 CO_2、$PM_{2.5}$、SO_2 和 NO_x 排放。可以看出在 CO_2 和 $PM_{2.5}$ 排放水平上,电动汽车的 CO_2 和 $PM_{2.5}$ 排放水平分别为 9499.176 g/100 km 和 1.456 g/100 km,具有相较于传统燃油车的低排放优势。而在 SO_2 和 NO_x 排放上,纯电动汽车并不具有优势,甚至远高于传统燃油车的排放水平。

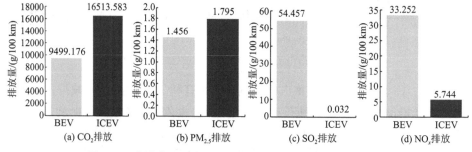

图 3-18　京津冀区域电动汽车和燃油车行驶区域内排放比较

为了更加直观地了解电动汽车在行驶过程中的减排效果,表 3-11 显示了各个地区纯电动汽车相较于传统燃油车行驶每百千米的减排量。

表 3-11　电动汽车和燃油车百千米行驶本地排放量对比(BEV-ICEV)

地区	单位	CO_2	$PM_{2.5}$	SO_2	NO_x
北京市	g/100 km	−11777.02	−1.07	27.05	10.75
天津市	g/100 km	−4372.74	0.06	69.34	36.62
河北省	g/100 km	−2795.03	0.31	78.69	42.34
京津冀地区	g/100 km	−7014.41	−0.34	54.42	27.51

根据表 3-11 可知,电动汽车在行驶过程中能实现京津冀整体地区的 CO_2 减排,其中北京市的减排量最大,达到了 11777.02 g/100 km。而对于 $PM_{2.5}$ 减排,京津冀地区平均可减排 0.34 g/100 km,这主要是由于北京市的 $PM_{2.5}$ 减排幅度影响决定的,北京市 $PM_{2.5}$ 减排量达到 1.07 g/100 km,而天津市和河北省 $PM_{2.5}$ 排放量分别上升了 0.06 g/100 km 和 0.31 g/100 km。而对于 SO_2 和 NO_x 排放,电动汽车均无法实现当地的减排,其中以 SO_2 的排放上升最为明显,在电动汽车推广

过程中，我们要更加关注电力生产过程中 SO_2 和 NO_x 排放物的治理。

3.4.2　能源全生命周期排放

　　纯电动汽车对于解决区域内的燃油车尾气排放是有效的，这一方面取决于当地的电力结构十分清洁，而另一方面则取决于当地的自供电比例。如果城市的电力消费大量来自其他地区，则纯电动汽车在当地行驶的污染一部分转移到其他地区，此时纯电动汽车依然有可能展现出相较于传统燃油车低排放的优势。

　　1. 北京市电动汽车行驶排放分析

　　图 3-19 显示了北京市电动汽车百千米行驶过程中因电力使用的 CO_2、$PM_{2.5}$、SO_2 和 NO_x 排放分布。本研究追溯到纯电动汽车电力消耗带来的上游排放，将转移到山西和内蒙古区域内的排放进行加和分析。

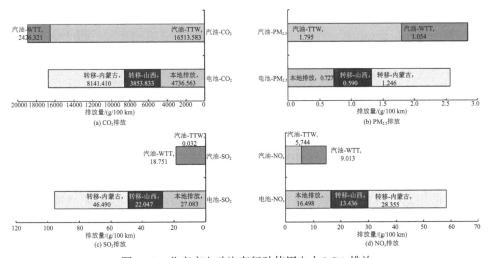

图 3-19　北京市电动汽车行驶使用电力 LCA 排放

　　总体水平上，北京市电动汽车行驶依然可以实现百千米 CO_2 排放和 $PM_{2.5}$ 排放的减排效果，前者的 CO_2 排放量和 $PM_{2.5}$ 排放量分别为 16731.806 g/100 km 和 2.563 g/100 km，相应的燃油车排放量分别为 18939.904 g/100 km 和 2.849 g/100 km。因此，从能源全生命周期的角度上来说，北京市电动汽车行驶过程中相较于传统燃油车在 CO_2 排放和 $PM_{2.5}$ 排放水平上更加环保。这也是实现电动汽车全生命周期相较于传统燃油车环保的一个先决条件，换句话说，只要里程数或者说动力电池的寿命足够，纯电动汽车的排放量总会低于传统燃油车。但是对于 NO_x 和 SO_2 的排放，电动汽车行驶的上游的排放是远高于传统燃油车的，前者的 SO_2 排放和 NO_x 排放分别为 95.620 g/100 km 和 58.289 g/100 km，而传统燃油车的 SO_2 和 NO_x 排放分别仅为 18.783 g/100 km 和 14.757 g/100 km。

2. 天津市电动汽车行驶排放分析

图 3-20 显示了天津市纯电动汽车百千米行驶过程中因电力使用导致的 CO_2、$PM_{2.5}$、SO_2 和 NO_x 排放分布。

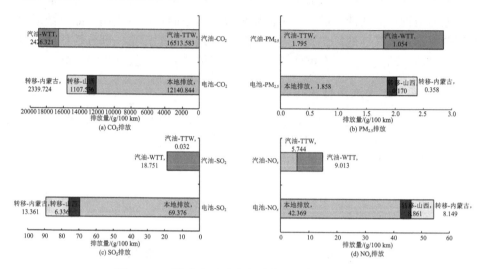

图 3-20　天津市电动汽车行驶使用电力 LCA 排放

如图 3-20 所示，天津市纯电动汽车行驶过程中的 CO_2 和 $PM_{2.5}$ 排放分别为 15588.104 g/100 km 和 2.386 g/100 km，依然体现出相较于传统燃油车的环保优势。值得注意的是，天津市内纯电动汽车行驶百千米 $PM_{2.5}$ 无法减排，但在能源全生命周期阶段内是可以实现 $PM_{2.5}$ 百千米减排效果的，这说明燃油生产阶段，即 WTT 阶段的 $PM_{2.5}$ 排放远远高于燃油在发动机油箱中燃油产生的 $PM_{2.5}$ 排放。SO_2 排放（89. 073 g/100 km）和 NO_x（54.379 g/100 km）排放依然远高于相应的传统燃油车排放，但是在排放量上略低于北京市电动汽车行驶过程中的 SO_2 和 NO_x 排放，距离实现百千米 SO_2 和 NO_x 减排的目标还有较大的挑战。

3. 河北省电动汽车行驶排放分析

图 3-21 显示了河北省纯电动汽车行驶百千米过程中因电力使用导致的 CO_2、$PM_{2.5}$、SO_2 和 NO_x 排放分布。

如图 3-21 所示，河北省电动汽车行驶过程中电力使用 WTT 的 CO_2、$PM_{2.5}$、SO_2 和 NO_x 排放分别为 16594.927 g/100 km、2.544 g/100 km、95.156 g/100 km 和 58.100 g/100 km。其中电动汽车依然能在 CO_2 和 $PM_{2.5}$ 排放上展现出低排放的优势，而在 SO_2 和 NO_x 排放上，电动汽车排放依然高于传统燃油车。在考虑能源全生命周期比较的情况下，使用电力的纯电动汽车能够在 CO_2 和 $PM_{2.5}$ 排放上实现相较于传统燃油车的百千米减排，这意味着随着电力清洁度及电动汽车寿命的持续提高，纯电动汽车实现全生命周期减排指日可待，且实现交通部门的"碳中和"及 $PM_{2.5}$ 减排是可行的。

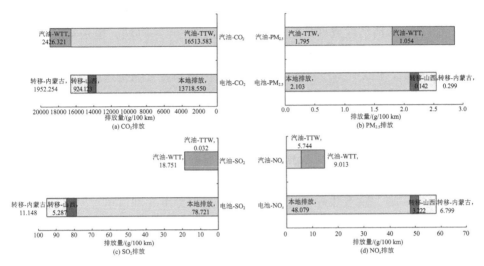

图 3-21　河北省电动汽车行驶使用电力 LCA 排放

4. 京津冀地区电动汽车行驶排放分析

图 3-22 显示了京津冀地区平均电力排放系数下，整个京津冀地区电动汽车行驶百千米过程中因电力使用导致的 CO_2、$PM_{2.5}$、SO_2 和 NO_x 排放分布。

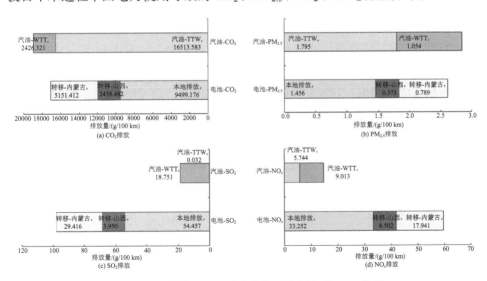

图 3-22　京津冀地区电动汽车行驶使用电力 LCA 排放

如图 3-22 所示，即使将转移的排放量计算在内，电动汽车依然可以实现百千米下的 CO_2 和 $PM_{2.5}$ 减排，在此前提下，纯电动汽车寿命，或者说动力电池循环次数的重要性凸显出来，电动汽车的行驶里程的提高可能有机会实现电动汽车全生命周期下的减排。而对于 SO_2 和 NO_x 排放，在百千米无法实现减排的前提下，提高电力清洁度或许是电动汽车实现减排的唯一办法，也是实现 SO_2 和 NO_x 减排的唯一途径。尽管行驶过程中电动汽车的百千米 CO_2 和 $PM_{2.5}$ 排放量低于传统燃油车，但是电动汽车行驶过程的硫化物和氮化物是远高于传统燃油车的，说明以火力发电为主的区域发展电动汽车在硫化物和氮化物的排放上依然面临着大的挑战。这与 Huo 等对中国的电动汽车行驶研究结果相似，电动汽车可以减少温室气体排放，但会增加空气污染物的总排放量和城市排放量[84]。

电动汽车行驶过程中的上游排放是具有时空差异性的。京津冀作为典型的电力受入型区域，大量的排放并不在当地直接排放，而是转移到了山西内蒙古区域的发电厂端，这意味着多使用清洁能源进行发电和制定更加严格的发电厂排污标准对降低电动汽车环境影响有着决定性作用。以北京市表现最为明显，在前期的电网结构建模中，北京市大量的电力来自外部区域，因此北京市推广电动汽车对当地的空气质量有着极为明显的改善作用。北京市自身仅承担了电动汽车在北京市行驶过程中总 CO_2、$PM_{2.5}$、SO_2 及 NO_x 排放的 28.31%、28.37%、28.32% 和 28.30%。另外，由于北京市正在大力推动"煤改气"计划，其自身的电力清洁度不断提高，其受入电比例也在不断上升的情况下，北京市的 CO_2 和 $PM_{2.5}$ 排放将持续降低[10]。

京津冀地区电动汽车行驶过程中的上游排放部分被转移到山西省和内蒙古区域内，而这两个地区相对较高的排放系数使得这种转移间接加大了电动汽车行驶过程中上游的排放量，变化情况取决于电力结构。如表 3-12 所示，以京津冀地区平均电力排放系数计算，电动汽车行驶排放的 CO_2、$PM_{2.5}$、SO_2 和 NO_x 的 55% 左右留在当地，14% 左右的排放转移到山西，而 30% 左右的排放转移到内蒙古。

表 3-12　京津冀地区电动汽车行驶过程中的平均排放分布

京津冀区域	本地排放	转移-山西	转移-内蒙古
CO_2 排放占比	55.59%	14.27%	30.14%
$PM_{2.5}$ 排放占比	55.61%	14.27%	30.13%
SO_2 排放占比	55.67%	14.26%	30.07%
NO_x 排放占比	55.70%	14.24%	30.05%

注：由于四舍五入导致误差，数据加和可能为 99.99% 或 100.01%。

进行能源结构绿色转型成为京津冀地区乃至整个华北区域推广纯电动汽车的重中之重。其中主要包括两个方面：一是减少煤炭使用量。目前，河北和天津能源消费仍然以煤炭为主，尤其是河北的煤炭消费所占比例仍在 80% 以上。因此，减少煤炭消费量是京津冀今后碳中和目标实现的重点，可采取电能替代政策，以电代煤、以气代煤，转变煤炭的使用形式。京津冀地区 2018 年水利、太阳能和风能的发电量占整个发电量的 10.3%，2015 年仅为 6.3%，增加了 4 个百分点，2017 年分布式太阳能装机容量为 388 万 kW，2019 年达到 597 万 kW，增长了 54%[85]。同时，我国将推进城乡建设和交通领域绿色低碳发展，加强绿色低碳技术创新，巩固提升生态系统碳汇能力[86]；大力发展绿色工厂、绿色园区，发展壮大战略性新兴产业，推动工业产业结构转型升级，加快构建科技含量高、资源消耗低、环境污染少的现代化工业体系，提升产业低碳发展水平[87]。表 3-13 显示了纯电动汽车使用阶段与相应燃油车在 CO_2、$PM_{2.5}$、SO_2 及 NO_x 排放量的比较。

表 3-13　京津冀区域推广电动汽车排放

排放物	电动汽车			燃油车		
	本地排放量/g	转移量/g	总排放量/g	低位量/g	研究量/g	高位量/g
CO_2	9499.18	7589.89	17089.07	15663.81	18939.90	21669.98
$PM_{2.5}$	1.46	1.16	2.62	2.36	2.85	3.26
SO_2	54.46	43.37	97.83	15.53	18.78	21.49
NO_x	33.25	26.44	59.69	12.20	14.76	16.88

由表 3-14 可以看出，京津冀地区用纯电动汽车取代传统燃油车的过程中，CO_2 和 $PM_{2.5}$ 排放水平具有较大的减排空间。而对于 SO_2 和 NO_x 排放而言，纯电动汽车的百千米排放值远高于传统燃油车排放的高位值，具体的减排水平如表 3-14 所示。

表 3-14　电动汽车行驶百千米减排量（BEV-ICEV）

地区	单位	CO_2	$PM_{2.5}$	SO_2	NO_x
北京	g	−2208.10	−0.29	76.84	43.53
天津	g	−3351.80	−0.46	70.29	39.62
河北	g	−2344.97	−0.30	76.37	43.34
京津冀	g	−1850.84	−0.23	69.04	44.94

京津冀是主要的电力受入型区域，而作为主要供电地区的山西省和内蒙古区域承担了京津冀地区电力消耗带来的排放量，考虑电力和汽油的全生命周期排放，电动汽车依然可以在 CO_2 和 $PM_{2.5}$ 上实现相较于传统燃油车的百千米减排目标。其中天津市的 CO_2 和 $PM_{2.5}$ 减排幅度最大，分别为 3351.80 g 和 0.46 g，最小为北京市，CO_2 和 $PM_{2.5}$ 减排幅度为 2208.10 g 和 0.29 g，整个京津冀地区电动汽车行驶过程中的 CO_2 和 $PM_{2.5}$ 减排分别达到了 1850.84 g 和 0.23 g。由此可以看出，尽管前面的研究已经说明了北京市推行电动汽车对其自身的 CO_2 和 $PM_{2.5}$ 减排幅度最大，但是在总体的排放水平上来看，需要更大比例输入电的北京市，该区域电动汽车行驶的总 CO_2 和 $PM_{2.5}$ 减排量是最少的，这是由于使用的电力来源从清洁电力结构转移到相对不清洁的电力结构中造成的。而电动汽车 SO_2 和 NO_x 的排放依然远高于相应的传统燃油车，整个京津冀地区电动汽车每百千米行驶排放的 SO_2 和 NO_x 分别比传统燃油车高 69.04 g 和 44.94 g。这意味着即使提高电动汽车的行驶里程数，也只是拉大了电动汽车和燃油车 SO_2 和 NO_x 排放量上的差距。对于人口密集、汽车保有量高的大城市，推广纯电动汽车十分有利于当地的 CO_2 和 $PM_{2.5}$ 减排。纯电动汽车行驶过程中的上游排放具有由电力结构决定的时空差异性[88, 89]。对于 SO_2 和 NO_x 的排放，电动汽车并没有表现出低排量的优势，依靠火力燃煤发电的弊端主要体现在这两类污染物的排放。而长期来看，如陈轶嵩等[90]的研究中提到的，采取更加清洁的能源，如风能、核能、太阳能等，纯电动汽车的环境优势才能体现出来。

基于能源 LCA 而言，北京市、天津市和河北省的电动汽车百千米行驶耗电全生命周期 CO_2 和 $PM_{2.5}$ 均低于传统燃油车消耗汽油全生命周期的排放，电动汽车行驶里程成为一个关键参数。而 SO_2 和 NO_x 的排放依然远高于相应的传统燃油车，单纯提高电动汽车行驶里程只会拉开电动汽车和燃油车的排放量上的差距，更加清洁的电力结构是实现电动汽车 SO_2 和 NO_x 减排的关键。相关学者也对于碳中和、碳达峰背景下煤炭的发展道路作出了研究，煤的高效使用是实现碳中和的关键所在[91]。

3.5　回收阶段 CO_2、$PM_{2.5}$、SO_2 和 NO_x 排放

3.5.1　回收工艺排放和贡献

参照生产阶段中对数据的处理方式，回收阶段依然分别以 1 kg 和 1 kW·h 功能单位进行计算，LFP 和 NMC 动力电池回收过程中的 CO_2、$PM_{2.5}$、SO_2 及 NO_x 排放如图 3-23 所示。与生产过程中不同功能单位选择时的变化相似，即 NMC 动

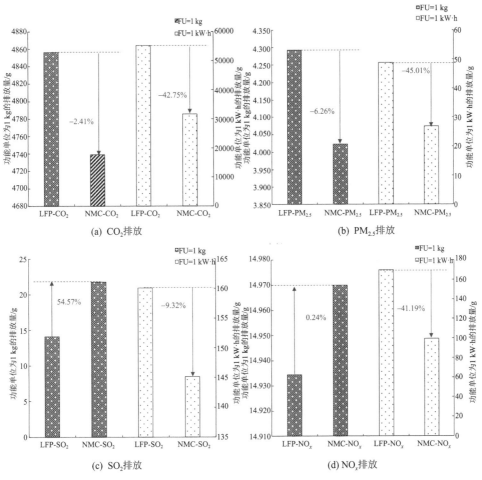

图 3-23　两类动力电池回收工艺排放

力电池以 1 kW·h 为功能单位回收时 CO_2、$PM_{2.5}$、SO_2 及 NO_x 排放相对于 LFP 动力电池下降。

如图 3-23 所示,当以 1 kg 为功能单位时,LFP 动力电池回收过程中的 CO_2、$PM_{2.5}$、SO_2 及 NO_x 排放分别为 4856.271 g、4.292 g、14.085 g 和 14.934 g。NMC 动力电池回收过程中的 CO_2、$PM_{2.5}$、SO_2 及 NO_x 排放分别为 4739.294 g、4.023 g、21.772 g 和 14.970 g。NMC 动力电池在 CO_2、$PM_{2.5}$、SO_2 和 NO_x 排放上相较于 LFP 动力电池回收过程中的排放变化量分别为 -2.41%、-6.27%、54.58% 和 0.24%。即 NMC 动力电池回收过程中的 CO_2 和 $PM_{2.5}$ 略低于 LFP 动力电池回收过程中的排放,而 SO_2 排放物远高于 LFP 动力电池的回收工艺,NO_x 排放略高于 LFP 动力电池回收工艺排放。当以 1 kW·h 为功能单位时,NMC 动力电池回收过程中 CO_2、$PM_{2.5}$、SO_2 及 NO_x 的排放均低于 LFP 动力电池回收过程中的排放。质量

能量密度不仅可以通过影响单位质量下原材料消耗带来的环境负荷，在后续的回收阶段同样会产生影响，对于回收工艺中各个材料和能源输入的相应环境影响如图 3-24 所示。

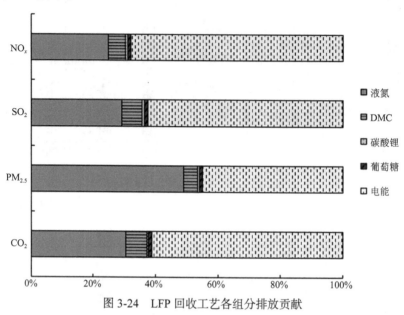

图 3-24　LFP 回收工艺各组分排放贡献

图 3-24 是 LFP 动力电池回收工艺中各个环节的排放占比，可以看出，在 4 类排放物中，电能的输入和液氮的使用是回收过程中 CO_2、$PM_{2.5}$、SO_2 和 NO_x 排放的主要贡献来源。其中电能输入在 CO_2、$PM_{2.5}$、SO_2 和 NO_x 排放中占比分别达到 61.27%、44.99%、62.56% 和 67.87%，而液氮的使用在 CO_2、$PM_{2.5}$、SO_2 和 NO_x 排放中占比分别达到 30.47%、48.97%、29.33% 和 25.06%。因此，电能依然是动力电池回收阶段需要关注的一个问题，电力的清洁度不仅决定了电动汽车行驶过程中的上游 CO_2、$PM_{2.5}$、SO_2 和 NO_x 排放，也影响着动力电池生产和回收过程由于电力能源的输入造成的 CO_2、$PM_{2.5}$、SO_2 和 NO_x 排放。而 NMC 动力电池回收工艺中各个环节的排放占比如图 3-25 所示。

如图 3-25 所示，在 NMC 动力电池回收过程中，电能、氢氧化钠和过氧化氢的使用对 CO_2、$PM_{2.5}$、SO_2 和 NO_x 排放有着较大的贡献。其中电能输入在 CO_2、$PM_{2.5}$、SO_2 和 NO_x 排放中占比分别达到 42.06%、32.16%、27.12% 和 45.36%。氢氧化钠的使用在 NMC 动力电池回收过程 CO_2、$PM_{2.5}$、SO_2 和 NO_x 排放中占比分别达到 28.12%、41.37%、19.53% 和 25.58%。过氧化氢的使用在 CO_2、$PM_{2.5}$、SO_2 和 NO_x 排放中占比分别达到 19.29%、16.64%、11.50% 和 13.31%。同 LFP 动力电池回收过程一致，电力的输入依然是回收工艺 CO_2、$PM_{2.5}$、SO_2 和 NO_x 排放的主要来源，即使两类动力电池的成分组成不同，在回收工艺的选择上也有所不同，电力能源的有效使用依然是解决电动汽车动力电池行业全生命周期环境污染的重中之重。值得注意的是在 SO_2 排放中，硫酸的使用贡献占比明显上升且在所有试剂和能源输入中占比最高，达到了 34.86%，而在 CO_2、$PM_{2.5}$ 和 NO_x 的排放中，硫酸的使用仅分别为 2.83%、2.84% 和 7.60%，这极有可能与硫酸的生产过程有关系，更加清洁的硫酸生产工艺将直接降低该 NMC 回收工艺中的 SO_2 排放，如提高工业制备硫酸成品率、配备高效率的硫吸收装置等。

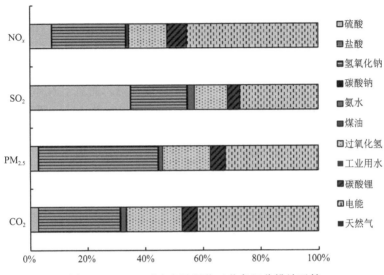

图 3-25　NMC 动力电池回收工艺各组分排放贡献

3.5.2　回收阶段排放

不同于生产阶段和使用阶段，纯电动汽车完全是由于原材料的消耗及电能的使用带来的净环境排放，回收阶段的最终目的还是回收目标物质并投入产品的二次生产中，回收再使用可以避免原材料的继续消耗，也能有效降低因材料消耗带来的环境排放，本研究因材料回收带来的 CO_2、$PM_{2.5}$、SO_2 和 NO_x 减排量和回收工艺因试剂、设备等造成的环境净排放对比如表 3-15 所示。

表 3-15　回收工艺排放量和回收物质减排量对比（Fu=1 kg）

排放物	LFP 回收工艺排放量/g	LFP 回收物质减排量/g	NMC 回收工艺排放量/g	NMC 回收物质减排量/g
CO_2	4856	−3696	4739	−3323
$PM_{2.5}$	4	−5	4	−7
SO_2	14	−44	22	−217
NO_x	15	−15	15	−29

如表 3-15 所示，电池工艺产生的排放和回收物质加入二次生产减少的排放情况不一致。对于 CO_2 排放而言，工艺自身的排放量大于回收物质再使用减少的排放量，即回收工艺本身带来的碳排放高于材料回收的减排量。因此回收工艺在碳排放的表现上是不环保的，但因为两者差距不大，当电力清洁度有所提高，使得因电力能源输入带来的碳排放降低，相关材料的回收带来的减排量有希望高于回收工艺本身带来的碳排放。但是对于 $PM_{2.5}$、SO_2 和 NO_x 的排放而言，回收工艺自身的 $PM_{2.5}$、SO_2 和 NO_x 排放低于回收物质减排量，回收工艺的价值明显更多。由生产阶段的相关计算结果可知，铝片、铜片、LFP 活性材料和 NMC 活性材料一次生产的 $PM_{2.5}$、SO_2 和 NO_x 排放过高，对其进行有效回收是有必要的。在 LFP 动力电池回收工艺中，工艺本身产生的 SO_2 为 14 g，而回收的铜片、铝片和 LFP 活性物质可减少二次生产 44 g 的 SO_2 排放，接近 4 倍。而对于 NMC 动力电池的回收过程而言，在 NO_x 的排放上，工艺本身产生的 NO_x 为 15 g，而回收的铜片、铝片和 NMC 活性物质可减少二次生产 29 g 的 SO_2 排放，接近 2 倍。而对于 SO_2 排放而言，工艺本身产生的 SO_2 为 22 g，而回收的铜片、铝片和 NMC 活性物质可减少二次生产 217 g 的 SO_2 排放，达到 10 倍。因此对动力电池进行有效回收的环境优势主要体现在 $PM_{2.5}$、SO_2 和 NO_x 的排放上，而对于 CO_2 排放则需要从试剂有效利用和电力清洁度有效提高两方面入手。对这两方面的改善也会继续提高 $PM_{2.5}$、SO_2 和 NO_x 减排效益。LFP 动力电池铜、铝和 LFP 活性材料回收后承担的 CO_2、$PM_{2.5}$、SO_2 和 NO_x 排放量如图 3-26 所示。

如图 3-26 所示，LFP 动力电池对于不同排放物，铜、铝和 LFP 活性物质回收的重要性排序并不一致。其中回收的铝在 CO_2、$PM_{2.5}$ 和 NO_x 排放中表现优异，分别占到了回收减排量73.43%、46.91%和53.15%的水平，减排量分别达到了 2.714 kg、0.012 kg 和 0.008 kg。这说明在 LFP 动力电池一次生产过程中，用于集流体的铝箔和全铝电池壳的生产有着较大的 CO_2、$PM_{2.5}$ 和 NO_x 排放负担，对铝的回收效果极大地影响 LFP 动力电池全生命周期的 CO_2、$PM_{2.5}$ 和 NO_x 排放。而 Wang 等的研究也得到了相似的结论，铝材料的制造过程伴随着大量的能源消耗和碳排放[92]。其次是铜的回收，在 $PM_{2.5}$、SO_2 和 NO_x 中排放占比明显，尤其是在 SO_2 的排放上，铜的回收占到了 64.91%的水平，减排量达到了 0.029 kg，远远超过了铝箔回收的占比26.24%，而在 $PM_{2.5}$ 和 NO_x 排放上占比分别为 43.49%和31.40%，减排量分别为 0.002 kg 和 0.005 kg。用作负极集流体的铜片在一次生产过程中有着明显的 SO_2 排放偏好性，这与铜的生产主要来自硫化矿的冶炼关系很大，因此降低铜生产的上游排放或者提高回收率都有利于降低 LFP 动力电池全生命周期的 SO_2 排放。值得一提的是 LFP 活性材料的回收在 CO_2、$PM_{2.5}$、SO_2 和 NO_x 减排占比分别仅仅达到了 19.11%、9.60%、8.84%和15.45%，减排值分别为 0.706 kg、0.0005 kg、0.004 kg 和 0.002 kg。对于 LFP 动力电池而言，活性材料回收的减排价值不及铝和铜资源的回收，这主要是因为 LFP 活性材料的组成材料并没有像 NMC 活性材料一样的贵金属元素。而对于 NMC 动力电池，NMC 活性材料、铝和铜资源回收的减排占比如图 3-27 所示。

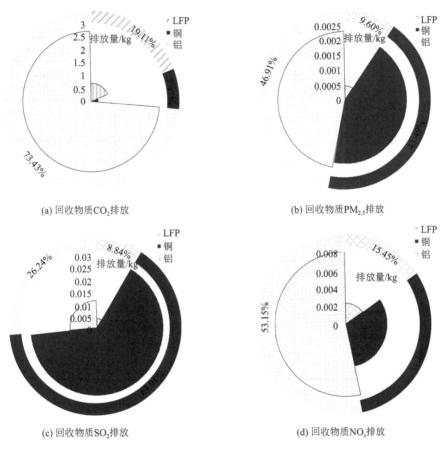

图 3-26 LFP 活性材料、铝和铜回收减排占比

如图 3-27 所示，回收的 NMC 活性材料在 CO_2、$PM_{2.5}$、SO_2 和 NO_x 排放中均表现优异，分别占到回收减排量 70.02%、82.07%、73.23% 和 51.67% 的水平，NMC 动力电池一次生产过程中，NMC 活性材料的生产有着较大的 CO_2、$PM_{2.5}$、SO_2 和 NO_x 排放负担，减排量分别为 2.327 kg、0.178 kg、0.021 kg 和 0.003 kg。不仅在占比的比例上远高于 LFP 活性材料在 LFP 动力电池回收过程中的占比，在具体的量化值上，NMC 活性材料回收的环境效益明显高于 LFP 活性材料的回收。因此对 NMC 活性材料的回收效果极大地影响 NMC 动力电池全生命周期的 CO_2、$PM_{2.5}$、SO_2 和 NO_x 排放。相比之下，铜的回收在 CO_2、$PM_{2.5}$、SO_2 和 NO_x 排放中占比为 10.38%、16.64%、20.21% 和 40.04%。最后是铝的回收，在 CO_2、$PM_{2.5}$、SO_2 和

NO_x 排放中占比分别达到 19.60%、1.29%、6.57% 和 8.29%。不同于 LFP 活性材料，NMC 活性材料的有效回收对电动汽车 NMC 动力电池二次生产过程中 CO_2、$PM_{2.5}$、SO_2 和 NO_x 减排具有重大意义，NMC 活性材料中含有镍、钴、锰和锂材料，这些材料都具有较高的环境负荷。另外，NMC 活性材料的前驱体制备工艺要求高，能源资源消耗大，因此对于 NMC 动力电池报废后其中 NMC 活性材料的有效回收不仅可以避免直接填埋后，钴元素进入土地河流污染环境，同时也可以明显减少NMC 动力电池二次生产过程中活性材料的生产，避免原材料的消耗带来的过多的CO_2、$PM_{2.5}$、SO_2 和 NO_x 排放。通过 LFP 动力电池和 NMC 动力电池回收的 LCA分析可以知道，相较于 CO_2 和 $PM_{2.5}$ 这两类直观的排放物而言，对于铜和铝资源的有效回收其环境价值主要在于减少二次生产过程中的 SO_2 和 NO_x 排放，对人体健康伤害更大、存在形式更隐蔽的 SO_2 和 NO_x 排放物越来越被人们所关注，因此对于 LFP 和 NMC 动力电池报废后有效回收具有极其重要的意义，也将有利于电动汽车可持续发展。

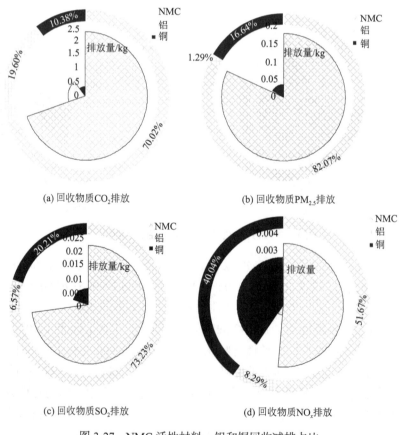

(a) 回收物质 CO_2 排放　　　　　(b) 回收物质 $PM_{2.5}$ 排放

(c) 回收物质 SO_2 排放　　　　　(d) 回收物质 NO_x 排放

图 3-27　NMC 活性材料、铝和铜回收减排占比

3.6　电动汽车动力电池 LCA 分析

3.6.1　电动汽车动力电池一次生产全生命周期排放

生命周期评价一般是对某一确定产品或者规模化的产业链进行环境影响评价，在电动汽车产业中，由于不同车型、不同技术之间的差别，动力电池的整备质量会由于其满足的功能不同而不同。但是通过调研，大部分车型的单次行驶里程集中在 300～400 km，因此本研究以单次续航里程 350 km，放电深度（dod）为 80% 计算。

1. 电动汽车动力电池全生命周期 CO_2 排放

由图 3-28 可知，LFP 和 NMC 动力电池在生产过程中的 CO_2 排放相差不大，全生命周期内的 CO_2 排放 LFP 动力电池略高于 NMC 动力电池。

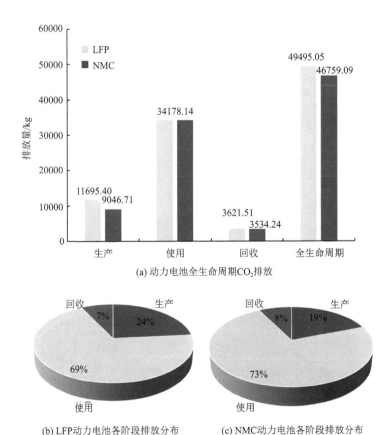

(a) 动力电池全生命周期 CO_2 排放

(b) LFP 动力电池各阶段排放分布　　　(c) NMC 动力电池各阶段排放分布

图 3-28　电动汽车动力电池一次生产全生命周期 CO_2 排放

如图 3-28（a）所示，LFP 动力电池全生命周期 CO_2 排放量达到 49495.05 kg，而 NMC 动力电池的全生命周期 CO_2 排放量为 46759.09 kg。NMC 动力电池全生命周期的 CO_2 排放略低于 LFP 动力电池全生命周期的排放。而图 3-28（b）和图 3-28（c）说明使用阶段的 CO_2 排放占到了两类动力电池全生命周期排放的大部分，LFP 动力电池使用阶段 CO_2 排放占比达到了 69%，而 NMC 动力电池使用阶段的 CO_2 排放占比达到了 73%。其次是生产阶段，NMC 和 LFP 动力电池的生产 CO_2 排放分别占到各自全生命周期的 24% 和 19%，接近 1/5 的水平。最后才是回收阶段的 CO_2 排放，LFP 动力电池回收阶段的 CO_2 排放仅占到 7%，在 NMC 动力电池中也仅为 8%。

2. 电动汽车动力电池生产全生命周期 $PM_{2.5}$ 排放

由图 3-29 可知，LFP 和 NMC 动力电池在生产过程中的 $PM_{2.5}$ 排放相差不大，其中生产阶段 NMC 动力电池的 $PM_{2.5}$ 排放略高于 LFP 动力电池，而回收阶段 NMC 动力电池的 $PM_{2.5}$ 排放略低于 LFP 动力电池。

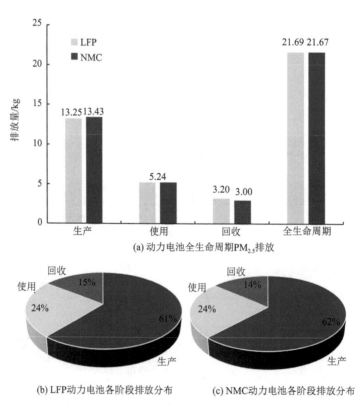

(a) 动力电池全生命周期 $PM_{2.5}$ 排放

(b) LFP 动力电池各阶段排放分布　　(c) NMC 动力电池各阶段排放分布

图 3-29　电动汽车动力电池一次生产全生命周期 $PM_{2.5}$ 排放

如图 3-29 所示，在全生命周期中的 PM$_{2.5}$ 排放水平上，LFP 和 NMC 动力电池全生命周期 PM$_{2.5}$ 排放量十分接近，前者排放 21.69kg，后者排放 21.67kg。其中 LFP 和 NMC 动力电池生产阶段的 PM$_{2.5}$ 排放量分别占到了全生命周期排放的 61% 和 62% 的水平。不同于 CO$_2$ 排放，使用阶段的 PM$_{2.5}$ 排放量远低于生产阶段，仅为 5.24 kg，而生产阶段 LFP 和 NMC 动力电池的 PM$_{2.5}$ 排放量分别达到 13.25 kg 和 13.43 kg，生产阶段的 PM$_{2.5}$ 排放量达到使用过程中的 2 倍以上。

3. 电动汽车动力电池生产全生命周期 SO$_2$ 排放

由图 3-30 可知，NMC 动力电池全生命周期过程中的 SO$_2$ 排放高于相应的 LFP 动力电池。

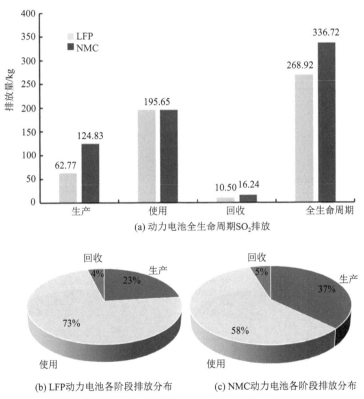

(a) 动力电池全生命周期 SO$_2$ 排放

(b) LFP 动力电池各阶段排放分布　　　(c) NMC 动力电池各阶段排放分布

图 3-30　电动汽车动力电池一次生产全生命周期 SO$_2$ 排放

如图 3-30 所示，在动力电池全生命周期内，LFP 和 NMC 动力电池的 SO$_2$ 排放量分别为 268.92 kg 和 336.72 kg，NMC 动力电池的排放量高于 LFP 动力电池。其中使用阶段的 SO$_2$ 排放分别占到二者的 73% 和 58%，因此电力条件依然决定了电动汽车动力电池生产阶段的 SO$_2$ 排放。另外，尽管 NMC 动力电池的质量能量密度高于 LFP 动力电池，意味着达到相同的储能水平时，NMC 动力电池的电池包质量低于 LFP 动力电池，但是 NMC 动力电池生产阶段的 SO_2 排放水平依然是高于 LFP 动力电池的，前者的 SO_2 排放量为 124.83kg，后者为 62.77 kg，接近两倍。除了铜片的使用，NMC 活性材料的制备过程的 SO_2 排放量也是远高于 LFP 活性材料的生产。

4. 电动汽车动力电池生产全生命周期 NO_x 排放

由图 3-31 可知，NMC 动力电池全生命周期过程中的 NO_x 排放略低于相应的 LFP 动力电池。

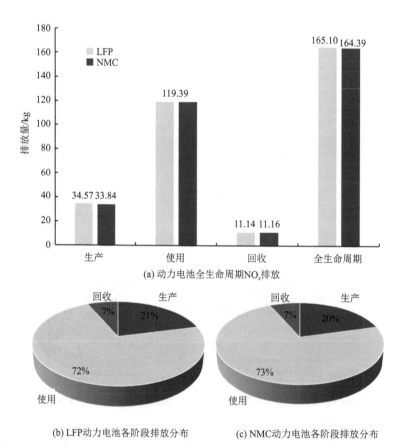

(a) 动力电池全生命周期 NO_x 排放

(b) LFP 动力电池各阶段排放分布　　　(c) NMC 动力电池各阶段排放分布

图 3-31　电动汽车动力电池一次生产全生命周期 NO_x 排放

由图 3-31 可知，在动力电池全生命周期内，LFP 和 NMC 动力电池的 NO_x 排放量分别为 165.10 kg 和 164.39 kg，NMC 动力电池的排放量略低于 LFP 动力电池。

其中使用阶段的 NO_x 排放分别占到二者的 72% 和 73%，因此电力条件依然决定了电动汽车动力电池使用阶段的 NO_x 排放。同时两类动力电池各个阶段在 NO_x 的排放上并没有明显差异。同前面讨论的一样，在两类动力电池类型差别主要是正极材料不同的前提下，NMC 动力电池的电池包质量低于 LFP 动力电池，而生产阶段 NMC 动力电池的 NO_x 排放略低于 LFP 动力电池，这也从侧面强调了对 NMC 动力电池中 NMC 活性材料进行有效回收的重要性。

3.6.2　电动汽车动力电池二次生产全生命周期排放

实际上，通过对铜片、铝片和正极活性材料的回收主要是为了有效降低二次生产过程中的原材料投入，并降低生产过程中的环境 CO_2、$PM_{2.5}$、SO_2 和 NO_x 排放。因铜片、铝片和正极活性材料回收动力电池二次生产的排放量变化如表 3-16 所示。

表 3-16　电动汽车动力电池全生命周期排放

项目	一次生产的排放量/kg	二次生产的排放量/kg	减排比
LFP-CO_2	49495.04	46738.53	−5.57%
NMC-CO_2	46759.09	45351.99	−3.01%
LFP-$PM_{2.5}$	21.68	18.01	−16.93%
NMC-$PM_{2.5}$	21.67	18.83	−13.11%
LFP-SO_2	268.92	235.79	−12.32%
NMC-SO_2	336.72	244.96	−27.25%
LFP-NO_x	165.10	153.83	−6.83%
NMC-NO_x	164.39	151.97	−7.56%

如表 3-16 所示，相较于一次生产后对动力电池进行简单的填埋等粗暴的处理方式，对某些材料进行回收利用有利于整个动力电池生产行业的低碳发展。对动力电池铝、铜和正极活性材料 LFP 和 NMC 进行有效回收可以降低动力电池全生命周期过程中的 CO_2、$PM_{2.5}$、SO_2 和 NO_x 排放。其中 LFP 动力电池全生命周期的 CO_2、$PM_{2.5}$、SO_2 和 NO_x 排放分别降低了 5.57%、16.93%、12.32% 和 6.83%，而 NMC 动力电池全生命周期的 CO_2、$PM_{2.5}$、SO_2 和 NO_x 排放分别降低了 3.01%、13.11%、27.25% 和 7.56%。回收工艺对 LFP 动力电池和 NMC 动力电池而言则是 $PM_{2.5}$ 和 SO_2 减排明显。由于国内的电力清洁度不高，无论在生产和回收过程中电能的输入，还是使用阶段电能的消耗都会产生相对过高的 CO_2、$PM_{2.5}$、SO_2 和 NO_x 排放。而仅从生产阶段的投入水平考虑回收工艺在动力电池电动汽车全生命周期过程中的环境影响意义，相关数据如表 3-17 所示。

表 3-17　电动汽车动力电池生产排放

项目	一次生产的排放量/kg	二次生产的排放量/kg	减排比
LFP-CO_2	11695.40	8938.88	−23.57%
NMC-CO_2	9046.71	7639.61	−15.55%
LFP-$PM_{2.5}$	13.25	9.57	−27.77%
NMC-$PM_{2.5}$	13.43	10.60	−21.07%
LFP-SO_2	62.77	29.64	−52.78%
NMC-SO_2	124.83	33.07	−73.51%
LFP-NO_x	34.57	23.31	−32.57%
NMC-NO_x	33.84	21.41	−36.73%

如表 3-17 所示，由于对铝、铜和活性材料的有效回收再使用，LFP 动力电池生产阶段的 CO_2、$PM_{2.5}$、SO_2 和 NO_x 排放分别降低了 23.57%、27.77%、52.78% 和 32.57%，而 NMC 动力电池生产阶段的 CO_2、$PM_{2.5}$、SO_2 和 NO_x 排放分别降低了 15.55%、21.07%、73.51% 和 36.73%。特别是对于 SO_2 的排放而言，生产阶段的排放由于物质回收降低比例过半，这可能与铝和铜的回收有关。对于 $PM_{2.5}$ 和 CO_2 的排放，两者的减排比均达到了 1/5 左右，而 NO_x 的减排比达到了 1/3 左右。表 3-18 则反映了纯物质输入下回收工艺在电动汽车动力电池生产过程中的重要程度。

表 3-18　电动汽车动力电池原材料生产排放

项目	一次生产的排放量/kg	二次生产的排放量/kg	减排比
LFP-CO_2	4038.10	1281.59	−68.26%
NMC-CO_2	2435.38	1028.28	−57.78%
LFP-$PM_{2.5}$	4.99	1.32	−73.55%
NMC-$PM_{2.5}$	5.00	2.17	−56.60%
LFP-SO_2	40.30	7.17	−82.21%
NMC-SO_2	106.38	14.63	−86.25%
LFP-NO_x	15.28	4.02	−73.69%
NMC-NO_x	17.18	4.76	−72.29%

如表 3-18 所示，剔除电能和水资源等工艺能源、资源输入，仅考虑电池组材料的生产回收再生产过程。对于铝、铜和活性材料的回收利用的重要性更加直观地体现出来，相较于一次生产，二次生产的各类排放物减排比均达到 50% 以上。其中 LFP 动力电池二次生产的 CO_2、$PM_{2.5}$、SO_2 和 NO_x 排放相较于一次生产分别降低了 68.26%、73.55%、82.21% 和 73.69%，而 NMC 动力电池二次生产的 CO_2、

$PM_{2.5}$、SO_2 和 NO_x 排放相较于一次生产分别降低了 57.78%、56.60%、86.25% 和 72.29%。可以看出，铜、铝和活性材料的回收再使用对 SO_2 减排的作用最为明显，LFP 动力电池生产减排 82.21%，NMC 动力电池生产减排 86.25%。这可能与铜和铝资源的生产有关系，作为铜和铝的生产原材料，我国可能以含硫矿储量居多，因此对于这类金属资源回收再利用减少了含硫矿的消耗，从而降低电动汽车二次生产过程中的 SO_2 排放。综合一次生产和二次生产的结果来看，对于动力电池全生命周期的 CO_2、$PM_{2.5}$、SO_2 和 NO_x 排放，生产阶段和使用阶段是动力电池环境影响的主要步骤，这与 Liu 等的结论一致[93]。

3.6.3　电动汽车与传统燃油车全生命周期排放比较

电动汽车是否环保主要取决于电池包的生产和使用的电力的清洁度，并且需要展现出相较于传统燃油车的低排优势。本节中比较了电动汽车动力电池和传统燃油车燃油的全生命周期的 CO_2、$PM_{2.5}$、SO_2 和 NO_x 排放。如图 3-32 所示，京津冀地区电动汽车全生命周期下的 CO_2、$PM_{2.5}$、SO_2 和 NO_x 排放相较于传统燃油车均很难实现全生命周期的减排。

如图 3-32 所示，在京津冀地区，搭载 LFP 动力电池的纯电动汽车（LFP-based BEV）全生命周期的 CO_2、$PM_{2.5}$、SO_2 和 NO_x 排放分别为 46738.53 kg、18.01 kg、235.79 kg 和 153.83 kg；搭载 NMC 动力电池的纯电动汽车（NMC-based BEV）全生命周期的 CO_2、$PM_{2.5}$、SO_2 和 NO_x 排放分别为 45351.99 kg、18.83 kg 和 151.97 kg。而传统燃油车全生命周期的 CO_2、$PM_{2.5}$、SO_2 和 NO_x 排放分别为 37879.81 kg、5.70 kg、37.57 kg 和 29.51 kg。电动汽车并没有在 CO_2、$PM_{2.5}$、SO_2 和 NO_x 排放上呈现出明显的优势，这主要是由于在生产、使用和回收阶段中电力的投入使用会有较大的排放贡献比例。特别是电动汽车行驶过程中，由于京津冀地区的电力清洁度并不高，尽管使用过程中电动汽车可以在 CO_2 和 $PM_{2.5}$ 的百千米排放上低于相应的传统燃油车，但是在 200000 km 的行驶里程下不足以弥补电动汽车动力电池生产和回收阶段产生的 CO_2、$PM_{2.5}$、SO_2 和 NO_x 排放。可能的原因是电动汽车的行驶里程，或者说动力电池的寿命决定电动汽车动力电池全生命周期能否实现相较于传统燃油车减排的前提条件是百千米实现减排，里程数不够可能是造成全生命周期内 CO_2 和 $PM_{2.5}$ 无法实现减排的主要原因。而对于 SO_2 和 NO_x 排放，由于使用阶段作为电动汽车实现低排优势的唯一阶段，百千米里程数下无法实现 SO_2 和 NO_x 的减排，则电动汽车全生命周期均无法实现 SO_2 和 NO_x 相较于传统燃油车的减排。使用阶段电力生产的排放具有较高的 SO_2 和 NO_x 排放。即电池性能、环境成本及电池生产和发电的能源及其污染强度决定了电动汽车的环境负荷[94]。

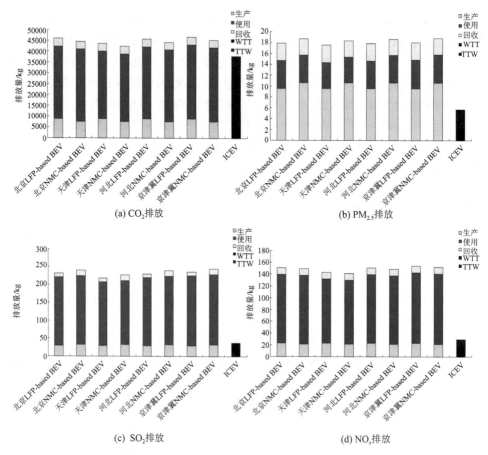

图 3-32　电动汽车与传统燃油车全生命周期排放

　　如表 3-19 所示，绝对差距最大值来自天津市电动汽车的 $PM_{2.5}$ 的排放（4.70%），绝对差距最小值为京津冀 NO_x 排放值（−1.21%）。因此，从全生命周期排放的角度来看，市场上 NMC 和 LFP 动力电池的选择对环境量化值的影响并不明显。

表 3-19　NMC 与 LFP 动力电池全生命周期排放比较

地区	CO_2	$PM_{2.5}$	SO_2	NO_x
北京	−3.01%	4.60%	3.96%	−1.24%
天津	−3.17%	4.70%	4.20%	−1.30%
河北	−3.03%	4.61%	3.98%	−1.24%
京津冀	−2.97%	4.57%	3.89%	−1.21%

3.6.4 电动汽车碳达峰分析的敏感性评估

1. 敏感性参数

不同 LCA 体系的选择本身会影响 LCA 的量化结果[95]。而其作为一种决策支持工具的应用也会受到计算中大量不确定性的影响，为了提高 LCA 结果的可靠性和可信度，对不确定性的处理是必要的[96]。电动汽车动力电池的寿命、质量能量密度、关键材料的回收率、电动汽车的效率参数等都会影响本研究最后的 LCA 结果，即电动汽车减排效果十分依赖于基本假设[97]。而电动汽车在环境和经济方面更具可持续性需要三个主要因素：电池技术、驾驶习惯和电力清洁度组合[98]。本章内容主要是对电动汽车全生命周期评价过程中的电池技术和电力清洁度进行敏感性分析，其中包括生产阶段中质量能量密度的确定、使用阶段中的行驶里程数、效率参数（kW·h/100 km）和电力排放系数及回收阶段的回收减排比。研究采用控制变量法对单一参数逐步进行敏感性分析，验证了电动汽车动力电池环保的必要条件，相关敏感性参数如表 3-20 所示。

表 3-20 LCA 敏感性参数

生命周期阶段	敏感性参数	单位	本研究	敏感性变化	
				低位值	高位值
生产	质量能量密度	W·h/kg	88（LFP） 150（NMC）	50	200
	电池种类		LFP NMC		
使用	行驶里程数	km	200000	100000	300000
	效率参数	kW·h/100km	15	10	25
	电力排放系数		中国	俄罗斯、美国、英国、欧盟、日本、全球平均水平	
回收	回收减排比		表 3-16	−5%	+5%

如表 3-20 所示，研究主要对于质量能量密度、电池种类、行驶里程数、效率参数、电力排放系数和回收减排比进行了相应的敏感性分析，探究了纯电动汽车相较于传统燃油车呈现低排放优势的可行性。生产阶段中，质量能量密度会由于动力电池细小的结构改变，或者微量材料的加入如包覆、掺杂等工艺有较大的波动。就材料产生的环境污染而言，这些微小的改变并不会影响材料自身的环境负荷，但是在以 1 kW·h 为功能单位时，质量能量密度的大幅度改变会使得需要的原材料质量变化，从而导致量化的环境负荷改变。使用阶段中，纯电动汽车的里程数是一个比较关键的影响因素，对于可以实现百千米减排的指标而言，随着里程

数的上升，纯电动汽车和传统燃油车全生命周期的环境影响逐渐接近，如果里程数足够，纯电动汽车可以达到全生命周期下的低排放优势。另外，效率参数和电力排放系数也是影响电动汽车行驶排放的关键因素，效率参数决定了电动汽车百千米的耗电量，结合电力排放系数则确定了电动汽车百千米的排放量。回收过程中则是以回收减排比的变化来确定纯电动汽车和传统燃油车全生命周期下的排放比较。值得注意的是各个敏感性参数的变化区间大致是符合目前市场上成熟的纯电动汽车车型。

2. 生产过程中的参数分析

因为消费者购买纯电动汽车关注的电动汽车动力电池的性能多为其质量能量密度和效率参数，而动力电池包的质量却很少被消费者们所关注。因此，对于动力电池的评价多以质量能量密度的角度来考虑，在此前提下，以 1 kW·h 为功能单位的研究更具有实际运用的前景，而质量能量密度的重要性也凸显出来。在同样的电容量下，质量能量密度高的需要的原材料质量小，相应的环境负荷较小。对于相同的单次行驶里程，动力电池质量能量密度决定了电池包的质量，同时也决定了原材料的消耗量及 CO_2、$PM_{2.5}$、SO_2 和 NO_x 排放量，关于动力电池质量能量密度敏感性分析结果如图 3-33 所示。

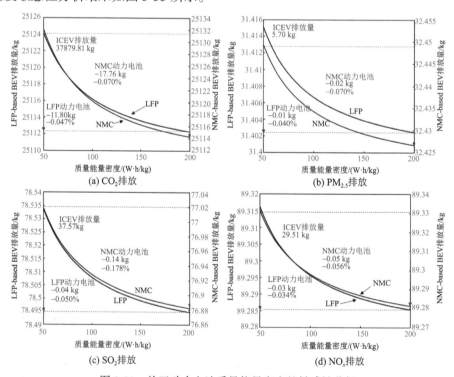

图 3-33　关于动力电池质量能量密度的敏感性分析

如图 3-33 所示，动力电池全生命周期的 CO_2、$PM_{2.5}$、SO_2 和 NO_x 排放与其质量能量密度成反比趋势，但对全生命周期内的排放影响较小，以 LFP 动力电池 CO_2 排放为例，从 50~200 W·h/kg，总的 CO_2 排放下降 11.80 kg，同比下降仅 0.047%，而对于 $PM_{2.5}$、SO_2 和 NO_x 排放，同比下降也仅为 0.040%、0.050% 和 0.034%，均不足一个百分点。这说明在当前技术水平和电力生产条件下，动力电池的质量能量密度对其全生命周期下的 CO_2、$PM_{2.5}$、SO_2 和 NO_x 排放并不明显。

3. 使用过程中的参数分析

使用阶段中的行驶里程数、效率参数（kW·h/100 km）和电力排放系数均会影响电动汽车动力电池的 CO_2、$PM_{2.5}$、SO_2 和 NO_x 排放。对于行驶里程数的敏感性分析如图 3-34 所示。

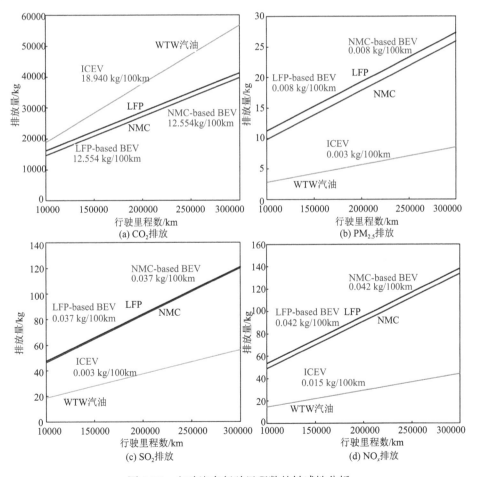

图 3-34　电动汽车行驶里程数的敏感性分析

　　如图 3-34 所示，电动汽车上游排放与行驶里程数成正比，并与搭载何种动力电池类型没有关系。其中传统燃油车每行驶 100 km，CO_2、$PM_{2.5}$、SO_2 和 NO_x 排放量分别增加 18.940 kg、0.003 kg、0.003 kg 和 0.015 kg。而搭载 LFP 动力电池和 NMC 动力电池的电动汽车每行驶 100km 的 CO_2、$PM_{2.5}$、SO_2 和 NO_x 排放量分别增加 12.554 kg、0.008 kg、0.037 kg 和 0.042 kg。电动汽车仅 CO_2 的百千米增加量低于传统燃油车，值得注意的是这里的计算结果是基于我国平均电力排放系数计算的，并不是基于华北区域和京津冀地区的平均电力排放系数，这说明我国推广电动汽车总体水平上符合"碳达峰"和"碳中和"的大方向，且随着行驶里程数提高，电动汽车的碳减排效果越来越明显。电动汽车 $PM_{2.5}$、SO_2 和 NO_x 百千米的增加量均高于传统燃油车，这使得行驶里程数不断提高的前提下，电动汽车取代燃油车反而会增加上述三类污染排放物的排放量。不断提高电动汽车行驶里程数有利于增加电动汽车的 CO_2 减排量，但会增加 $PM_{2.5}$、SO_2 和 NO_x 的排放量。而对于效率参数的敏感性分析如图 3-35 所示。

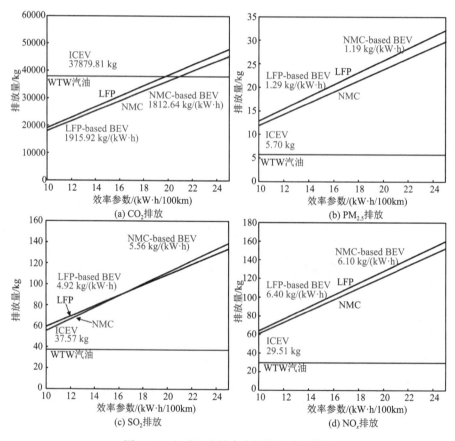

图 3-35　电动汽车效率参数的敏感性分析

如图 3-35 所示，电动汽车效率参数与电动汽车全生命周期排放成正比，其中对于 CO_2 的排放，效率参数为 $18\sim20$ kW·h/100 km 时存在电动汽车排放和燃油车排放相等的情况，因此只要电动汽车百千米的耗电量低于某个值，电动汽车的 CO_2 排放量就比传统燃油车低。但是对于 $PM_{2.5}$、SO_2 和 NO_x 排放而言，在 $10\sim25$ kW·h/100 km 的效率参数范围内，纯电动汽车的排放均高于传统燃油车，单纯依靠降低百千米的耗电量无法实现电动汽车在 $PM_{2.5}$、SO_2 和 NO_x 排放上的减排效果。

对于电力排放系数的敏感性分析主要依托于各个代表性国家的电力排放系数进行，表 3-21 中提供了不同国家的电力排放系数水平和全球平均电力排放系数水平。因为不同的电力组成决定了 CO_2、$PM_{2.5}$、SO_2 和 NO_x 排放系数，且不同国家依靠的发电技术有所差别，所以本研究无法将电力排放系数水平与具体用于发电的能源占比联系起来，因此敏感性分析依然以线性关系呈现而不用点图。

表 3-21　不同国家的电力排放系数

国家	单位	排放物种类			
		CO_2	$PM_{2.5}$	SO_2	NO_x
中国	g/（kW·h）	836.945	0.537	2.461	2.829
俄罗斯	g/（kW·h）	621.452	1.123	1.850	1.047
全球平均水平	g/（kW·h）	625.178	0.847	1.765	1.461
日本	g/（kW·h）	640.103	0.101	2.000	1.302
英国	g/（kW·h）	344.147	0.038	0.568	0.600
欧盟	g/（kW·h）	382.097	0.164	1.227	0.714
美国	g/（kW·h）	201.893	0.008	0.020	0.174

以表 3-21 中各个国家的电力排放系数进行分析，具体结果如图 3-36 所示。

由图 3-36 可知，纯电动汽车 CO_2、$PM_{2.5}$、SO_2 和 NO_x 的排放与电力排放系数成反比，纯电动汽车排放和传统燃油车排放水平存在交叉，说明电动汽车对于实现 CO_2、$PM_{2.5}$、SO_2 和 NO_x 的减排关键在于电力排放系数的水平，这比前面基于行驶里程数等参数计算的结果更具可行性。如图 3-36 所示，不同的电力结构对 4 类排放物的影响并不相同，如对于俄罗斯的电力结构，电动汽车全生命周期的 $PM_{2.5}$ 的排放量高于中国，而 SO_2 的排放量低于中国，这与具体的电力生产产业能源消耗的结构有关。可以确定的是，当前技术水平和电力条件下，电动汽车的推广使用可以在上述所有国家内实现相较于传统燃油车的 CO_2 减排。根据中汽数据有限公司的测算，$2026\sim2030$ 年我国传统汽车油耗下降、新能源占比提升，对使用环节碳减排贡献较大，电耗下降的贡献较小；从中长期来看，2030 年后随着新能源汽车占比进一步提升，电耗降低对减排贡献快速提升，同时新能源汽车替代仍起到重要作用[61]。而对于其他排放物，仅有英国和美国的电力排放系数能实现纯电动汽车相较于传统燃油车的 $PM_{2.5}$、SO_2 和 NO_x 减排。基于当前我国传统燃油车的排放水平和电力生产条件，电动汽车要实现 CO_2、$PM_{2.5}$、SO_2 和 NO_x 减排，搭载 LFP 动力电池的纯电动汽车对于电力排放系数要求分别低于 1141.65 g/（kW·h）、0.083 g/（kW·h）、0.901 g/（kW·h）和 0.612 g/（kW·h），而搭载 NMC 动力电池的纯电动汽车对于电力排放系数要求分别低于 1193.28 g/(kW·h)、0.131 g/(kW·h)、0.934 g/（kW·h）和 0.765 g/（kW·h）。在计算上述电力排放系数时，采用的是在纯电动汽车消耗的所有电能被生产时带来的平均排放水平，很明显内蒙古区域内的电力排放系数远高于国内电力生产排放的平均水平，这也是京津冀地区的 CO_2 排放系数均低于本节计算的水平，但是在 CO_2 总体排放水平上纯电动汽车依然高于传统燃油车的原因。根据赵子贤等[99]对国内各省市电动汽车碳排放的研究可知，燃料生命周期内的 CO_2 排放均有所下降。这与本研究中使用阶段的量化计算结果基本一致。

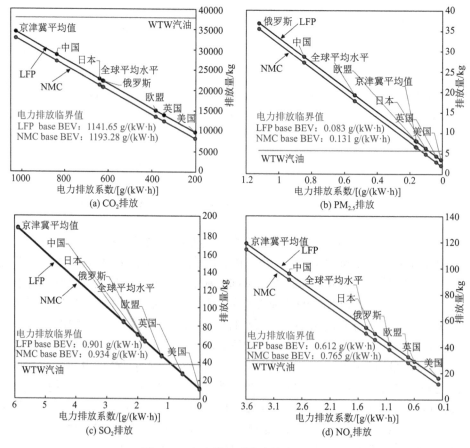

图 3-36　电力排放系数的敏感性分析

4. 回收过程中的参数分析

回收过程中材料的回收主要是通过减少动力电池二次生产过程中原材料的投入来达到降低 CO_2、$PM_{2.5}$、SO_2 和 NO_x 排放量，以期降低电动汽车全生命周期排放的目的，因此关于回收材料的敏感性分析主要是基于表 3-16 中的计算结果进行，以回收减排±5%的程度作敏感性分析，因数据变化不大，所以分析结果以表 3-22 的形式呈现。

表 3-22　动力电池回收材料的敏感性分析

项目	5%排放量/kg	−5%排放量/kg	变化量/kg
LFP-CO_2	28738.222	28739.391	1.169
LFP-$PM_{2.5}$	19.318	19.320	0.002
LFP-SO_2	84.353	84.359	0.006
LFP-NO_x	96.040	96.043	0.003
NMC-CO_2	27189.207	27190.142	0.935
NMC-$PM_{2.5}$	17.879	17.881	0.002
NMC-SO_2	83.376	83.388	0.012
NMC-NO_x	96.065	96.068	0.003

如表 3-22 所示，在电力排放系数较高的情况下，回收材料投入二次生产的 CO_2、$PM_{2.5}$、SO_2 和 NO_x 减排量相较于电动汽车全生命周期的排放占比十分小。综合动力电池生产过程中质量能量密度和表 3-22 中呈现的敏感性分析结果可知，电力排放系数是电动汽车 CO_2、$PM_{2.5}$、SO_2 和 NO_x 排放主要决定因素。Yuan 等[100] 的研究提到了降低上游电力生产碳强度是使电动汽车相较于燃油车环保的最有效方式。虽然本研究中京津冀地区电力生产的 CO_2 排放高于全球平均水平（考虑到上游排放多被转移到排放系数较高的山西和内蒙古），但是基于我国电力生产平均排放现状，电动汽车替代燃油车已经可以满足全生命周期下 CO_2 的减排，而 $PM_{2.5}$、SO_2 和 NO_x 减排需要电力排放系数的持续提高。换句话说，生产过程材料的选择、回收过程中材料的回收率，以及电动汽车技术水平对电动汽车全生命周期排放的影响随着电力排放系数的降低逐渐升高。很长一段时间内，我国仍需要致力于改善能源结构，降低火电在电力结构中的占比，提高纯电动汽车的环境优势。

3.7　小　　结

生产阶段中，LFP 电池组的生产对 CO_2、$PM_{2.5}$、SO_2 和 NO_x 的排放贡献比例分别为 65.53%、74.71%、80.69% 和 69.42%，NMC 动力电池组的生产对 CO_2、$PM_{2.5}$、SO_2 和 NO_x 的排放贡献比例达到 85.32%、90.17%、94.73%、87.22%。电池包中电池组的生产是动力电池 4 种排放的主要来源，其中工艺输入的电能，以及铜、铝和 LFP、NMC 活性材料生产是上述排放的主要贡献环节。

使用阶段中，电动汽车行驶过程中的上游排放由电力结构决定。在京津冀地区推广电动汽车还是有利于该地区 CO_2 和 $PM_{2.5}$ 减排的，即使将转移至山西和内蒙古的排放计算在内，电动汽车依然在这两类排放物上有着低排放的优势，但是对于 SO_2 和 NO_x 排放物，电动汽车上游排放高于传统燃油车，电动汽车推广是有利于电力受入型城市的 CO_2 和 $PM_{2.5}$ 减排的，降低电力生产工艺中 SO_2 和 NO_x 排放水平利于电动汽车后续的可持续发展。京津冀地区承担了当地电动汽车行驶总 CO_2、$PM_{2.5}$、SO_2 及 NO_x 排放的 55.59%、55.61%、55.67% 和 55.70%，其中北京市自身仅承担了电动汽车行驶过程中总 CO_2、$PM_{2.5}$、SO_2 及 NO_x 排放的 28.31%、28.37%、28.32% 和 28.30%。而山西和内蒙古作为华北区域的主要电力供应区域，前者承担了 14.27% 的 CO_2 排放、14.27% 的 $PM_{2.5}$ 排放、14.26% 的 SO_2 排放及 14.24% 的 NO_x 排放，后者承担了 30.14% 的 CO_2 排放、30.13% 的 $PM_{2.5}$ 排放、30.07% 的 SO_2 排放及 30.05% 的 NO_x 排放。

回收阶段中，仅从原材料消耗的角度考虑，铝、铜和 LFP、NMC 活性材料回收过程对动力电池的再生产的排放十分重要。其中 LFP 动力电池二次生产的 CO_2、$PM_{2.5}$、SO_2 和 NO_x 排放相较于一次生产分别降低了 68.26%、73.55%、82.21% 和 73.69%，而 NMC 动力电池二次生产的 CO_2、$PM_{2.5}$、SO_2 和 NO_x 排放相较于一次生产分别降低了 57.78%、56.60%、86.25% 和 72.29%。由于电力主要依赖于火力发电，回收工艺在电动汽车动力电池全生命周期中的影响目前并不明显。

传统燃油车全生命周期的 CO_2、$PM_{2.5}$、SO_2 和 NO_x 排放分别为 37879.81 kg、5.70 kg、37.57 kg 和 29.51 kg；京津冀地区搭载 LFP 动力电池的电动汽车全生命周期的 CO_2、$PM_{2.5}$、SO_2 和 NO_x 排放分别为 46738.53 kg、18.01 kg、235.79 kg 和 153.83 kg；搭载 NMC 动力电池的电动汽车全生命周期的 CO_2、$PM_{2.5}$、SO_2 和 NO_x 排放分别为 45351.99 kg、18.83 kg、244.96 kg 和 151.97 kg。考虑上游排放由电力排放系数较高的地区转移到相对不高的地区，京津冀地区的电动汽车行驶无法在 CO_2、$PM_{2.5}$、SO_2 和 NO_x 排放上实现减排优势。提高电力排放系数是实现电动汽车全生命周期 CO_2、$PM_{2.5}$、SO_2 和 NO_x 减排的有效办法，中国目前的电力生产平均排放条件下已经可以满足电动汽车实现 CO_2 减排。由可行性分析可知搭载 LFP 动力电池的电动汽车对于电力排放系数要求分别低于 1141.65 g/（kW·h）、0.083 g/（kW·h）、0.901 g/（kW·h）和 0.612 g/（kW·h），而搭载 NMC 动力电池的电动汽车对于电力排放系数要求分别低于 1193.28 g/（kW·h）、0.131 g/（kW·h）、0.934 g/（kW·h）和 0.765 g/（kW·h）。

参 考 文 献

[1] Mansour C J, Haddad M G. Well-to-wheel assessment for informing transition strategies to low-carbon fuel-vehicles in developing countries dependent on fuel imports: A case-study of road transport in Lebanon[J]. Energy Policy, 2017, 107: 167-181.

[2] Hawkins T R, Singh B, Majeau-Bettez G, et al. Comparative environmental life cycle assessment of conventional and electric vehicles[J]. Journal of Industrial Ecology, 2013, 17(1): 53-64.

[3] Wang Y, Liu H W, Mao G Z, et al. Inter-regional and sectoral linkage analysis of air pollution in Beijing-Tianjin-Hebei (Jing-Jin-Ji) urban agglomeration of China[J]. Journal of Cleaner Production, 2017, 165: 1436-1444.

[4] Xie Y, Dai H C, Dong H J. Impacts of SO_2 taxations and renewable energy development on CO_2, NO_x and SO_2 emissions in Jing-Jin-Ji region[J]. Journal of Cleaner Production, 2018, 171: 1386-1395.

[5] 赵玺龙. 浅析新能源汽车发展现状与问题[J]. 技术与市场, 2021, 28(7): 88-89.

[6] 林伯强. 碳中和背景下的绿色电力消纳和绿色电力市场发展[N]. 第一财经日报, [2021-07-21](A11).

[7] Peters J F, Baumann M, Zimmermann B, et al. The environmental impact of Li-ion batteries and the role of key parameters—A review[J]. Renewable & Sustainable Energy Reviews, 2017, 67: 491-506.

[8] Zhao J, Ma C H, Zhao X G, et al. Spatio-temporal dynamic analysis of sustainable development in China based on the footprint family[J]. International Journal of Environmental Research and Public Health, 2018, 15(2): 18.

[9] Timmers V, Achten P A J. Non-exhaust PM emissions from electric vehicles[J]. Atmospheric Environment, 2016, 134: 10-17.

[10] Wang L, Yu Y J, Huang K, et al. The inharmonious mechanism of CO_2, NO_x, SO_2, and $PM_{2.5}$ electric vehicle emission reductions in Northern China[J]. Journal of Environmental Management, 2020, 274: 111236.

[11] Ke W W, Zhang S J, He X Y, et al. Well-to-wheels energy consumption and emissions of electric vehicles: Mid-term implications from real-world features and air pollution control progress[J]. Applied Energy, 2017, 188: 367-377.

[12] Ryan N A, Lin Y, Mitchell-Ward N, et al. Use-Phase Drives lithium-ion battery life cycle environmental impacts when used for frequency regulation[J]. Environmental Science & Technology, 2018, 52(17): 10163-10174.

[13] Winkler S L, Anderson J E, Garza L, et al. Vehicle criteria pollutant (PM, NO_x, CO, HCs) emissions: how low should we go? [J]. npj Climate and Atmospheric Science, 2018, 1: 1-5.

[14] Buekers J, van Holderbeke M, Bierkens J, et al. Health and environmental benefits related to electric vehicle introduction in EU countries[J]. Transportation Research Part D: Transport and Environment, 2014, 33: 26-38.

[15] Xiong S Q, Ji J P, Ma X M. Comparative life cycle energy and GHG emission analysis for BEVs

and PhEVs: A case study in China[J]. Energies, 2019, 12(5): 1-17.

[16] Kim S, Bang J, Yoo J, et al. A comprehensive review on the pretreatment process in lithium-ion battery recycling [J]. Journal of Cleaner Production, 2021, 294: 126329.

[17] Sun S, Jin C, He W, et al. Management status of waste lithium-ion batteries in China and a complete closed-circuit recycling process[J]. Science of the total Environment, 2021, 776: 145913.

[18] Bickert S, Kampker A, Greger D. Developments of CO_2-emissions and costs for small electric and combustion engine vehicles in Germany[J]. Transportation Research Part D: Transport and Environment, 2015, 36:138-151.

[19] Winslow K M, Laux S J, Townsend T G. A review on the growing concern and potential management strategies of waste lithium-ion batteries[J]. Resources Conservation and Recycling, 2018, 129: 263-277.

[20] 訾洪静. 磷酸铁锂电池在电动汽车中的应用与回收[J]. 时代汽车, 2020, 18: 91-92.

[21] Zackrisson M, Avellan L, Orlenius J. Life cycle assessment of lithium-ion batteries for plug-in hybrid electric vehicles—Critical issues[J]. Journal of Cleaner Production, 2010, 18(15): 1519-1529.

[22] Kawamoto R, Mochizuki H, Moriguchi Y, et al. Estimation of CO_2 emissions of internal combustion engine vehicle and battery electric vehicle using LCA[J]. Sustainability, 2019, 11(9): 1-15.

[23] Majeau-Bettez G, Hawkins T R, Stromman A H. Life cycle environmental assessment of lithium-ion and nickel metal hydride batteries for plug-in hybrid and battery electric vehicles[J]. Environmental Science & Technology, 2011, 45(10): 4548-4554.

[24] Ellingsen L A W, Majeau-Bettez G, Singh B, et al. Life cycle assessment of a lithium-ion battery vehicle pack[J]. Journal of Industrial Ecology, 2014, 18(1): 113-124.

[25] Kim H C, Wallington T J, Arsenault R, et al. Cradle-to-gate emissions from a commercial electric vehicle Li-ion battery: A comparative analysis[J]. Environmental Science & Technology, 2016, 50(14): 7715-7722.

[26] Yu A, Wei Y, Chen W, et al. Life cycle environmental impacts and carbon emissions: A case study of electric and gasoline vehicles in China[J]. Transportation Research, 2018, 65: 409-420.

[27] Wang C, Chen B, Yu Y, et al. Carbon footprint analysis of lithium ion secondary battery industry: Two case studies from China[J]. Journal of Cleaner Production, 2017, 163: 241-251.

[28] 肖胜权. 基于全生命周期评价的动力电池环境效益研究[D]. 厦门: 厦门大学, 2019.

[29] 卢强. 电动汽车动力电池全生命周期分析与评价[D]. 长春: 吉林大学, 2014.

[30] 李娟. 纯电动汽车与燃油汽车动力系统生命周期评价与分析[D]. 长沙: 湖南大学, 2015.

[31] Onat N C, Kucukvar M, Tatari O. Conventional, hybrid, plug-in hybrid or electric vehicles? State-based comparative carbon and energy footprint analysis in the United States[J]. Applied Energy, 2015, 150: 36-49.

[32] Casals L C, Martinez-Laserna E, Garcia B A, et al. Sustainability analysis of the electric vehicle use in Europe for CO_2 emissions reduction[J]. Journal of Cleaner Production, 2016, 127: 425-437.

[33] de Souza L L, Lora E E S, Palacio J C E, et al. Comparative environmental life cycle assessment of conventional vehicles with different fuel options, plug-in hybrid and electric vehicles for a sustainable transportation system in Brazil[J]. Journal of Cleaner Production, 2018, 203: 444-468.

[34] Weldon P, Morrissey P, Brady J, et al. An investigation into usage patterns of electric vehicles in Ireland[J]. Transportation Research Part D: Transport and Environment, 2016, 43: 207-225.

[35] Nanaki E A, Koroneos C J. Comparative economic and environmental analysis of conventional, hybrid and electric vehicles—The case study of Greece[J]. Journal of Cleaner Production, 2013, 53: 261-266.

[36] Burchart-Korol D, Jursova S, Folega P, et al. Environmental life cycle assessment of electric vehicles in Poland and the Czech Republic[J]. Journal of Cleaner Production, 2018, 202: 476-487.

[37] Onn C C, Mohd N S, Yuen C W, et al. Greenhouse gas emissions associated with electric vehicle charging: The impact of electricity generation mix in a developing country[J]. Transportation Research Part D: Transport and Environment, 2018, 64: 15-22.

[38] Jochem P, Babrowski S, Fichtner W. Assessing CO_2 emissions of electric vehicles in Germany in 2030[J]. Transportation Research Part A: Policy and Practice, 2015, 78: 68-83.

[39] Seo J, Kim H, Park S. Estimation of CO_2 emissions from heavy-duty vehicles in Korea and potential for reduction based on scenario analysis[J]. Science of the Total Environment, 2018, 636: 1192-1201.

[40] Wu Y, Yang Z D, Lin B H, et al. Energy consumption and CO_2 emission impacts of vehicle electrification in three developed regions of China[J]. Energy Policy, 2012, 48: 537-550.

[41] Liang X Y, Zhang S J, Wu Y, et al. Air quality and health benefits from fleet electrification in China[J]. Nature Sustainability, 2019, 2(10): 962-971.

[42] Zhuge C X, Wei B R, Dong C J, et al. Exploring the future electric vehicle market and its impacts with an agent-based spatial integrated framework: A case study of Beijing, China[J]. Journal of Cleaner Production, 2019, 221: 710-737.

[43] Yu L, Li Y P. A flexible-possibilistic stochastic programming method for planning municipal-scale energy system through introducing renewable energies and electric vehicles[J]. Journal of Cleaner Production, 2019, 207: 772-787.

[44] Li N, Chen J P, Tsai I C, et al. Potential impacts of electric vehicles on air quality in Taiwan[J]. Science of the Total Environment, 2016, 566: 919-928.

[45] Yu L, Li Y P, Huang G H, et al. An interval-possibilistic basic-flexible programming method for air quality management of municipal energy system through introducing electric vehicles[J]. Science of the Total Environment, 2017, 593: 418-429.

[46] Yang F, Xie Y Y, Deng Y L, et al. Predictive modeling of battery degradation and greenhouse gas emissions from US state-level electric vehicle operation[J]. Nature Communications, 2018, 9: 2429.

[47] 韩肖清, 李廷钧, 张东霞, 等. 双碳目标下的新型电力系统规划新问题及关键技术[J]. 高电压技术, 2021, 47(9): 3036-3046.

[48] 林卫斌, 吴嘉仪. 碳中和目标下中国能源转型框架路线图探讨[J]. 价格理论与实践, 2021,

47: 3036-3046.

[49] 林卫斌, 吴嘉仪. 碳中和愿景下中国能源转型的三大趋势[J]. 价格理论与实践, 2021, (6): 9-12.

[50] Yao Y L, Zhu M Y, Zhao Z, et al. Hydrometallurgical processes for recycling spent lithium-ion batteries: A critical review [J]. ACS Sustainable Chemistry & Engineering, 2018, 6(11): 13611-13627.

[51] 吴越, 裴锋, 贾蒡路, 等. 从废旧磷酸铁锂电池中回收铝、铁和锂[J]. 电源技术, 2014, 38(4): 629-631.

[52] 张笑笑, 王莺莺, 刘媛, 等. 废旧锂离子电池回收处理技术与资源化再生技术进展[J]. 化工进展, 2016, 35(12): 4026-4032.

[53] Zeng X L, Li J H, Singh N. Recycling of spent lithium-ion battery: A critical review[J]. Critical Reviews in Environmental Science and Technology, 2014, 44(10): 1129-1165.

[54] Abdelbaky M, Peeters J R, Dewulf W. On the influence of second use, future battery technologies, and battery lifetime on the maximum recycled content of future electric vehicle batteries in Europe[J]. Waste Management, 2021, 125: 1-9.

[55] 朱凌云. 退役车用磷酸铁锂动力电池处置阶段的生命周期清单分析[J]. 汽车与配件, 2016, 3: 48.

[56] Qiao Q, Zhao F, Liu Z, et al. Electric vehicle recycling in China: Economic and environmental benefits[J]. Resources Conservation & Recycling, 2019, 140: 45-53.

[57] 李丽, 范二莎, 刘剑锐, 等. 锂离子电池回收技术及研究进展[J]. 新材料产业, 2016, 9: 30-35.

[58] 宋丹, 杨肃博, 刘姣姣, 等. 磷酸铁锂电池项目环境影响评价技术要点浅析[J]. 三峡环境与生态, 2013, 35(4): 28-32.

[59] 白玫. "十四五" 时期新能源汽车产业竞争力提升的方向与路径[J]. 价格理论与实践, 2021, (2): 18-24.

[60] 刘晓慧. "双碳" 背景下新能源矿产发展的机遇在哪[N]. 中国矿业报, 2021-07-06(1).

[61] 石洪萍. 推广新能源汽车, 为减碳打开有力切口[N]. 无锡日报, 2021-07-11(2).

[62] 尹丽梅, 童海华. 汽车产业按下 "脱碳" 加速键[N]. 中国经营报, 2021-07-12(C05).

[63] 王旭辉. 新能源车企是时候制定碳中和路线图了[N]. 中国能源报, 2021-07-12(17).

[64] Peters J F, Weil M. Providing a common base for life cycle assessments of Li-ion batteries [J]. Journal of Cleaner Production, 2018, 171: 704-713.

[65] 孙赵鑫, 施晓清, 杨建新. 生命周期评价与环境风险评价方法整合研究述评[J]. 中国人口·资源与环境, 2014, 24: 210-215.

[66] 陈亮, 刘玫, 黄进. GB/T 24040—2008《环境管理 生命周期评价原则与框架》国家标准解读[J]. 标准科学, 2009, (2): 76-80.

[67] 佟景贵, 曹烨. 生命周期评价在环境管理中应用的局限性及其技术进展研究[J]. 环境科学与管理, 2017, 42(10): 169-172.

[68] Herrmann I T, Moltesen A. Does it matter which life cycle assessment (LCA) tool you choose? A comparative assessment of SimaPro and GaBi[J]. Journal of Cleaner Production, 2015, 86: 163-169.

[69] Starostka-Patyk M. New products design decision making support by SimaPro software on the

base of defective products management[M]//Snasel V, Alancar M, Jeloneck D, et al. International Conference on Communications, Management, and Information Technology. Amsterdam: Elsevier Science , 2015, 1066-1074.

[70] Cox B, Mutel C L, Bauer C, et al. Uncertain environmental footprint of current and future battery electric vehicles[J]. Environmental Science & Technology, 2018, 52(8): 4989-4995.

[71] 吴玉婷, 王晓荣, 何潇蓉. 基于 LEAP 模型的北京市交通能耗及环境污染排放预测[J]. 河北建筑工程学院学报, 2018, 36(4): 85-90, 110.

[72] 肖武坤, 张辉. 中国废旧车用锂离子电池回收利用概况[J]. 电源技术, 2020, 44(8): 1217-1222.

[73] Wu Z W, Zhu H B, Bi H J, et al. Recycling of electrode materials from spent lithium-ion power batteries via thermal and mechanical treatments[J]. Waste Management & Research, 2021, 39(4): 607-619.

[74] 王琢璞. 新能源汽车动力电池回收利用潜力及生命周期评价[D]. 北京: 清华大学, 2018.

[75] 李怡霞. 动力电池全生命周期研究[D]. 北京: 北京工业大学, 2012.

[76] 谢英豪, 余海军, 欧彦楠, 等. 废旧动力电池回收的环境影响评价研究[J]. 无机盐工业, 2015, 47(4): 43-46+61.

[77] 吴小龙, 王晨麟, 陈曦, 等. 废旧锂离子电池市场规模及回收利用技术[J]. 环境科学与技术, 2020, 43(S2): 179-183.

[78] 吴琦, 马文军. 碳中和背景下电池镍行业发展趋势及应对措施[J]. 中国有色冶金, 2021, 50(5): 7-10.

[79] 卢浩洁, 王婉君, 代敏, 等. 中国铝生命周期能耗与碳排放的情景分析及减排对策[J]. 中国环境科学, 2021, 41(1): 451-462.

[80] 丁祥. 铜冶炼行业产品生命周期评价与智能分析的研究与应用[D]. 昆明: 昆明理工大学, 2020.

[81] Notter D A, Gauch M, Widmer R, et al. Contribution of Li-ion batteries to the environmental impact of electric vehicles[J]. Environmental Science & Technology, 2010, 44(17): 6550-6556.

[82] 任建明. “碳中和”背景下的风电发展[J]. 农村电气化, 2021, (7): 60-63.

[83] 戴丽昕. 新能源产业如何助力实现碳达峰碳中和[N]. 上海科技报, 2021-07-14(4).

[84] Huo H, Cai H, Zhang Q, et al. Life-cycle assessment of greenhouse gas and air emissions of electric vehicles: A comparison between China and the US[J]. Atmospheric Environment, 2015, 108: 107-116.

[85] 张丽峰, 刘思萌. 碳中和目标下京津冀地区碳排放影响因素研究——基于分位数回归和 VAR 模型的实证分析[J]. 资源开发与市场, 2021, 37: 1025-1031.

[86] 季晓莉. 生态绿色发展: 发电装机越来越清洁, 数据中心越来越节能[N]. 中国经济导报, 2021-07-29(1).

[87] 王君. 深入实施碳达峰碳中和山西行动[N]. 山西日报, 2021-07-27(11).

[88] Zou Y, Wei S, Sun F, et al. Large-scale deployment of electric taxis in Beijing: A real-world analysis [J]. Energy, 2016, 100: 25-39.

[89] Fernández Álvarez R. A more realistic approach to electric vehicle contribution to greenhouse gas emissions in the city[J]. Journal of Cleaner Production, 2018, 172: 949-959.

[90] 陈轶嵩, 马金秋, 丁振森, 等. 纯电动汽车动力系统全生命周期节能减排绩效评价研究[J]. 机械与电子, 2018, 36(11): 20-23.

[91] 谢和平, 任世华, 谢亚辰, 等. 碳中和目标下煤炭行业发展机遇[J]. 煤炭学报, 2021, 49(7): 2197-2211.

[92] Wang D, Zamel N, Jiao K, et al. Life cycle analysis of internal combustion engine, electric and fuel cell vehicles for China[J]. Energy, 2013, 59: 402-412.

[93] Liu W Q, Liu H, Liu W, et al. Life cycle assessment of power batteries used in electric bicycles in China[J]. Renewable & Sustainable Energy Reviews, 2021, 139: 110596.

[94] Amela A, Reinhard H. Electric vehicles: Solution or new problem?[J]. Environment, Development and Sustainability, 2018, 20: 7-22.

[95] Wang L, Hu J, Yu Y, et al. Lithium-air, lithium-sulfur, and sodium-ion, which secondary battery category is more environmentally friendly and promising based on footprint family indicators? [J]. Journal of Cleaner Production, 2020, 276: 124244.

[96] Igos E, Benetto E, Meyer R, et al. How to treat uncertainties in life cycle assessment studies?[J]. International Journal of Life Cycle Assessment, 2019, 24(4): 794-807.

[97] Garcia R, F reire F. A review of fleet-based life-cycle approaches focusing on energy and environmental impacts of vehicles[J]. Renewable & Sustainable Energy Reviews, 2017, 79: 935-945.

[98] Faria R, Marques P, Moura P, et al. Impact of the electricity mix and use profile in the life-cycle assessment of electric vehicles[J]. Renewable & Sustainable Energy Reviews, 2013, 24(3): 271-287.

[99] 赵子贤, 邵超峰, 陈珏. 中国省域私人电动汽车全生命周期碳减排效果评估[J]. 环境科学研究, 2021, 34(9): 2076-2085.

[100] Yuan X, Li L, Gou H, et al. Energy and environmental impact of battery electric vehicle range in China[J]. Applied Energy, 2015, 157: 75-84.

第4章　新能源汽车动力电池足迹家族分析

4.1　研究背景

进入 21 世纪以来，资源短缺、环境污染和气候变化等问题已经成为阻碍人类社会可持续发展的重要因素[1]，发展新能源汽车被业界[2, 3]和全世界范围内的多个国家视为缓和乃至解决上述几大困境的有效途径之一，图 4-1 显示了部分国家或地区提出的燃油车淘汰时间表。

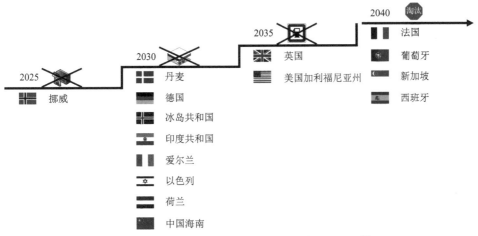

图 4-1　部分国家或地区提出的燃油车淘汰时间表[4]

新能源汽车产业的蓬勃发展直接拉动了上下游产业链的扩张，公开信息显示，新能源汽车产量规模扩大的同时，动力锂电池配套量（主要指插电式混合动力汽车上搭载的动力锂电池，下同）也在快速增加（图 4-2 和图 4-3）[5-7]。

值得注意的是，动力锂电池也存在缺点，其在生产制备过程中可能涉及镍、钴[8]和锰[9]等重金属的使用，还包括多种物质和能源的消耗。2019 年底的新能源汽车市场出现十年来首次负增长的消极态势，而后突如其来的新冠疫情又使中国新能源汽车产业遭遇雪上加霜的极端困境，新冠疫情视角下的新能源汽车产业政策调整是一个极具现实意义的学术问题。

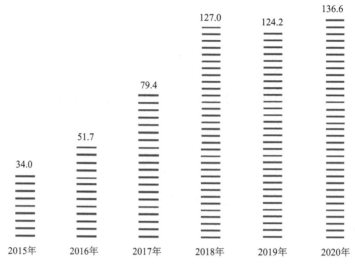

图 4-2　2015～2020 年新能源汽车产量（单位：万辆）[5-7]

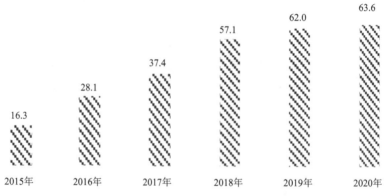

图 4-3　2015～2020 年动力锂电池配套量（单位：GW·h）[5-7]

4.1.1　国内外研究进展

关于新能源汽车市场推进趋势的研究丰富多样，应用的理论和模型各具特点，Rietmann 等在逻辑斯蒂增长模型的基础上对电动汽车销量的发展轨迹进行了预测，结果显示 2032 年全球范围内电动汽车在乘用车中的市场份额将达到30%[10]。

新冠疫情的全球大流行对社会的影响是多元化的、综合的[11]。在电池资源环境影响评价方面，Accardo 等在生命周期评价的基础上研究了轻型商用车上搭载的 NMC111 动力电池的环境影响，发现生产阶段是其环境影响的主要贡献阶段，而生产阶段的主要贡献部分是镍、铝、铜和钴等金属及能量的消耗[12]。谭涛等从网络搜索大数据的角度出发，提出了加入搜索指数的向量自回归模型以预测国内新能源汽车的实际需求，与传统的预测模型相比，该模型在样本期内外的预测精度均有较大的提升，仅需前期 4 个月的新能源汽车实际销售数据和网络搜索指数即可对下一个月的新能源汽车需求作出较为精准的预测[13]。

Hu[14]和 Yin 等[15]将建立通用模型与搜集多种典型企业数据相结合，以 1 kg 为功能单元，就中国锂离子电池的生产和必需的上游过程进行探究，发现磷酸铁锂在选择的正极材料中消耗的不可再生矿物资源最少，并分析比较了该研究中锂离子电池材料的能源消耗和温室气体排放显著高于 GREET 模型的原因，即模型建立过程和数据获取中存在的诸多差异。

4.1.2　新能源汽车动力电池足迹家族研究目的及意义

对动力锂电池产业进行综合影响评价，并针对性地提出建议和改进措施，有利于推动动力锂电池产业的高质量健康发展，进而为保障国家能源安全和控制气候变化作出贡献。

4.2　新能源汽车足迹家族的研究路线图

图 4-4 为本章研究思路，4.3 小节为研究方法的介绍，4.4 小节围绕国内新能源汽车产业（主要指插电式电动汽车，下同）建立了系统动力学模型进行面向 2035 年的规模预测，4.5 小节丰富了一般的足迹家族体系，4.6 小节在 4.4 小节和

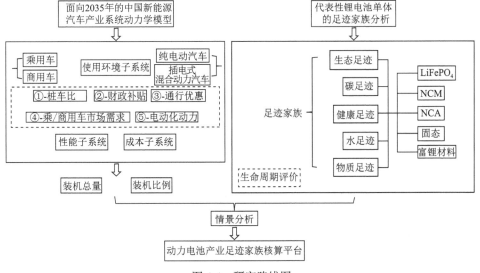

图 4-4　研究路线图

4.5 小节的研究基础上引入了函数模块，搭建动力电池产业足迹家族核算平台。

4.3　新能源汽车足迹家族的理论方法体系

4.3.1　系统动力学

系统动力学最初也称工业动态学，相关概念最早由美国麻省理工学院的 J. W. Forrester 教授于 1956 年提出，它是一门融合系统科学和管理科学，联结自然科学与社会科学的交叉学科，主要用来分析解决信息反馈系统方面的综合问题，试图通过系统的内部结构来说明问题的本质原因，将定性与定量的方法结合起来，可以帮助研究人员增强对随时间变化的复杂系统的理解[16]，系统动力学模型是一种以计算机仿真为基础的典型模拟方法，具体内容包括因果关系回路图［图 4-5（a）］、存量流量图［图 4-5（b）］和系统方程等，基本步骤包括前期系统结构的分析、模型方程的构建、模型检验及最终的模拟、预测和比较（政策制定）[17]。选择系统动力学模型对新冠疫情视角下中国新能源汽车产业的复苏路径及未来趋势进行模拟分析是可行且合适的，后续主体研究内容均在 Vensim 这一常见的系统动力学模型运行软件上开展。

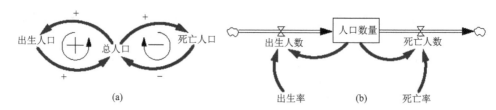

图 4-5　因果关系回路图（a）和存量流量图（b）示例

4.3.2　生命周期评价

生命周期评价是一种实用的分析工具，旨在针对某个产品系统从原材料的开采和初步生产直至废弃回收阶段处置过程中的输入、输出以及潜在环境影响进行汇编和评价，最早出现于 1969 年美国可口可乐饮料容器从原材料的获取到废弃后最终处理的追踪和定量分析，具体包括相互联系且不断重复进行的目的与范围的确定、清单分析、影响评价和结果解释等 4 个步骤[18, 19]（图 4-6），本研究以生产阶段为例展开动力电池生命周期评价的相关工作，主要考察核心原材料组成及用量对动力电池环境负荷的影响，进而从实际生产本身的角度提出对应的建议，系统边界见图 4-7。

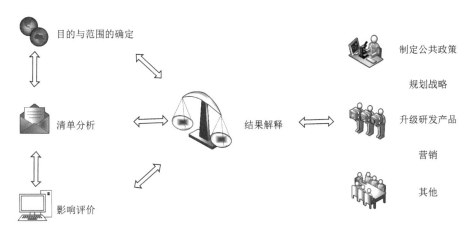

图 4-6　生命周期评价框架图[20]

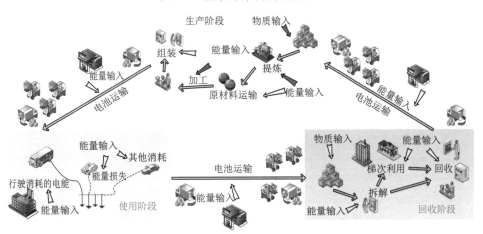

图 4-7　系统边界图[21]

4.3.3　足迹家族

足迹是一种对人类资源消费和废弃物排放等活动的环境影响进行评价的指标，常见的足迹包括生态足迹、碳足迹和水足迹等。此外，还有物质足迹和健康足迹，物质足迹可以用于衡量研究对象在系统边界内因消费行为引起的原材料消耗，健康足迹的概念则较为新颖[22]，足迹家族是一组由基于消费的观点表征的指标，用于综合评估数个具体层面的可持续特性[23-25]，本研究拟将物质足迹和健康足迹这两个重要概念引入一般的足迹家族体系框架中（图 4-8），从更多维度也更符合当前及未来关注度的角度对动力电池产业进行综合影响评价，各足迹计算方法由 SimaPro 9.1.1.1 软件内置模块提供（表 4-1）。

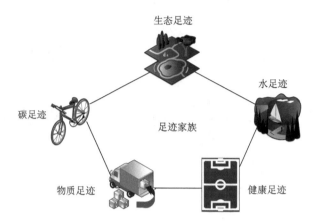

图 4-8　足迹家族评价框架

表 4-1　各足迹计算方法

足迹家族	方法名称
生态足迹	Ecological footprint V1.01
碳足迹	IPCC 2013 GWP 100a V1.03
健康足迹	IMPACT 2002+V2.15
水足迹	AWARE V1.03
物质足迹	ReCiPe 2016 Endpoint（E）V1.04

4.4　新能源汽车产业规模预测

4.4.1　模型边界

2020 年后接下来的 15 年是中国新能源汽车产业发展历程中极不平凡的一段时期，由于 2015 年中国新能源汽车产销均远超车市的 1%这道分界线，该年也被称为中国新能源汽车的"市场化元年"，故以 2015～2035 年的中国插电式电动汽车市场作为系统边界。

4.4.2　模型结构

新能源汽车（主要指插电式电动汽车，下同）的扩散在乘用车（passenger vehicles，PVs）领域和商用车（commercial vehicles，CVs）领域均有进行，乘用车和商用车在服务人群、运行场景和实际市场需求方面具有一些差异，考虑兼顾模型设立的合理性和便利性，新能源汽车被分为 PVs-BEV（纯电动乘用车）、PVs-PHEV（插电式混合动力乘用车）、CVs-BEV（纯电动商用车）和 CVs-PHEV（插电式混合动力商用车）共 4 个部分，建模主体对象为纯电动乘用车和纯电动商用车，影响纯电动汽车型准车主购买意愿的主要因素可以大致划分为 3 个板块：性能（capacity）子系统、（行驶）条件（circumstance）子系统和费用（cost）子系统（3C 子系统），图 4-9 显示了每个子系统的详细构成。

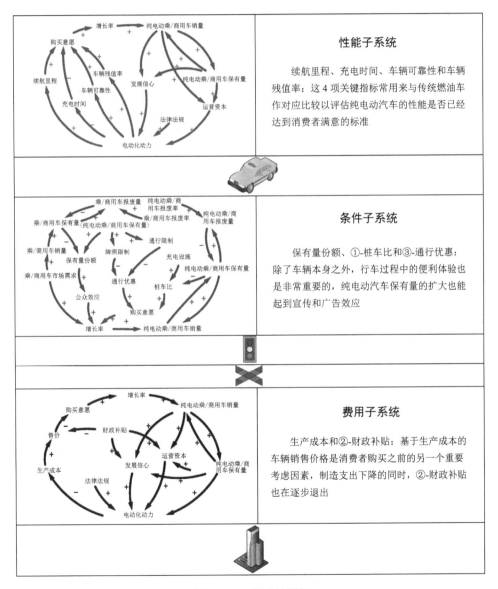

性能子系统

续航里程、充电时间、车辆可靠性和车辆残值率：这 4 项关键指标常用来与传统燃油车作对应比较以评估纯电动汽车的性能是否已经达到消费者满意的标准

条件子系统

保有量份额、①-桩车比和③-通行优惠：除了车辆本身之外，行车过程中的便利体验也是非常重要的，纯电动汽车保有量的扩大也能起到宣传和广告效应

费用子系统

生产成本和②-财政补贴：基于生产成本的车辆销售价格是消费者购买之前的另一个重要考虑因素，制造支出下降的同时，②-财政补贴也在逐步退出

图 4-9　3C 子系统详解

　　图 4-10 是整个系统的整合结果，可以看到纯电动汽车的渗透率受到众多不断变化的因素影响，而基于 Vensim 软件的系统动力学模型的优势之一正是能够胜任处理复杂关系的任务。图 4-11 为最终整合得到的流量存量图，各变量数据来源主要包括中华人民共和国工业和信息化部（简称工信部）及中国汽车工业协会等公开渠道。

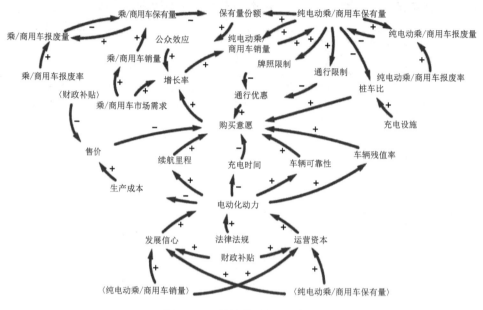

图 4-10　系统因果关系回路图

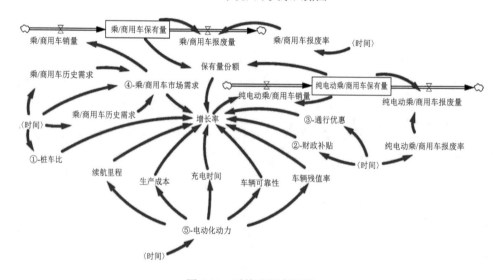

图 4-11　系统流量存量图

4.4.3　模型检验与情景设定

待所有参数都在 Vensim 软件中经过反复调试确认之后，进行模拟运行精度测试，图 4-12 显示相对误差均在 10%以内，即结果具有良好的拟合度，以下的情景分析均建立在此模型的基础上，表 4-2 为各情景的设定和解释说明，5 个辅助变量前的数字与情景设定中的顺序相对应，例如，后文出现的"a-b-c-d-e"表示①-桩车比、②-财政补贴、③-通行优惠、④-乘/商用车市场需求、⑤-电动化动力的情景分别设定为 a、b、c、d 和 e 级情景，从 5 级到 1 级，①-桩车比和③-通行优惠达到最大值的时间从 2023 年推迟到 2035 年，②-财政补贴延迟退出的年限则从 10 年缩短至 2 年，类似地，从 -1 级到 -5 级意味着④-乘/商用车市场需求恢复至原有水平需要的时间从 2 年逐渐延长至 10 年，同时⑤-电动化动力依次下降十分位额度，该模型可以作为一个通用型的计算平台，以容纳引入的恢复时限更长、预期市场份额更低及不同的条件匹配情况。

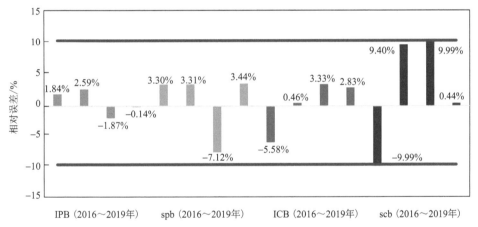

图 4-12　预测值相对误差结果（IPB：PVs-BEV 保有量；spb：PVs-BEV 销量；
ICB：CVs-BEV 保有量；scb：CVs-BEV 销量）

表 4-2　情景设定

情景设定	①-桩车比（年份）	②-财政补贴/年	③-通行优惠（年份）	情景设定	④-乘/商用车市场需求	⑤-电动化动力（纯电动乘用/商用车）
5	1（2023）	10	1（2023）	0	0	0.500/0.250
4	1（2025）	8	1（2025）	-1	2	0.450/0.225
3	1（2028）	6	1（2028）	-2	4	0.400/0.200
2	1（2030）	4	1（2030）	-3	6	0.350/0.175
1	1（2035）	2	1（2035）	-4	8	0.300/0.150
0	1（2035）	0	1（2035）	-5	10	0.250/0.125

4.4.4　新冠疫情的影响

疫情暴发以后，供给侧研发和生产上的巨大不确定性促使⑤-电动化动力下降，产品更新换代和投放市场的速度延迟，需求侧消费者购买能力严重削弱，④-乘/商用车市场需求需要经历一个恢复的过程，以 2035 年纯电动汽车型的预期份额减半，同时汽车市场恢复至原有的时间需要 10 年为例设定本研究中最不利的情景，以下为新冠疫情视角下新能源汽车各车型销量及保有量的具体情景分析。

1. 新能源乘用车受到的影响

新冠疫情影响下新能源乘用车销量和保有量的情景分析如图 4-13 所示，受疫情影响，其销量和保有量可能明显降低，在疫情暴发之前，新能源乘用车的销量和保有量预计将在 2035 年分别达到 1963 万辆和 7273 万辆，若疫情发展到最糟糕的情景，那么新能源乘用车的销量和保有量在 15 年之后可能仅有 847 万辆和 3796 万辆，与没有疫情的情况相比，降幅分别高达 57%和 48%。

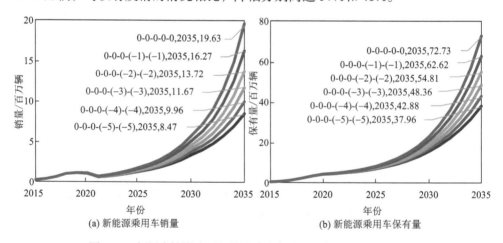

图 4-13　新冠疫情影响下新能源乘用车销量和保有量的情景分析

图 4-14 显示了新能源乘用车销量和保有量分别关于④-市场需求（乘用车）和⑤-电动化动力（纯电动乘用车）的敏感性分析，新冠疫情持续的时间越长，则④-市场需求（乘用车）恢复正常的年限越长，⑤-电动化动力（纯电动乘用车）下降的幅度越大，如果纯电动乘用车的预期发展进程保持不变而乘用车市场消费能力的恢复需要 10 年，那么新能源乘用车在 2035 年的销量和保有量分别仅为 1272 万辆和 5189 万辆，各自下降了 35%和 29%，同样地，仅电动化速度放缓将使得 2035 年新能源乘用车的销量为 1308 万辆下降 33%，同时保有量为 5287 万辆

下降 27%，整体来看，④-市场需求乘用车和⑤-电动化动力（纯电动乘用车）各自变化造成的负面影响差别不明显，15 年后新能源乘用车的销量和保有量均萎缩了 1/3 左右。

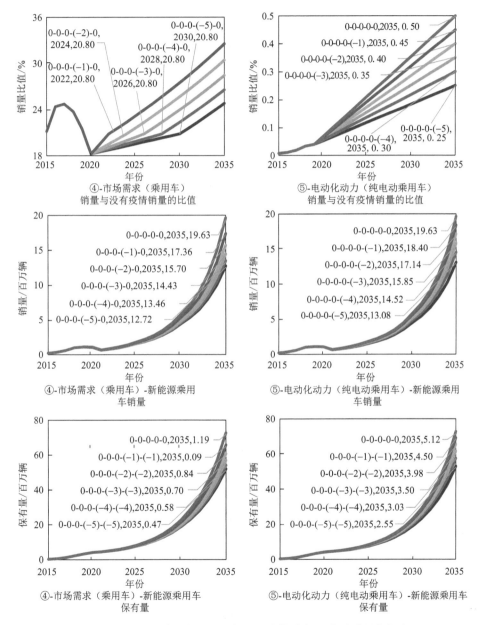

图 4-14　新能源乘用车销量和保有量受④-市场需求（乘用车）和
⑤-电动化动力（纯电动乘用车）影响的敏感性分析

2. 新能源商用车受到的影响

新能源汽车商用车的分析过程与新能源乘用车类似，图 4-15 中的情景分析显示在④-市场需求（商用车）摆脱新冠疫情影响的时间从 2 年增加到 10 年，同时⑤-电动化动力（纯电动商用车）从 0.25 折半至 0.125 的最消极情景下，2035年预期的新能源商用车销量和保有量分别从 119 万辆和 512 万辆下降至 47 万辆和 255 万辆，降幅依次为 61% 和 50%，与新能源乘用车相比，新能源商用车受到新冠疫情的影响略大，即新能源商用车领域同样需要足够有力的政策支持来渡过难关。

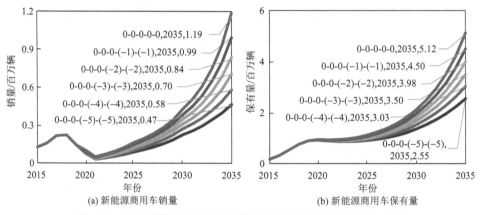

图 4-15　新冠疫情影响下新能源商用车销量和保有量的情景分析

新能源商用车销量和保有量分别关于④-市场需求（商用车）和⑤-电动化动力（纯电动商用车）的敏感性分析见图 4-16，随着市场恢复时间的不断推迟，15 年后新能源商用车的销量和保有量依然维持最低 109 万辆和 473 万辆的水准，与没有新冠疫情时 119 万辆和 512 万辆的规模相比，预期销量和保有量均仅下降了 8%，而当纯电动汽车型在新能源商用车中的扩散进度受限时，销量和保有量在 15 年后最低分别被压缩至 50 万辆和 272 万辆，下降比例分别高达 58% 和 47%，对于新能源商用车而言，⑤-电动化动力（纯电动商用车）减少带来的市场冲击比④-市场需求（商用车）低迷更强烈，原因之一可能是新能源乘用车和新能源商用车的功能定位不同，公共领域的新能源商用车由各级政府提供政策性采购保障，如公交车、公务用车、环卫车和物流车等，一定程度上抵消了④-市场需求（商用车）下行带来的压力；另一方面私人领域的新能源商用车作为生产资料，强调的是生产效率，纯电动汽车型各性能指标仍处于追赶传统燃油车的阶段，一旦⑤-电动化动力（纯电动商用车）受到削弱，势必会对经济利益造成较大的损失，所以新能源商用车受⑤-电动化动力（纯电动商用车）波动的影响更大。

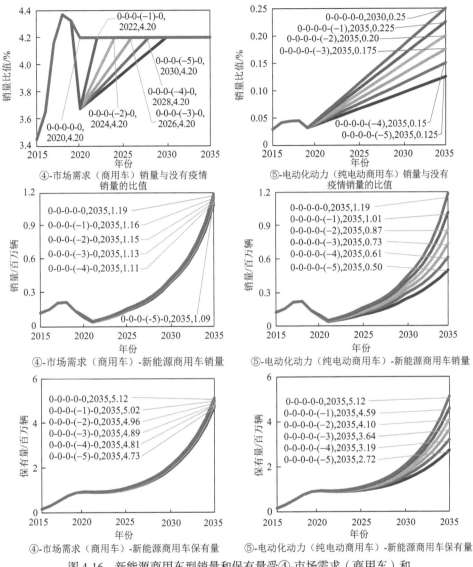

图 4-16 新能源商用车型销量和保有量受④-市场需求（商用车）和
⑤-电动化动力（纯电动商用车）影响的敏感性分析

4.4.5 纾困措施

为了尽快扭转不利局面，一系列刺激新能源汽车消费的政策陆续出台。基于实例，本研究拟将提振新能源汽车产业且影响力较大的具体措施大致分为如下三类：①加快充电桩等充电基础设施的建设，优化新能源汽车的使用体验；②延缓新能源汽车财政补贴的退坡力度；③在牌照、路权等通行方面给予新能源汽车更多优待，图 4-17 为各项纾困措施在各个情景设定下的变化趋势。

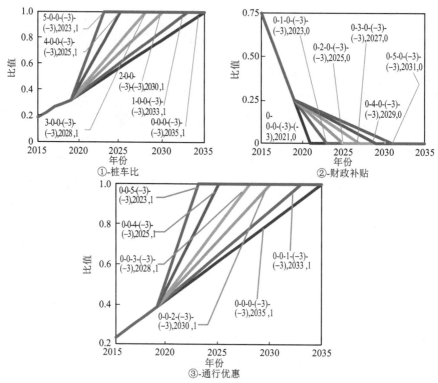

图 4-17　①-桩车比、②-财政补贴及③-通行优惠各情景设定下的变化趋势

　　如果新冠疫情持续影响人类的生产生活，为了尽量消除疫情的影响，假设①-桩车比和③-通行优惠达到最大值的时间从 2035 年提前至最早 2023 年，②-财政补贴退出的时间从 2021 年延长至最晚 2031 年，以疫情影响程度中等为例（即市场需求恢复正常需要 6 年时间，同时纯电动乘用车和纯电动商用车的电动化动力分别缩小至 0.35 和 0.175）对新能源汽车市场复苏效应进行分情景讨论。

1. 新能源乘用车领域的复苏效应

　　图 4-18 和图 4-19 显示了纾困措施对新能源乘用车销量和保有量的影响，恢复效果在本研究中被定义为纾困措施下两量指标与疫情不发生情景下两量指标的比值，从图中可以看到，即使①-桩车比或③-通行优惠达到最大值的时间从 2035 年提前至 2023 年 [5-0-0-(-3)-(-3) 和 0-0-5-(-3)-(-3)]，多数年份的新能源乘用车销量和保有量也仅仅只是基本达到原有水平（①-桩车比），甚至还有相当数量年份在没有疫情发生时的结果之下（③-通行优惠），然而，只将②-财政补贴的退出时间延长 2 年，新能源汽车市场就足以恢复正常，如果同时把①-桩车比和③-通行优惠达到峰值的时间也提前 2 年，则新冠疫情对新能源汽车市场的影响可以得到完全消除（图 4-19）。

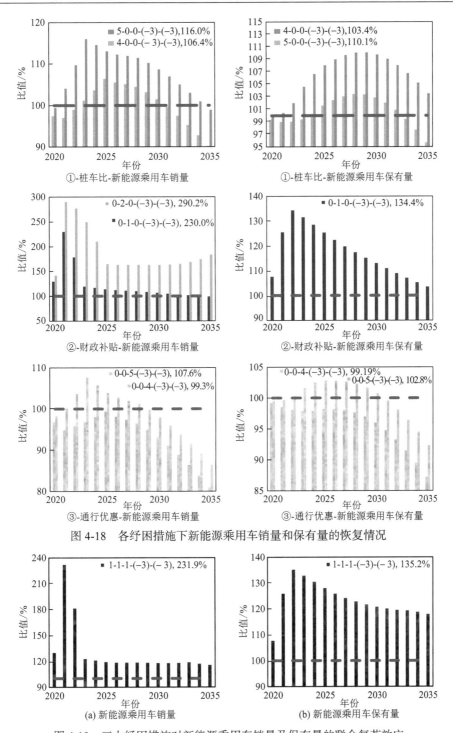

图 4-18　各纾困措施下新能源乘用车销量和保有量的恢复情况

图 4-19　三大纾困措施对新能源乘用车销量及保有量的联合复苏效应

2. 新能源商用车领域的复苏效应

新能源商用车的分析与新能源乘用车类似（图 4-20 和图 4-21），完全恢复的标准值依然设置为 100%，为了完成使市场恢复如初的任务，需要将充电体验或者通行体验达到最佳的时间提前 10 年以上，而选择延长财政补贴退出时间这条路径的情景下，需要推迟的时间缩短为 4 年，如果三大纾困措施同步进行落到实处，则仅需各自提前或者延后 2 年即可基本实现摆脱新冠疫情消极影响的目标。

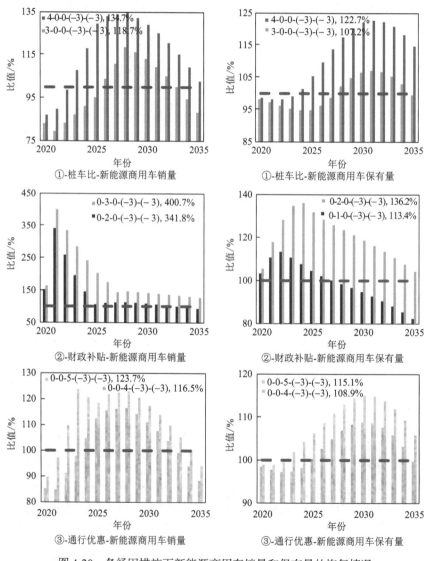

图 4-20　各纾困措施下新能源商用车销量和保有量的恢复情况

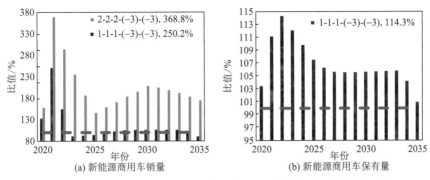

图 4-21 三大纾困措施对新能源商用车销量及保有量的联合复苏效应

4.5 动力电池足迹家族评价

本节拟在生命周期评价的基础上对磷酸铁锂电池、三元电池、镍钴铝电池、富锂锰基电池和固态电池单体等当前及未来主流动力电池体系[26]（主要指插电式电动汽车上搭载的动力锂电池，下同）进行扩大后的足迹家族评价，功能单位确立为 1 kW·h，清单数据以近年发表的文献[15, 27, 28]和北京理工大学材料学院能源与环境系实验室记录为参考。

4.5.1 生态足迹

图 4-22～图 4-24 为磷酸铁锂电池的生态足迹分布情况。从图 4-22 可以看出，磷酸铁锂电池生态足迹的主要来源是电极辅助材料和电极活性材料，电解质和外壳对磷酸铁锂电池生态足迹的贡献值相对较低，隔膜的生态足迹值最小。其中在

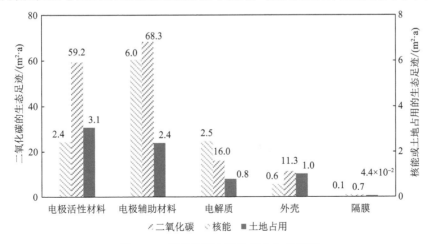

图 4-22 磷酸铁锂电池各组分生态足迹

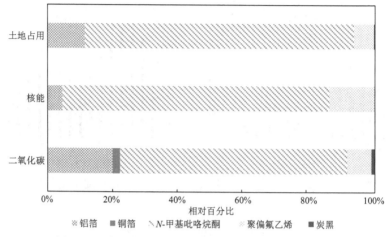

图 4-23　磷酸铁锂电池电极辅助材料生态足迹分布情况

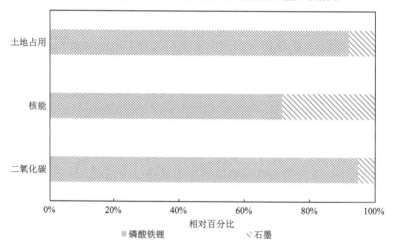

图 4-24　磷酸铁锂电池电极活性材料生态足迹分布情况

核能层面,电极辅助材料和电极活性材料的值分别为 $6.0\ m^2 \cdot a$ 和 $2.4\ m^2 \cdot a$,占据了磷酸铁锂电池整体的 51.7% 和 20.7%,电解质、外壳和隔膜的贡献度依次为 21.6%、5.2% 和 0.9%;在碳排放层面,电极辅助材料、电极活性材料、电解质、外壳和隔膜的贡献度依次为 43.9%、38.1%、10.3%、7.2% 和 0.5%;在土地占用层面,电极活性材料、电极辅助材料、电解质、外壳和隔膜的贡献度依次为 42.2%、32.7%、10.9%、13.6% 和 0.6%。如图 4-23 所示,在电极辅助材料内部,生态足迹贡献度较显著的成分为 N-甲基吡咯烷酮、铝箔和聚偏氟乙烯,图 4-24 则显示在磷酸铁锂电池电极活性材料中,磷酸铁锂对生态足迹值的贡献程度大于石墨。

　　图 4-25 和图 4-26 为三元电池的生态足迹分布情况。如图 4-25 所示,活性材料三元 622 对三元电池生态足迹的贡献值明显高于黏结剂、铜、电解质、石墨、

塑料和锻造铝等其他组分。其中在碳排放层面，活性材料三元 622、锻造铝、铜、电解质、黏结剂、石墨和塑料的值分别为 183.0 m²·a、46.2 m²·a、7.9 m²·a、6.8 m²·a、3.1 m²·a、2.4 m²·a 和 0.5 m²·a，依次占据了三元电池整体的 73.2%、18.5%、3.2%、2.7%、1.2%、1.0% 和 0.2%；在核能层面，活性材料三元 622、黏结剂、铜、电解质、石墨、塑料和锻造铝对三元电池生态足迹的贡献度依次为 57.0%、4.8%、7.7%、11.6%、4.8%、0.4% 和 13.5%；在土地占用层面，上述组分对三元电池生态足迹的贡献度依次为 48.3%、1.6%、27.4%、4.8%、3.2%、0.1% 和 14.5%。图 4-26 显示在电解质组分中，六氟磷酸锂在碳排放和土地占用方面贡献最多，而碳酸乙烯酯在核能方面贡献最多。

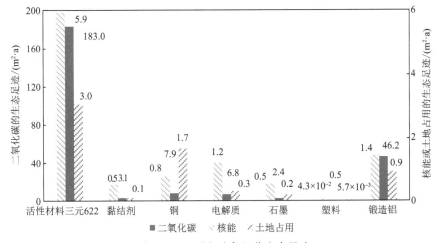

图 4-25　三元电池各组分生态足迹

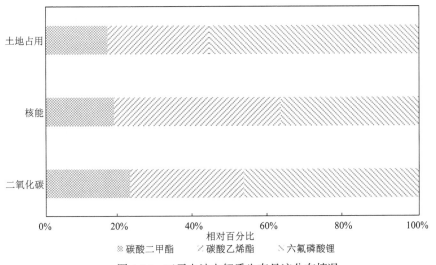

图 4-26　三元电池电解质生态足迹分布情况

图 4-27～图 4-29 为镍钴铝电池的生态足迹分布情况。如图 4-27 所示，电极活性材料（905.8 m²·a，93.2%）贡献了镍钴铝电池生态足迹中碳排放层面的绝大部分值，其余的电极辅助材料（49.7 m²·a，5.1%）、外壳（8.0 m²·a，0.8%）、电解质（7.4 m²·a，0.8%）和隔膜（0.6 m²·a，0.1%）等组分占比均较小；在核能层面，电极活性材料（4.8 m²·a，45.2%）和电极辅助材料（4.2 m²·a，39.6%）作出的贡献较多，接下来是电解质（1.1 m²·a，10.4%）、外壳（0.4 m²·a，3.8%）和隔膜（0.1 m²·a，0.9%）作出的贡献较小；在土地占用层面，电极活性材料依然是贡献程度最大的组分（3.1 m²·a，51.3%），其后依次是电极辅助材料（1.7 m²·a，28.1%）、外壳（0.8 m²·a，13.2%）、电解质（0.4 m²·a，6.6%）和隔膜（4.0×10⁻² m²·a，0.7%）。从图 4-28 可以看出，相比于负极活性材料，正极活性材料是电极活性材料生态足迹各层面值的主要贡献者，而图 4-29 又显示电能的消耗是正极活性材料碳排放层面的主要来源。

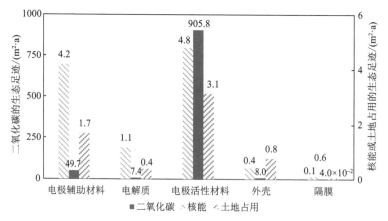

图 4-27　镍钴铝电池各组分生态足迹

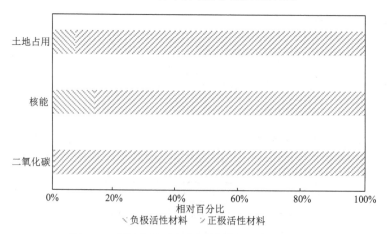

图 4-28　镍钴铝电池电极活性材料生态足迹分布情况

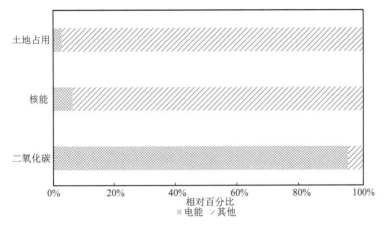

图 4-29　镍钴铝电池正极活性材料生态足迹分布情况

图 4-30 和图 4-31 是富锂锰基电池生态足迹的分布情况。从图 4-30 中可以看出，在碳排放层面，正极（64.7 $m^2 \cdot a$，54.9%）和外壳（42.6 $m^2 \cdot a$，36.1%）贡献的比例较多，电解质（5.9 $m^2 \cdot a$，5.0%）、负极（3.9 $m^2 \cdot a$，3.3%）、隔膜（0.8 $m^2 \cdot a$，0.7%）和基片等组分贡献较少；在核能层面，正极（4.7 $m^2 \cdot a$，66.2%）贡献了接近 2/3 的比例，电解质（0.9 $m^2 \cdot a$，12.7%）、外壳（0.9 $m^2 \cdot a$，12.7%）、负极（0.5 $m^2 \cdot a$，7.0%）和隔膜（0.1 $m^2 \cdot a$，1.4%）等组分的贡献依次减少；在土地占用层面，贡献比例最多的依然是正极（3.3 $m^2 \cdot a$，71.6%），接下来的组分依次是外壳（0.8 $m^2 \cdot a$，17.4%）、电解质（0.3 $m^2 \cdot a$，6.5%）、负极（0.2 $m^2 \cdot a$，4.3%）和隔膜（9.4×10^{-3} $m^2 \cdot a$，0.2%）等。从图 4-31 可以较为直观地看出，正极是 3 个层面指标值的突出贡献者，外壳、电解质和负极组分也有相当程度的贡献，剩余组分的影响较低。

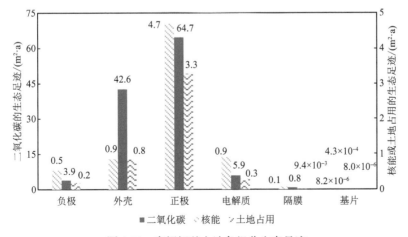

图 4-30　富锂锰基电池各组分生态足迹

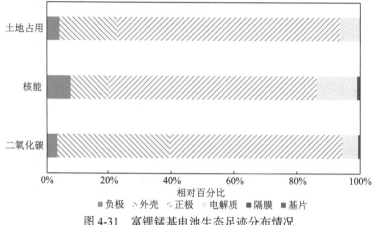

图 4-31 富锂锰基电池生态足迹分布情况

图 4-32～图 4-34 为固态电池及相关组分的生态足迹分布情况。从图 4-32 可以看出，固态电池的生态足迹集中在正极浆料和电解质这两个组分，负极、外壳、端子和集流体箔等组分的贡献相对较少。其中在碳排放层面，贡献程度从高到低的组分依次为正极浆料（36.6 m²·a，37.2%）、电解质（17.2 m²·a，17.4%）、负极（12.8 m²·a，13.0%）、外壳（12.6 m²·a，12.8%）、集流体箔（11.5 m²·a，11.7%）和端子（7.8 m²·a，7.9%）；在核能层面，贡献程度从高到低的组分依次为正极浆料（1.8 m²·a，36%）、电解质（1.6 m²·a，32%）、外壳（0.8 m²·a，16.0%）、端子（0.3 m²·a，6.0%）、负极（0.3 m²·a，6.0%）和集流体箔（0.2 m²·a，4.0%）；在土地占用层面，贡献程度从高到低的组分依次为正极浆料（0.9 m²·a，31.0%）、电解质（0.7 m²·a，24.1%）、端子（0.6 m²·a，20.7%）、负极（0.3 m²·a，10.3%）、集流体箔（0.2 m²·a，6.9%）和外壳（0.2 m²·a，6.9%）。从图 4-33 可以看出，二硫化钛是固态电池正极浆料生态足迹的重要贡献者，图 4-34 则显示硫化锂和五硫化二磷是固态电池电解质生态足迹的重要贡献者。

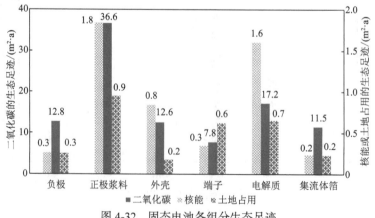

图 4-32 固态电池各组分生态足迹

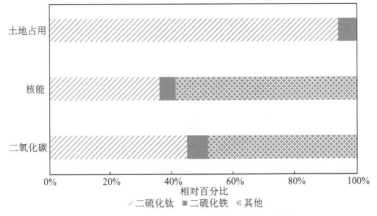

图 4-33　固态电池正极浆料生态足迹分布情况

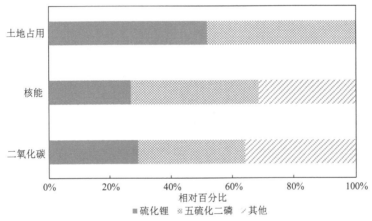

图 4-34　固态电池电解质生态足迹分布情况

4.5.2　碳足迹

图 4-35～图 4-37 为磷酸铁锂电池碳足迹的分布情况。从图 4-35 可以看出，电极辅助材料的碳足迹值为 29.7 kg CO_2 eq，占磷酸铁锂电池总碳足迹的 45.4%，是贡献度最大的组分，其他组分的碳足迹贡献度从大到小依次为电极活性材料（23.6 kg CO_2 eq，36.1%）、电解质材料（6.8 kg CO_2 eq，10.4%）、外壳（5.0 kg CO_2 eq，7.6%）和隔膜（0.3 kg CO_2 eq，0.5%）。从图 4-36 可以看出，贡献程度最大的电极辅助材料中，占比最大的是 N-甲基吡咯烷酮（19.9 kg CO_2 eq），然后依次是铝箔（6.0 kg CO_2 eq）、聚偏氟乙烯（2.9 kg CO_2 eq）、铜箔（0.6 kg CO_2 eq）和炭黑（0.3 kg CO_2 eq）。从图 4-37 可以看出，磷酸铁锂电池电极活性材料中磷酸铁锂的碳足迹值（21.8 kg CO_2 eq）远远高于石墨（1.8 kg CO_2 eq），约是后者的 12.1 倍。

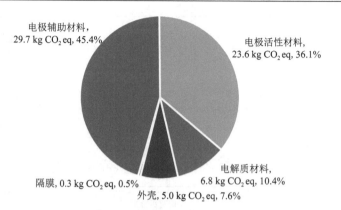

图 4-35 磷酸铁锂电池各组分碳足迹

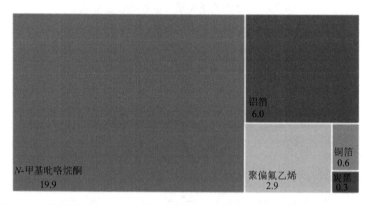

图 4-36 磷酸铁锂电池电极辅助材料碳足迹分布情况（单位：$kg\ CO_2\ eq$）

图 4-37 磷酸铁锂电池电极活性材料碳足迹分布情况（单位：$kg\ CO_2\ eq$）

图 4-38、图 4-39 显示了三元电池碳足迹分布情况。从图 4-38 可以看出，三元电池组分碳足迹贡献排序从高到低依次是活性材料三元 622（71.0 kg CO_2 eq，70.3%）、锻造铝（20.0 kg CO_2 eq，19.8%）、铜（3.5 kg CO_2 eq，3.5%）、电解

质（3.0 kg CO₂ eq, 3.0%）、黏结剂（1.8 kg CO₂ eq, 1.8%）、石墨（1.4 kg CO₂ eq, 1.4%）和塑料（0.2 kg CO₂ eq, 0.2%）。从图 4-39 可以看出，电解质中碳酸二甲酯的碳足迹贡献值（1.3 kg CO₂ eq）最高，其次是碳酸乙烯酯（1.0 kg CO₂ eq）和六氟磷酸锂（0.7 kg CO₂ eq）。

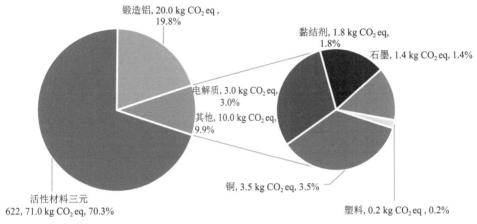

图 4-38　三元电池各组分碳足迹

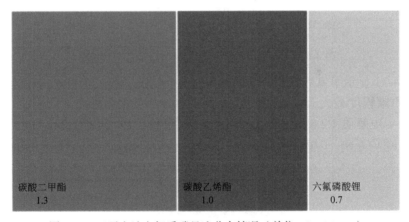

图 4-39　三元电池电解质碳足迹分布情况（单位：kg CO₂ eq）

图 4-40～图 4-42 显示了镍钴铝电池碳足迹的分布情况。从图 4-40 可以看出，电极活性材料对镍钴铝电池碳足迹值贡献程度最大（341.6 kg CO₂ eq, 92.3%），电极辅助材料（21.7 kg CO₂ eq, 5.8%）、外壳（3.5 kg CO₂ eq, 0.9%）、电解质（3.1 kg CO₂ eq, 0.8%）和隔膜（0.3 kg CO₂ eq, 0.1%）等组分对镍钴铝电池碳足迹值的贡献程度依次减小。图 4-41 显示电极活性材料中正极活性材料的碳足迹贡献比例高达 99.5%。图 4-42 显示电能的消耗（94.5%）是镍钴铝电池正极活性材料碳足迹增加的主要原因。

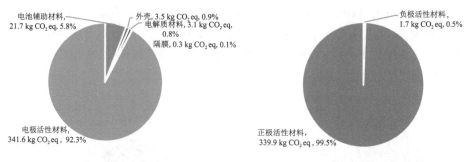

图 4-40　镍钴铝电池各组分碳足迹　　　图 4-41　镍钴铝电池电极活性材料碳足迹
　　　　　　　　　　　　　　　　　　　　　　　　分布情况

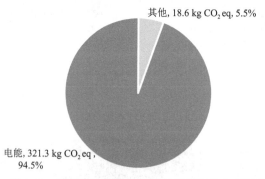

图 4-42　镍钴铝电池正极活性材料碳足迹分布情况

图 4-43 显示了富锂锰基电池的碳足迹分布情况，可见正极对富锂锰基电池
碳足迹贡献程度最大（27.8 kg CO₂ eq，54.5%），其次是外壳（18.5 kg CO₂ eq，
36.3%）、电解质（2.5 kg CO₂ eq，4.9%）、负极（1.9 kg CO₂ eq，3.7%）、隔
膜（0.3 kg CO₂ eq，0.6%）和基片（$1.9×10^{-4}$ kg CO₂ eq，$3.7×10^{-4}$%）等组分。

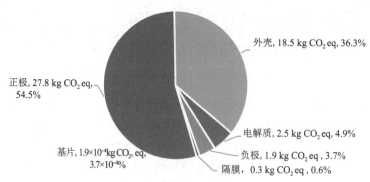

图 4-43　富锂锰基电池各组分碳足迹

图 4-44～图 4-46 是固态电池碳足迹的分布情况。如图 4-44 所示，正极浆
料是固态电池碳足迹的最大贡献者（15.9 kg CO₂ eq，36.4%），其次是电解质

（7.7 kg CO$_2$ eq，17.6%），两者合计对固态电池碳足迹的贡献比例超过一半，接下来依次是外壳（6.1 kg CO$_2$ eq，13.9%）、负极（5.6 kg CO$_2$ eq，12.8%）、集流体箔（5.0 kg CO$_2$ eq，11.4%）和端子（3.4 kg CO$_2$ eq，7.8%）。图 4-45 表明正极浆料中二硫化钛（6.7 kg CO$_2$ eq）对碳足迹值的贡献大于二硫化铁（1.1 kg CO$_2$ eq），前者约是后者的 6.1 倍。图 4-46 表明电解质中硫化锂（2.1 kg CO$_2$ eq）与五硫化二磷（2.6 kg CO$_2$ eq）的碳足迹值相差不大。

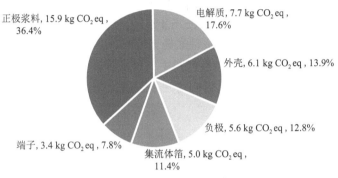

图 4-44　固态电池各组分碳足迹

图 4-45　固态电池正极浆料碳足迹分布情况（单位：kg CO$_2$ eq）

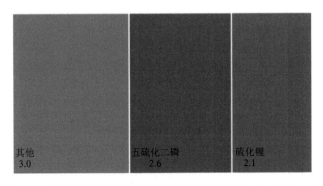

图 4-46　固态电池电解质碳足迹分布情况（单位：kg CO$_2$ eq）

4.5.3　健康足迹

图 4-47～图 4-49 显示了磷酸铁锂电池的健康足迹分布情况。从图 4-47 可以较为直观地看出，电极辅助材料和电极活性材料是磷酸铁锂电池健康足迹的主要贡献者，以可吸入无机物层面为例，各组分的贡献比例从大到小依次为：电极辅助材料（$3.4×10^{-2}$ kg PM$_{2.5}$ eq，42.9%）、电极活性材料（$2.5×10^{-2}$ kg PM$_{2.5}$ eq，31.5%）、外壳（$1.2×10^{-2}$ kg PM$_{2.5}$ eq，15.1%）、电解质（$8.0×10^{-3}$ kg PM$_{2.5}$ eq，10.1%）和隔膜（$3.0×10^{-4}$ kg PM$_{2.5}$ eq，0.4%）。从图 4-48 可以看出，N-甲基吡咯烷酮是电极辅助材料中对健康足迹贡献最大的部分，其次比较突出的是铝箔和聚偏氟乙烯。图 4-49 显示在电极活性材料中，磷酸铁锂在臭氧层消耗、电离辐射、可吸入无机物和非致癌物层面的影响均大于石墨，而石墨在可吸入有机物和致癌物层面的影响超过磷酸铁锂。

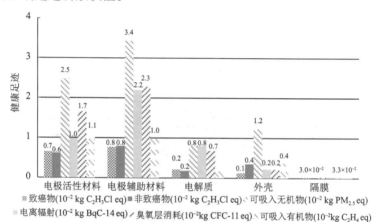

图 4-47　磷酸铁锂电池各组分健康足迹

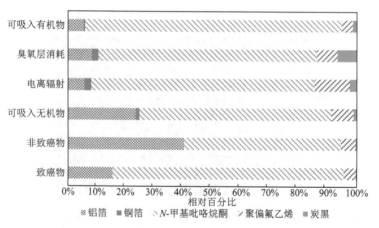

图 4-48　磷酸铁锂电池电极辅助材料健康足迹分布情况

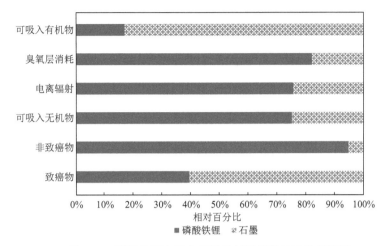

图 4-49 磷酸铁锂电池电极活性材料健康足迹分布情况

图 4-50 和图 4-51 为三元电池健康足迹的分布情况。从图 4-50 可以看出，活性材料三元 622 和锻造铝对三元电池健康足迹的贡献比例相对较大，石墨、铜、电解质、黏结剂和塑料对三元电池健康足迹的贡献比例相对较小，以致癌物层面为例，各组分的贡献比例从大到小依次为：锻造铝（0.63 kg C_2H_3Cl eq，38.5%）、活性材料三元 622（0.43 kg C_2H_3Cl eq，26.4%）、石墨（0.31 kg C_2H_3Cl eq，19.0%）、铜（0.12 kg C_2H_3Cl eq，7.3%）、电解质（0.11 kg C_2H_3Cl eq，6.7%）、黏结剂（$2.0×10^{-2}$ kg C_2H_3Cl eq，1.2%）和塑料（$1.4×10^{-2}$ kg C_2H_3Cl eq，0.9%）。从图 4-51 可以看出，电解质中六氟磷酸锂在臭氧层消耗、电离辐射、可吸入无机物、非致癌物层面的影响较大，碳酸二甲酯在可吸入有机物层面影响较大，碳酸乙烯酯在致癌物层面影响较大。

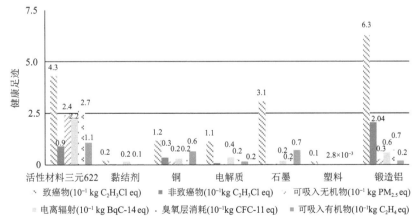

图 4-50 三元电池各组分健康足迹

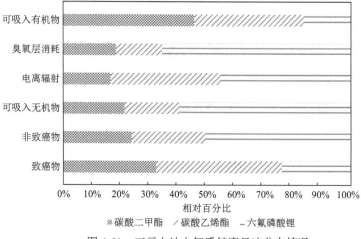

图 4-51　三元电池电解质健康足迹分布情况

图 4-52～图 4-54 为镍钴铝电池健康足迹的分布情况。从图 4-52 可以看出，电极活性材料和电极辅助材料对镍钴铝电池健康足迹的贡献比例较大，电解质、外壳和隔膜等组分对镍钴铝电池健康足迹的贡献比例较小，以可吸入无机物层面为例，各组分的贡献程度从大到小依次为电极活性材料（0.37 kg PM$_{2.5}$ eq，90.7%）、电极辅助材料（2.5×10^{-2} kg PM$_{2.5}$ eq，6.1%）、外壳（9.0×10^{-3} kg PM$_{2.5}$ eq，2.2%）、电解质（3.7×10^{-3} kg PM$_{2.5}$ eq，0.9%）和隔膜（2.7×10^{-4} kg PM$_{2.5}$ eq，0.1%）。从图 4-53 可以看出，镍钴铝电池电极活性材料中正极活性材料的健康足迹值贡献在各个层面都超过甚至远超过负极活性材料，图 4-54 则显示电能的消耗在镍钴铝电池正极活性材料健康足迹值中占比并不突出。

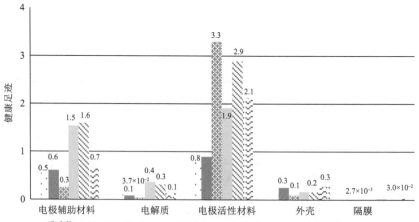

图 4-52　镍钴铝电池各组分健康足迹

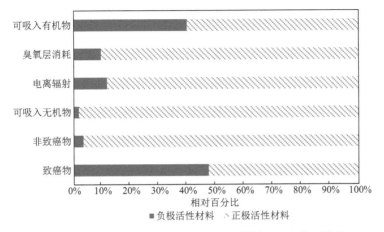

图 4-53　镍钴铝电池电极活性材料健康足迹分布情况

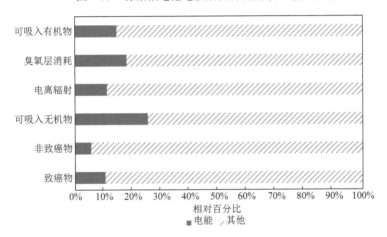

图 4-54　镍钴铝电池正极活性材料健康足迹分布情况

图 4-55 和图 4-56 为富锂锰基电池健康足迹的分布情况。从图 4-55 可以看出，正极和外壳是富锂锰基电池健康足迹的主要贡献者，负极、电解质的贡献相对较少，隔膜和基片的贡献程度最低，以臭氧层消耗层面为例，各组分贡献比例从高到低依次为正极（2.8×10^{-6} kg CFC-11 eq，73.0%）、外壳（5.9×10^{-7} kg CFC-11 eq，15.4%）、电解质（2.5×10^{-7} kg CFC-11 eq，6.5%）、负极（1.9×10^{-7} kg CFC-11 eq，5.0%）、隔膜（4.5×10^{-9} kg CFC-11 eq，0.1%）和基片（6.5×10^{-12} kg CFC-11 eq，1.7×10^{-6}）。图 4-56 也直观反映了正极在可吸入有机物、臭氧层消耗、电离辐射、可吸入无机物和致癌物层面均有最大贡献，外壳在非致癌物层面的贡献最大。

图 4-57～图 4-59 是固态电池健康足迹的分布情况。从图 4-57 可以看出，固态电池各组分中对健康足迹贡献较为突出的是正极浆料和电解质，负极、外壳、端子和集流体箔等组分的贡献相对较少，以可吸入无机物层面为例，固态电池

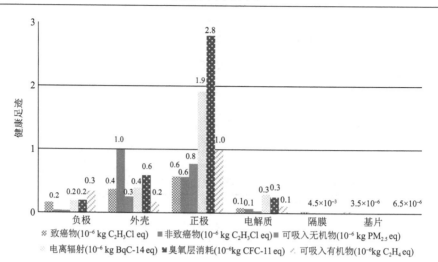

图 4-55　富锂锰基电池各组分健康足迹

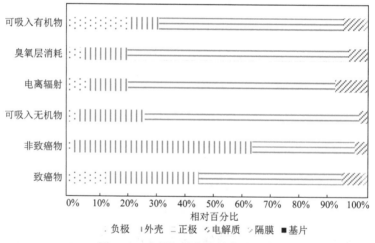

图 4-56　富锂锰基电池健康足迹分布情况

各组分健康足迹贡献度从高到低的排序依次是正极浆料（$1.5×10^{-2}$ kg $PM_{2.5}$ eq，28.0%）、电解质（$1.1×10^{-2}$kg $PM_{2.5}$ eq，20.6%）、端子（$7.9×10^{-3}$ kg $PM_{2.5}$ eq，14.8%）、负极（$7.5×10^{-3}$ kg $PM_{2.5}$ eq，14.0%）、集流体箔（$6.8×10^{-3}$ kg $PM_{2.5}$ eq，12.7%）和外壳（$5.3×10^{-3}$ kg $PM_{2.5}$ eq，10.0%）。从图 4-58 可以看出，在固态电池正极浆料中，二硫化钛是非致癌物层面的突出贡献者，二硫化铁在电离辐射、可吸入无机物和致癌物层面的贡献较为突出，二硫化钛和二硫化铁在臭氧层消耗层面的贡献都较大。图 4-59 则显示硫化锂是固态电池电解质中臭氧层消耗和非致癌物等多个层面的相对突出贡献者，五硫化二磷在臭氧层消耗、电离辐射、可吸入无机物、非致癌物和致癌物层面的贡献相对较为突出。

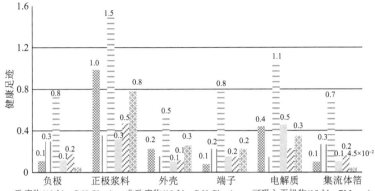

图 4-57　固态电池各组分健康足迹

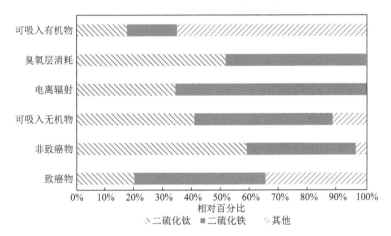

图 4-58　固态电池正极浆料健康足迹分布情况

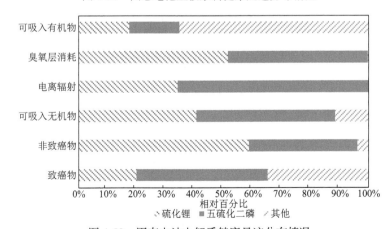

图 4-59　固态电池电解质健康足迹分布情况

4.5.4 水足迹

图 4-60～图 4-62 为磷酸铁锂电池水足迹的分布情况。从图 4-60 可以看出，电极辅助材料对磷酸铁锂电池的水足迹贡献程度较大，其次是电极活性材料，电解质、外壳和隔膜等组分的贡献相对较小，具体数值及比例排序从大到小依次为电极辅助材料（37.8 m³，63.1%）、电极活性材料（16.4 m³，27.4%）、电解质（4.4 m³，7.3%）、外壳（1.1 m³，1.8%）和隔膜（0.2 m³，0.4%）。从图 4-61 可以看出，电极辅助材料中 N-甲基吡咯烷酮的贡献最大，达到了 93.4%，图 4-62 则显示电极活性材料的水足迹绝大部分来自磷酸铁锂，石墨相对占比极少，前者约为后者的 54.6 倍。

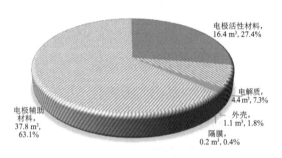

图 4-60 磷酸铁锂电池各组分水足迹

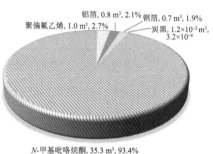

图 4-61 磷酸铁锂电池电极辅助材料水足迹分布情况

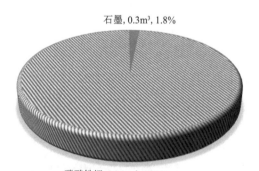

图 4-62 磷酸铁锂电池电极活性材料水足迹分布情况

图 4-63 和图 4-64 为三元电池水足迹的分布情况。从图 4-63 可以看出，活性材料三元 622 的贡献比例最为显著，超过了 90%，各组分对三元电池水足迹贡献的具体排序从大到小依次为活性材料三元 622（62.7 m³，90.5%）、锻造铝（2.7 m³，3.9%）、电解质（1.7 m³，2.4%）、铜（1.3 m³，1.9%）、黏结剂（0.6 m³，0.9%）、石墨（0.2 m³，0.3%）和塑料（0.1 m³，0.1%）。图 4-64 显示三元电池电解质中

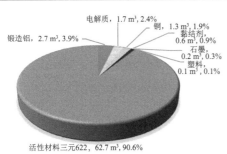

图 4-63　三元电池各组分水足迹

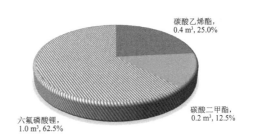

图 4-64　三元电池电解质水足迹分布情况

六氟磷酸锂对水足迹的贡献最大，超过 60%，碳酸乙烯酯次之，碳酸二甲酯最小，三者的相对比例约为 5 : 2 : 1。

图 4-65～图 4-67 显示了镍钴铝电池水足迹值的分布情况。从图 4-65 可以看出，电极辅助材料（25.6 m³，48.1%）和电极活性材料（24.6 m³，46.2%）是镍钴铝电池水足迹的主要贡献者，其余组分的贡献从大到小依次是电解质（2.0 m³，3.8%）、外壳（0.8 m³，1.5%）和隔膜（0.2 m³，0.4%）。以电极活性材料为例，图 4-66 显示镍钴铝电池电极活性材料的水足迹几乎 100% 来自正极活性材料，图 4-67 则显示电能的消耗对正极活性材料的贡献比例刚刚超过一半。

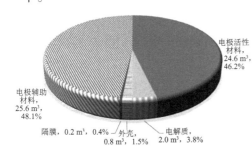

图 4-65　镍钴铝电池各组分水足迹

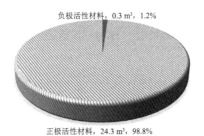

图 4-66　镍钴铝电池电极活性材料水足迹
分布情况

图 4-67　镍钴铝电池正极活性材料水足迹分布情况

图 4-68 显示了富锂锰基电池水足迹的分布情况，各组分水足迹贡献程度从大到小依次为：正极（17.7 m³，75.0%）、外壳（2.4 m³，10.2%）、负极（1.8 m³，7.6%）、电解质（1.6 m³，6.8%）、隔膜（0.1 m³，0.4%）和基片（3.4×10⁻⁵ m³，1.4×10⁻⁶），正极对富锂锰基电池水足迹的贡献比例达到了 3/4。

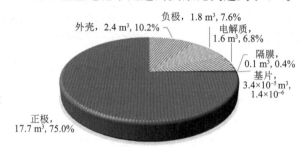

图 4-68　富锂锰基电池各组分水足迹

图 4-69～图 4-71 为固态电池水足迹的分布情况。从图 4-69 可以看出，正极浆料是固态电池水足迹的最大贡献者，贡献比例超过了一半，其次是电解质和外壳等组分，具体贡献程度从高到低排序依次为正极浆料（11.5 m³，55.3%）、电解质（5.5 m³，26.4%）、外壳（1.7 m³，8.2%）、端子（0.8 m³，3.8%）、负极（0.7 m³，3.4%）和集流体箔（0.6 m³，2.9%）。图 4-70 显示固态电池正极浆料水足迹的主要贡献者是二硫化钛，其次是二硫化铁，两者几乎是正极浆料水足迹的全部来源，图 4-71 则表明固态电池电解质浆料一半以上的水足迹值来自硫化锂。

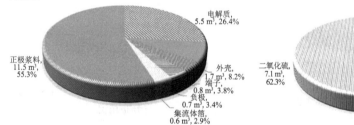

图 4-69　固态电池各组分水足迹比例

图 4-70　固态电池正极浆料水足迹分布情况

图 4-71　固态电池电解质浆料水足迹分布情况

4.5.5 物质足迹

图 4-72～图 4-74 显示了磷酸铁锂电池物质足迹的分布情况。从图 4-72 可以看出，化石资源消耗层面贡献较大的是电极辅助材料和电极活性材料，具体排序从大到小依次为：电极辅助材料（2.7 美元，49.1%）、电极活性材料（1.7 美元，30.9%）、电解质材料（0.8 美元，14.6%）、外壳（0.2 美元，3.6%）和隔膜（0.1 美元，1.8%）；在矿物资源消耗层面，贡献程度较大的是外壳和电极活性材料，具体排序从大到小依次为：外壳（0.1 美元，41.6%）、电极活性材料（$5.6×10^{-2}$ 美元，23.3%）、电解质（$4.3×10^{-2}$ 美元，17.9%）、电极辅助材料（$4.1×10^{-2}$ 美元，17.1%）和隔膜（$1.5×10^{-4}$ 美元，0.1%）。从图 4-73 可以直观地看出，在磷酸铁锂电池电极辅助材料中，矿物资源消耗层面贡献最大的组分是铝箔，化石资源消耗层面贡献最大的组分是 N-甲基吡咯烷酮，图 4-74 则显示磷酸铁锂电池电极活性材料中磷酸铁锂在矿物资源消耗和化石资源消耗两个层面的影响都远超过石墨。

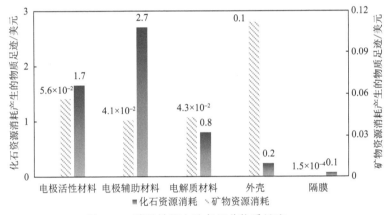

图 4-72　磷酸铁锂电池各组分物质足迹

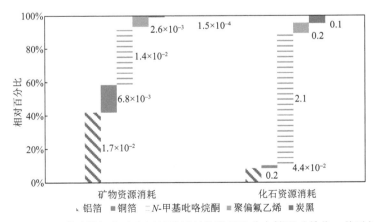

图 4-73　磷酸铁锂电池电极辅助材料物质足迹分布情况（单位：美元）

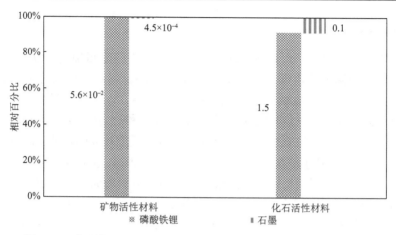

图 4-74 磷酸铁锂电池电极活性材料物质足迹分布情况（单位：美元）

图 4-75 和图 4-76 显示了三元电池物质足迹的分布情况。从图 4-75 可以看出，活性材料三元 622 是化石资源消耗和矿物资源消耗两个层面影响的突出贡献组分，化石资源消耗层面贡献程度的具体排序从大到小依次为：活性材料三元 622（4.5 美元，73.1%）、锻造铝（0.8 美元，13.0%）、电解质（0.4 美元，6.5%）、铜（0.2 美元，3.2%）、石墨（0.1 美元，1.6%）、黏结剂（0.1 美元，1.6%）和塑料（6.0×10^{-2} 美元，1.0%）；矿物资源消耗层面贡献程度的具体排序从大到小依次为：活性材料三元 622（0.8 美元，74.3%）、铜（0.2 美元，18.6%）、锻造铝（6.1×10^{-2} 美元，5.7%）、电解质（1.4×10^{-2} 美元，1.3%）、黏结剂（1.6×10^{-3} 美元，0.1%）、石墨（3.5×10^{-4} 美元，3.2×10^{-2}%）和塑料（1.2×10^{-4} 美元，1.1×10^{-2}%）。从图 4-76 可以看出，三元电池电解质中，六氟磷酸锂在矿物资源消耗层面贡献最大，碳酸乙烯酯在化石资源消耗层面贡献最大。

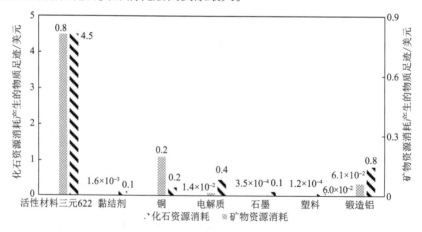

图 4-75 三元电池各组分物质足迹

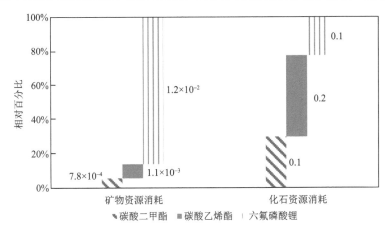

图 4-76　三元电池电解质物质足迹分布情况（单位：美元）

图 4-77～图 4-79 为镍钴铝电池物质足迹分布情况。从图 4-77 可以看出，电极活性材料在化石资源消耗和矿物资源消耗两个层面的影响处于各个组分间的绝对领先位置，在化石资源消耗层面，各组分贡献程度的具体排序从大到小依次为：电极活性材料（22.1 美元，89.5%）、电极辅助材料（1.9 美元，7.7%）、电解质（0.4 美元，1.6%）、外壳（0.2 美元，0.8%）和隔膜（0.1 美元，0.4%）；在矿物资源消耗层面，各组分贡献程度的具体排序从大到小依次为：电极活性材料（0.9 美元，86.9%）、外壳（$8.3×10^{-2}$ 美元，8.0%）、电极辅助材料（$3.3×10^{-2}$ 美元，3.2%）、电解质（$2.0×10^{-2}$ 美元，1.9%）和隔膜（$1.3×10^{-4}$ 美元，$1.2×10^{-2}$%）。从图 4-78 可以看出，正极活性材料对镍钴铝电池电极活性材料的物质足迹贡献远大于负极活性材料，图 4-79 则显示在化石资源消耗层面，电能的消耗对镍钴铝电池正极活性材料的贡献极大，而在矿物资源消耗层面，其对正极活性材料的影响比较微小。

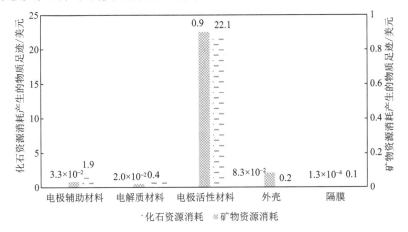

图 4-77　镍钴铝电池各组分物质足迹

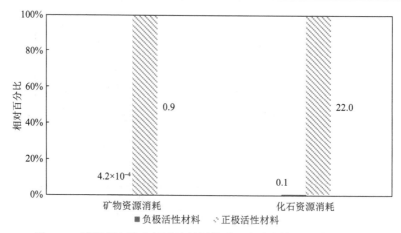

图 4-78　镍钴铝电池电极活性材料物质足迹分布情况（单位：美元）

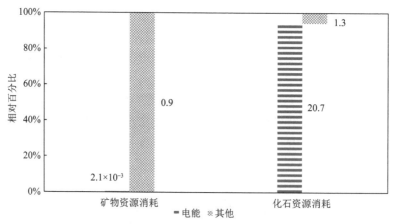

图 4-79　镍钴铝电池正极活性材料物质足迹分布情况（单位：美元）

图 4-80 和图 4-81 为富锂锰基电池物质足迹的分布情况。从图 4-80 可以较直观地看出，正极是富锂锰基电池物质足迹的主要贡献者，在化石资源消耗层面，具体贡献程度的排序从大到小依次为：正极（2.3 美元，63.9%）、外壳（0.7 美元，19.4%）、电解质（0.3 美元，8.3%）、负极（0.2 美元，5.6%）、隔膜（0.1 美元，2.8%）和基片（$7.5×10^{-6}$ 美元，$2.1×10^{-6}$）；在矿物资源消耗层面，具体贡献比例的排序从大到小依次为：正极（0.4 美元，85.2%）、外壳（$5.3×10^{-2}$ 美元，11.3%）、电解质（$1.5×10^{-2}$ 美元，3.2%）、负极（$1.1×10^{-3}$ 美元，0.2%）、隔膜（$2.0×10^{-4}$ 美元，$4.3×10^{-2}$%）和基片（$6.2×10^{-7}$ 美元，$1.3×10^{-4}$%）。从图 4-81 可以直观地看出正极、外壳和电解质是化石资源消耗和矿物资源消耗两个层面相对贡献均比较突出的 3 个组分。

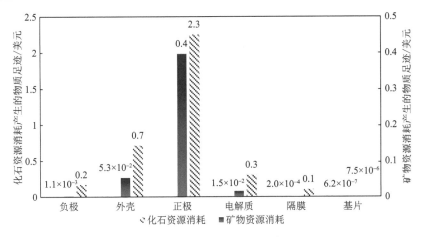

图 4-80　富锂锰基电池各组分物质足迹

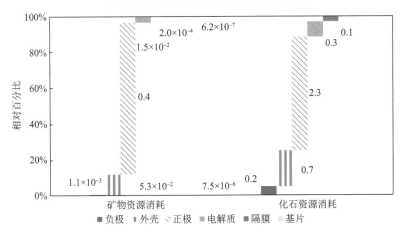

图 4-81　富锂锰基电池物质足迹分布情况（单位：美元）

图 4-82～图 4-84 为固态电池物质足迹分布情况。从图 4-82 可以看出，正极浆料对固态电池物质足迹的贡献最大，在化石资源消耗层面，具体贡献比例的排序从大到小依次为：正极浆料（2.8 美元，50.0%）、电解质（1.4 美元，25.0%）、外壳（0.8 美元，14.3%）、负极（0.2 美元，3.6%）、集流体箔（0.2 美元，3.6%）和端子（0.2 美元，3.6%）；在矿物资源消耗层面，各组分贡献程度排序从大到小依次为：正极浆料（0.2 美元，57.0%）、端子（6.9×10^{-2} 美元，19.7%）、电解质（4.4×10^{-2} 美元，12.5%）、负极（1.6×10^{-2} 美元，4.6%）、集流体箔（1.4×10^{-2} 美元，4.0%）和外壳（7.6×10^{-3} 美元，2.2%）。图 4-83 显示，固态电池正极浆料中，在矿物资源消耗层面贡献最大的是二硫化钛，二硫化钛在化石资源消耗层面的贡献也超过二硫化铁，图 4-84 则显示在矿物资源消耗层面五硫化二磷的贡献最大，在化石资源消耗层面五硫化二磷的贡献仍超过硫化锂。

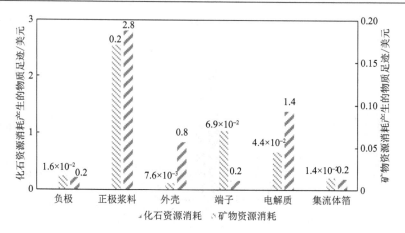

图 4-82　固态电池各组分物质足迹

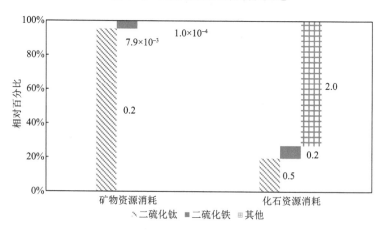

图 4-83　固态电池正极浆料物质足迹分布情况（单位：美元）

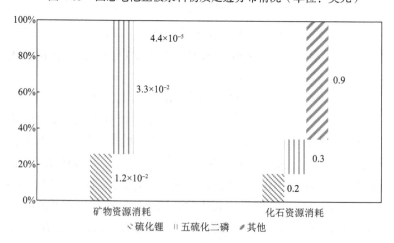

图 4-84　固态电池电解质浆料物质足迹分布情况（单位：美元）

4.6　动力电池产业足迹家族核算平台

要想对整个动力电池行业的综合影响作出评估，首先要对新能源汽车产业的发展趋势作出预测，从新冠疫情的视角出发，在 4.4 小节新能源汽车产业规模的系统动力学预测和 4.5 小节动力电池足迹家族分析的基础上，本节搭建了动力电池产业足迹家族核算平台。

4.6.1　模型函数

以生产阶段为研究对象，动力电池产业的足迹家族与多个影响因素相关，可由如下函数模型表示（具体运算过程以数值分析为主）：

$$F_{i,t}\text{PBI} = \sum_{j=1}^{5} \text{IS}_t\text{PB}_j \times F_{i,t}\text{PB}_j \tag{4-1}$$

$$\text{IS}_t\text{PB}_j = \sum_{k=1}^{4} \text{IS}_t\text{PBV}_k \times \text{IP}_t\text{PB}_j\text{V}_k \tag{4-2}$$

$$\text{IS}_t\text{PBV}_k = \text{NIIS}_t\text{PBV}_k + \text{RIS}_{(t-a)}\text{PBV}_k + \text{RIS}_{(t-2a)}\text{PBV}_k \tag{4-3}$$

$$\text{NIIS}_t\text{PBV}_k = \text{IS}_t\text{V}_k \times 10^4 \times \text{IC}_t\text{V}_k \tag{4-4}$$

$$\text{RIS}_{(t-a)}\text{PBV}_k = \text{IS}_{(t-a)}\text{V}_k \times 10^4 \times \text{IC}_{(t-a)}\text{V}_k \tag{4-5}$$

$$\text{RIS}_{(t-2a)}\text{PBV}_k = \text{IS}_{(t-2a)}\text{V}_k \times 10^4 \times \text{IC}_{(t-2a)}\text{V}_k \tag{4-6}$$

$$\text{IS}_t\text{V}_k = F\left(\text{IF}_{1-t}\text{V}_k, \text{IF}_{2-t}\text{V}_k, \cdots \text{IF}_{n-t}\text{V}_k\right) \tag{4-7}$$

式（4-1）～式（4-6）中各变量的含义如下

$F_{i,t}\text{PBI}$：Footprint$_{i,t}$ of Power Battery Industry，动力电池产业第 t 年的 i 足迹，单位：依具体足迹而定；

IS_tPB_j：Industrial Scale$_t$ of Power Battery$_j$，第 t 年 j 动力电池的产业规模，单位：kW·h；

$F_{i,t}\text{PB}_j$：Footprint$_{i,t}$ of Power Battery$_j$，第 t 年 j 动力电池的 i 足迹，单位：各足迹具体单位/kW·h；

IS_tPBV_k：Industrial Scale$_t$ of Power Battery of Vehicle$_k$，第 t 年 k 型新能源汽车的动力电池装机规模，单位：kW·h；

$\text{IP}_t\text{PB}_j\text{V}_k$：Installed Proportion$_t$ of Power Battery$_j$ of Vehicle$_k$，第 t 年 k 型新能源汽车上 j 动力电池的装机比例，无量纲；

$NIIS_tPBV_k$：Newly Increased Industrial Scale$_t$ of Power Battery of Vehicle$_k$，第 t 年 k 型新能源汽车新增的动力电池装机规模，单位：kW·h；

$RIS_{(t-a)}PBV_k$：Replaced Industrial Scale $_{(t-a)}$ of Power Battery of Vehicle$_k$，第 t 年替换的第（$t-a$）年 k 型新能源汽车的动力电池装机规模，单位：kW·h；

$RIS_{(t-2a)}PBV_k$：Replaced Industrial Scale$_{(t-2a)}$ of Power Battery of Vehicle$_k$，第 t 年替换的第（$t-2a$）年 k 型新能源汽车的动力电池装机规模，单位：kW·h；

a：电池报废年限，假设乘用车的 $a=5$，商用车的 $a=3^{[29,30]}$，此处不考虑车辆报废率的影响；

IS_tV_k：Industrial Scale$_t$ of Vehicle$_k$，第 t 年 k 型新能源汽车的产业规模，单位：万辆；

IC_tV_k：Installed Capacity$_t$ of Vehicle$_k$，第 t 年 k 型新能源汽车的单车带电量，单位：kW·h；

$IS_{(t-a)}V_k$：Industrial Scale$_{(t-a)}$ of Vehicle$_k$，第（$t-a$）年 k 型新能源汽车的产业规模，单位：万辆；

$IC_{(t-a)}V_k$：Installed Capacity$_{(t-a)}$ of Vehicle$_k$，第（$t-a$）年 k 型新能源汽车的单车带电量，单位：kW·h；

$IS_{(t-2a)}V_k$：Industrial Scale$_{(t-2a)}$ of Vehicle$_k$，第（$t-2a$）年 k 型新能源汽车的产业规模，单位：万辆；

$IC_{(t-2a)}V_k$：Installed Capacity$_{(t-2a)}$ of Vehicle$_k$，第（$t-2a$）年 k 型新能源汽车的单车带电量，单位：kW·h。

式（4-7）以 4.4 小节的系统动力学模型为基础，以纯电动乘用车为例，式中主要变量的含义为

$IF_{n-t}V_k$：Influential Factor$_{n-t}$ of Vehicle$_k$，影响第 t 年纯电动乘用车市场规模的因素 n；

$IF_{1-t}V_k$：第 t 年的①-charging density，即第 t 年的①-桩车比，无量纲；

$IF_{2-t}V_k$：第 t 年的②-fiscal subsidy，即第 t 年的②-财政补贴，无量纲；

$IF_{3-t}V_k$：第 t 年的③-traffic priority，即第 t 年的③-通行优惠，无量纲；

$IF_{4-t}V_k$：第 t 年的④-market demand，即第 t 年 PVs 的④-市场需求，单位：百万辆；

$IF_{5-t}V_k$：第 t 年的 inventory shares，即第 t 年纯电动乘用车的保有量占乘用车保有量的份额，无量纲；

$IF_{6-t}V_k$：第 t 年的 cruising mileage，即第 t 年纯电动乘用车相对于传统燃油车的续航里程，无量纲；

$IF_{7-t}V_k$：第 t 年的 cost of production，即第 t 年纯电动乘用车相对于传统燃油

车的生产成本，无量纲；

IF$_{8-t}$V$_k$：第 t 年的 charging duration，即第 t 年纯电动乘用车相对于传统燃油车的能量补给时间，无量纲；

IF$_{9-t}$V$_k$：第 t 年的 vehicle reliability，即第 t 年纯电动乘用车相对于传统燃油车的车辆可靠性，无量纲；

IF$_{10-t}$V$_k$：第 t 年的 residual value，即第 t 年纯电动乘用车相对于传统燃油车的车辆残值率，无量纲。

4.6.2　关键参数设置

各动力电池足迹值受电池体系本身变化影响较大，具体趋势难以预测，未来参数可以即时输入得到结果，以 4.5 小节中近几年的动力电池计算结果为准，主要体现平台框架的计算功能，以下讨论新能源汽车市场规模等因素的影响。

依据 4.4 小节中的模拟结果，图 4-85～图 4-90 依次为面向 2035 年的"无疫情"、"中度疫情"、"充电基础建设完成时间提前 2 年"、"补贴退出时间延后 2 年"、"通行优惠达峰时间提前 2 年"和"组合纾困措施"等情景下各新能源车型细分种类的产业规模预测。

工信部等国家部委自 2014 年开始逐年分批次公布《免征车辆购置税的新能源汽车车型目录》，其中包括各车型的动力蓄电池能量参数，受相关文献[31]的启发，以网络公开信息[32]为基础，对入选的代表性新能源车型单车带电量进行了统计归纳，图 4-91 为散点图结果，从图中可以看出，所有车型的带电量整体均呈现逐步上升的趋势。

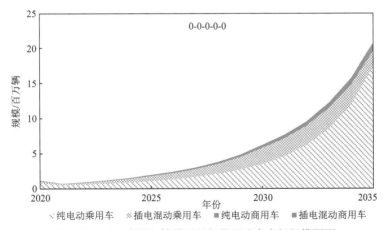

图 4-85　"无疫情"情景下的新能源汽车市场规模预测

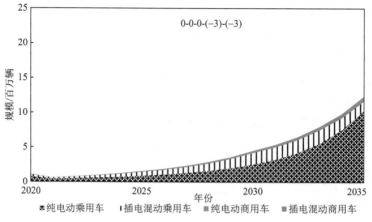

图 4-86　"中度疫情"情景下的新能源汽车市场规模预测

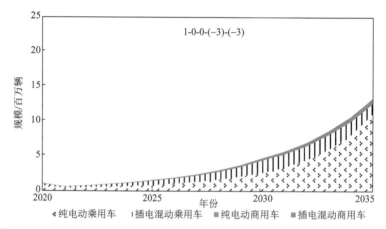

图 4-87　"充电基础建设完成时间提前 2 年"情景下的新能源汽车市场规模预测

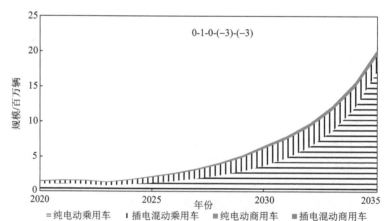

图 4-88　"补贴退出时间延后 2 年"情景下的新能源汽车市场规模预测

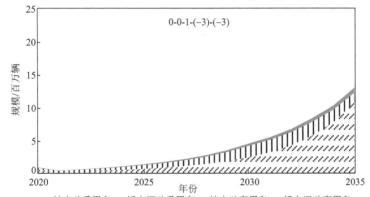

图 4-89　"通行优惠达峰时间提前 2 年"情景下的新能源汽车市场规模预测

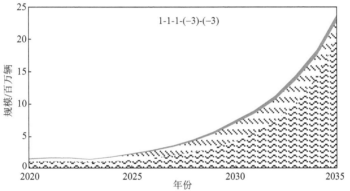

图 4-90　"组合纾困措施"情景下的新能源汽车市场规模预测

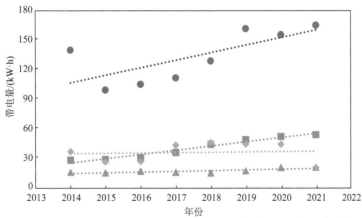

图 4-91　新能源各车型单车带电量统计

假设 2035 年 k 类新能源汽车的单车带电量 $IC_tV_{2035} = (1+b) \times IC_tV_{2020}$（单位：$kW \cdot h$），分为如下 5 种发展情景，且带电量整体变化趋势是均匀的，

低速增长情景：$b = 20\%$；

较慢增长情景：$b = 40\%$；

普通增长情景：$b = 60\%$；

较快增长情景：$b = 80\%$；

高速增长情景：$b = 100\%$。

欧训民等[26]提供的资料显示，中国汽车技术研究中心有限公司对 2050 年之前中国电动乘用车动力电池市场的装机结构比例进行了预测，大致结果如表 4-3 所示，其中磷酸铁锂电池的市场份额呈下降趋势，三元电池将维持若干年的市场主力地位，镍钴铝电池和富锂锰基电池依次实现大规模商业应用，最后迎来固态电池的支配性局面。

表 4-3　中国汽车技术研究中心有限公司预测的未来动力电池装机结构比例

年份	磷酸铁锂	三元	镍钴铝	富锂锰基	固态
2025	3%	70%	17%	8%	2%
2030	1%	37%	25%	29%	8%
2035	1%	13%	18%	40%	29%
2040	0	3%	8%	23%	65%
2045	0	1%	2%	7%	90%
2050	0	0	0	6%	94%

2020 年 1 月，比亚迪股份有限公司董事长王传福公布的"刀片电池"方案将原来的电池体积比能量密度提升了 50%，让已经失去市场头把交椅的磷酸铁锂电池再次回到业内人员的视线中，且从安全系数的角度考虑，磷酸铁锂电池也一直是新能源客车的首选方案，故假设第 t 年商用车的动力电池装机比例与第（$t-10$）年的乘用车相同为例进行计算，$LiMn_2O_4$ 电池则没有表现出预期的较强市场占有潜力，且其整体市场占比一直处于较低水平，因此不纳入装机种类，综合以上考虑，假设未来第 t 年 k 型新能源汽车上 j 动力电池的装机比例 $IP_tPB_jV_k$ 可以分为以下 5 类情景（纯电和插混乘用车比例=纯电和插混商用车比例）：

传统电池回归情景：$IP_tPB_jV_k = IP_{(t-10)}PB_jV_k$，无量纲；

传统电池发力情景：$IP_tPB_jV_k = IP_{(t-5)}PB_jV_k$，无量纲；

普通情景：$IP_tPB_jV_k = IP_tPB_jV_k$，无量纲；

未来电池发力情景：$IP_tPB_jV_k = IP_{(t+5)}PB_jV_k$，无量纲；

未来电池支配情景：$IP_t PB_j V_k = IP_{(t+10)} PB_j V_k$，无量纲。

将 4.5 小节的各类足迹计算结果汇总，可以得到图 4-92～图 4-96，依次是各种电池生态足迹、碳足迹、健康足迹、水足迹和物质足迹的情况比较，如图 4-92 所示，镍钴铝电池在各影响层面的值都较大，固态电池的生态足迹最小，图 4-93 显示各电池碳足迹大小依次为镍钴铝电池（370.2 kg CO_2 eq）、三元电池（101.0 kg CO_2 eq）、磷酸铁锂电池（65.4 kg CO_2 eq）、富锂锰基电池（51.1 kg CO_2 eq）和固态电池（43.7 kg CO_2 eq），图 4-94 显示在健康足迹各层面的影响中，镍钴铝电池较为突出，固态电池的值相对较小，图 4-95 表明各电池水足迹从大到小排序依次为三元电池（69.3 m^3）、磷酸铁锂电池（59.8 m^3）、镍钴铝电池（53.2 m^3）、富锂锰基电池（23.6 m^3）和固态电池（20.9 m^3），图 4-96 显示镍钴铝电池为物质足迹较显著的电池类型，表 4-4 为各电池各类足迹值计算结果的汇总。

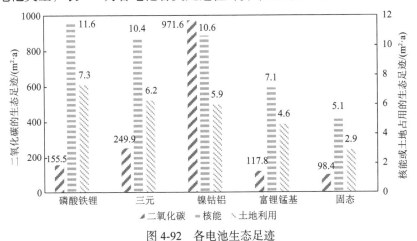

图 4-92　各电池生态足迹

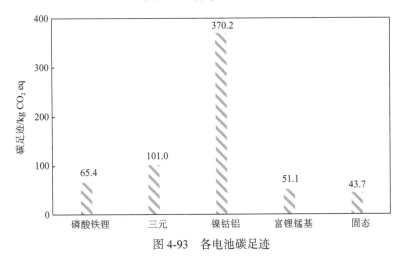

图 4-93　各电池碳足迹

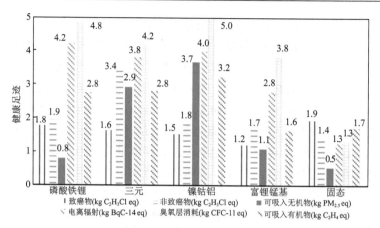

图 4-94　各电池健康足迹

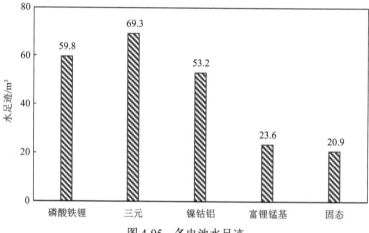

图 4-95　各电池水足迹

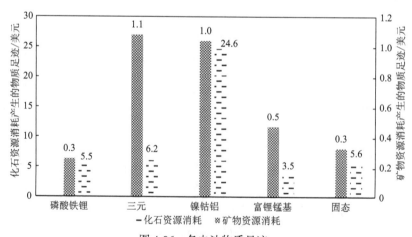

图 4-96　各电池物质足迹

表 4-4　各电池各类足迹值计算结果汇总

		LiFePO₄	三元	镍钴铝	富锂锰基	固态	单位
生态足迹	碳排放	155.5	249.9	971.6	117.8	98.4	m²·a
	核能	11.6	10.4	10.6	7.1	5.1	m²·a
	土地占用	7.3	6.2	5.9	4.6	2.9	m²·a
碳足迹	IPCC 100 年增温潜势	65.4	101.0	370.2	51.1	43.7	kg CO₂ eq
健康足迹	致癌物	1.8	1.6	1.5	1.2	1.9	kg C₂H₃Cl eq
	非致癌物	1.9	3.4	1.8	1.7	1.4	kg C₂H₃Cl eq
	可吸入无机物	$8.0×10^{-2}$	0.3	0.4	0.1	0.1	kg PM₂.₅ eq
	电离辐射	422.3	381.1	400.1	279.1	125.7	kg Bq C-14 eq
	臭氧层消耗	$4.8×10^{-6}$	$4.2×10^{-6}$	$5.0×10^{-6}$	$3.8×10^{-6}$	$1.3×10^{-6}$	kg CFC-11 eq
	可吸入有机物	$2.8×10^{-2}$	$2.8×10^{-2}$	$3.2×10^{-2}$	$1.6×10^{-2}$	$1.7×10^{-2}$	kg C₂H₄ eq
水足迹	水资源使用	59.8	69.3	53.2	23.6	20.9	m³
物质足迹	矿物资源消耗	0.3	1.1	1.0	0.5	0.3	美元
	化石资源消耗	5.5	6.2	24.6	3.5	5.6	美元

4.6.3　核算结果

　　根据以上整理和分析的内容,利用核算平台对 2035 年动力电池产业的足迹家族进行预测,如图 4-97 所示,不考虑情景之间可能存在互相干涉的条件,总共可以分为 6×5×5=150 种情景,结合 4.4 小节、4.5 小节和本小节前述的分析结果可知,新能源汽车产业规模和新能源汽车单车带电量主要从"量"的角度影响动力电池产业的足迹家族数值,在本研究的假设前提下,真正从"质"的角度起到影响作

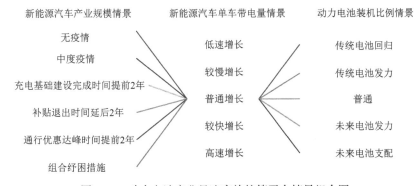

图 4-97　动力电池产业足迹家族核算平台情景组合图

用的是各动力电池的装机比例，因此后续内容以"组合纾困措施-普通增长"情景为背景，讨论动力电池装机比例各情景对动力电池产业足迹家族的影响。

图 4-98 显示生态足迹各层面降幅依次为 56%、42% 和 44%，图 4-99 显示碳足迹削减的比例为 53%，图 4-100 表明健康足迹在各层面的降幅依次为 17%、46%、69%、56% 和 35%，图 4-101 显示水足迹削减了 61%，图 4-102 表明物质足迹的降幅分别为 27% 和 58%，足迹家族各层面的对比结果汇总见表 4-5。

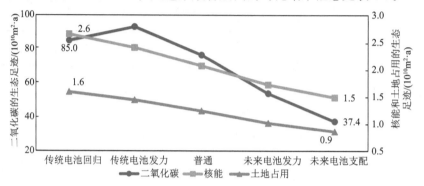

图 4-98　各情景下的动力电池产业生态足迹

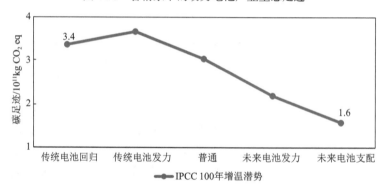

图 4-99　各情景下的动力电池产业碳足迹

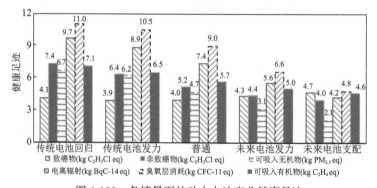

图 4-100　各情景下的动力电池产业健康足迹

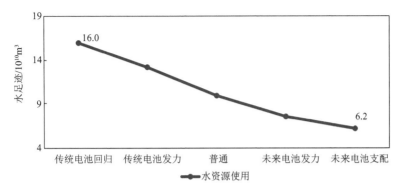

图 4-101　各情景下的动力电池产业水足迹

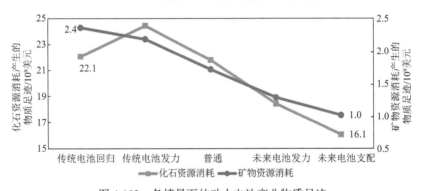

图 4-102　各情景下的动力电池产业物质足迹

表 4-5　2035 年动力电池产业生产阶段以物料为主体的足迹家族各层面相对值结果汇总表

2035 动力电池产业足迹家族		传统电池回归	传统电池发力	普通	未来电池发力	未来电池支配
生态足迹	碳排放	100%	110%	90%	63%	44%
	核能	100%	91%	78%	65%	56%
	土地占用	100%	91%	78%	64%	54%
碳足迹	IPCC 100 年增温潜势	100%	109%	90%	65%	47%
健康足迹	致癌物	100%	95%	96%	105%	113%
	非致癌物	100%	87%	71%	60%	54%
	可吸入无机物	100%	93%	70%	46%	31%
	电离辐射	100%	91%	76%	57%	44%
	臭氧层消耗	100%	95%	81%	60%	43%
	可吸入有机物	100%	92%	80%	71%	65%
水足迹	水资源使用	100%	83%	62%	47%	39%

续表

2035 动力电池产业足迹家族		传统电池回归	传统电池发力	普通	未来电池发力	未来电池支配
物质足迹	矿物资源消耗	100%	93%	73%	54%	43%
	化石资源消耗	100%	111%	99%	84%	73%

4.7　小　　结

本研究围绕动力电池（主要指插电式电动汽车上搭载的动力锂电池，下同）建立了动力电池行业足迹家族核算平台，从较宏观尺度上对动力电池的综合资源环境影响作出科学合理评估，并据此提出支持可持续性发展导向的相关产业建议，得到的成果和结论如下：

（1）将新能源汽车市场按用途和动力系统划分成 4 种类型，即纯电动乘用车、插电混动乘用车、纯电动商用车和插电混动商用车，建模主体对象为纯电动乘用车和纯电动商用车，影响纯电动汽车型发展渗透的因素大致可以归纳为性能（capacity）、（行驶）条件（circumstance）和费用（cost）的 3C 子系统，新冠疫情的冲击在模型中被转化为生产侧⑤-电动化动力（纯电动乘用车或纯电动商用车）的下降和需求侧④-市场需求（乘用车或商用车）的下降及延迟上升，纾困措施则在模型中体现为①-桩车比、③-通行优惠的加快达峰和②-财政补贴的退坡幅度放缓。

（2）系统动力学仿真结果显示 2035 年新能源乘用车的销量和保有量受疫情影响最低降至 847 万辆和 3796 万辆，降幅分别高达 57% 和 48%，2035 年新能源商用车型销量和保有量最多下降至 47 万辆和 255 万辆，降幅依次为 61% 和 50%，可见新冠疫情本身将对新能源汽车产业造成严重负面影响。

（3）在新冠疫情造成中等程度影响的假设情景下，令②-财政补贴的退出时间延长 2 年或 4 年即可使新能源乘用车或新能源商用车的市场得到完全复苏，而实现同样的救市效果需要将①-桩车比或③-通行优惠的达峰时间提前 10 年以上，可见新能源汽车财政补贴退出节点延长 2 年将对新能源汽车产业起到明显的提振作用，建议各级部门采取更为均衡合理的政策和资金布局。

（4）引入物质足迹和健康足迹进行扩大化的足迹家族指标分析，结果显示磷酸铁锂电池、三元电池、镍钴铝电池、富锂锰基电池和固态电池中各足迹数值相对较大的组分依次是电极辅助材料、活性材料三元 622、电极活性材料、正极和正极浆料，动力电池产业今后应该积极推进高足迹强度材料的减量、可持续性替换和合成工艺优化等工作以实现削减综合影响的目标。

（5）在由传统动力电池体系向未来新型电池体系过渡的过程中，动力电池产业生态足迹、碳足迹、健康足迹、水足迹和物质足迹各层面降幅依次为 58%、44%、46%，53%，17%、46%、69%、56%、35%，61%，27%、58%，几乎均呈现出下降趋势且削减幅度较为明显，建议加快由传统动力电池体系向未来新型电池体系演变的进程，在提升电池物理化学指标和新能源汽车核心市场竞争力的同时做到改善动力电池产业的环境友好特性，进而推动新能源汽车产业的可持续发展。

参 考 文 献

[1] Chi Y, Wang Y, Xu J H. Estimating the impact of the license plate quota policy for ICEVs on new energy vehicle adoption by using synthetic control method[J]. Energy Policy, 2021, 149: 112022.

[2] Yuan X, Li X. Mapping the technology diffusion of battery electric vehicle based on patent analysis: A perspective of global innovation systems[J]. Energy, 2021, 222: 119897.

[3] Zhu X, Chiong R, Wang M, et al. Is carbon regulation better than cash subsidy? The case of new energy vehicles[J]. Transportation Research Part A: Policy and Practice, 2021, 146: 170-192.

[4] 何伟. 海南 2030 年开始禁售燃油车[N]. 中国经济网, 2019-04-08.

[5] 中国汽车技术研究中心有限公司, 大连泰星能源有限公司. 中国新能源汽车动力电池产业发展报告(2020)[M]. 北京: 社会科学文献出版社, 2020: 3.

[6] 万仁美. 动力电池产业创新联盟年会上透露了哪些新信息? [N]. 中国汽车报, 2021-05-06.

[7] 中国汽车工业协会行业信息部. 2015 年汽车工业经济运行情况报告[EB/OL]. http://lwzb.stats. gov.cn/pub/lwzb/gzdt201707/t20170728-4228.html. 2016-01-02.

[8] Fan X, Song C, Lu X, et al. Separation and recovery of valuable metals from spent lithium-ion batteries via concentrated sulfuric acid leaching and regeneration of $LiNi_{1/3}Co_{1/3}Mn_{1/3}O_2$[J]. Journal of Alloys and Compounds, 2021, 863: 158775.

[9] Chen X, Kang D, Li J, et al. Gradient and facile extraction of valuable metals from spent lithium ion batteries for new cathode materials re-fabrication[J]. Journal of Hazardous Materials, 2020, 389: 121887.

[10] Rietmann N, Hügler B, Lieven T. Forecasting the trajectory of electric vehicle sales and the consequences for worldwide CO_2 emissions[J]. Journal of Cleaner Production, 2020, 261: 121038.

[11] Dharmaraj S, Ashokkumar V, Hariharan S, et al. The COVID-19 pandemic face mask waste: A blooming threat to the marine environment[J]. Chemosphere, 2021, 272: 129601.

[12] Accardo A, Dotelli G, Musa M L, et al. Life Cycle assessment of an NMC battery for application to electric light-duty commercial vehicles and comparison with a sodium-nickel-chloride battery[J]. Applied Sciences-Basel, 2021, 11(3): 1160.

[13] 谭涛, 黄泽涛, 林雁玲, 等. 大数据驱动的我国新能源汽车需求分析[J].可再生能源, 2020, 38(7): 967-971.

[14] Hu S. Multicriteria analysis on environmental impacts of accelerated vehicle retirement program from a life-cycle perspective: A case study of Beijing[J]. Journal of Environmental Management,

2022, 314: 115041.

[15] Yin R, Hu S, Yang Y. Life cycle inventories of the commonly used materials for lithium-ion batteries in China[J]. Journal of Cleaner Production, 2019, 227: 960-971.

[16] Liu D, Gao X, An H, et al. Supply and demand response trends of lithium resources driven by the demand of emerging renewable energy technologies in China[J]. Resources, Conservation and Recycling, 2019, 145: 311-321.

[17] Egilmez G, Tatari O. A dynamic modeling approach to highway sustainability: Strategies to reduce overall impact[J]. Transportation Research Part A: Policy and Practice, 2012, 46(7): 1086-1096.

[18] Silvestri L, Forcina A, Arcese G, et al. Recycling technologies of nickel-metal hydride batteries: An LCA based analysis[J]. Journal of Cleaner Production, 2020, 273: 123083.

[19] Marmiroli B, Venditti M, Dotelli G, et al. The transport of goods in the urban environment: A comparative life cycle assessment of electric, compressed natural gas and diesel light-duty vehicles[J]. Applied Energy, 2020, 260: 114236.

[20] 弓原. 典型锂离子电池正极材料的足迹家族比较分析及综合评价[D]. 北京: 北京理工大学, 2017.

[21] Wu H, Hu Y, Yu Y, et al. The environmental footprint of electric vehicle battery packs during the production and use phases with different functional units[J]. The International Journal of Life Cycle Assessment, 2021, 26(1): 97-113.

[22] Li S S, Chen H, Chen F Y, et al. Examining the cooperative governance of occupational safety and health from a "health footprint" perspective[J]. Natural Hazards, 2020, 104(2): 1859-1878.

[23] Li M, Fu Q, Singh V P, et al. Sustainable management of land, water, and fertilizer for rice production considering footprint family assessment in a random environment[J]. Journal of Cleaner Production, 2020, 258: 120785.

[24] Galli A, Wiedmann T, Ercin E, et al. Integrating ecological, carbon and water footprint into a "footprint family" of indicators: Definition and role in tracking human pressure on the planet[J]. Ecological Indicators, 2012, 16: 100-112.

[25] Fang K, Heijungs R, de Snoo G R. Theoretical exploration for the combination of the ecological, energy, carbon, and water footprints: Overview of a footprint family[J]. Ecological Indicators, 2014, 36: 508-518.

[26] 欧训民, 彭天铎, 张茜, 等. 中国电动汽车的发展规模及其能源环境资源影响研究[M]. 北京: 经济管理出版社, 2019.

[27] Keshavarzmohammadian A, Cook S M, Milford J B. Cradle-to-gate environmental impacts of sulfur-based solid-state lithium batteries for electric vehicle applications[J]. Journal of Cleaner Production, 2018, 202: 770-778.

[28] Sun X, Luo X, Zhang Z, et al. Life cycle assessment of lithium nickel cobalt manganese oxide (NCM)batteries for electric passenger vehicles[J]. Journal of Cleaner Production, 2020, 273: 123006.

[29] 吴小员, 王俊祥, 田维超, 等. 基于应用需求的退役电池梯次利用安全策略[J]. 储能科学与技术, 2018, 7(6): 1094-1104.

[30] 王祎佳. 2017—2018 年动力电池回收行业研究报告[EB/OL]. http://www.cbea.com/dianchihuishou/
　　 201809/099886.html. 2018-09-11.

[31] 董学锋. 电动乘用车的能量密度及续驶里程[J]. 汽车文摘, 2020, (3): 1-4.

[32] 第一电动网. 数据库-公告目录-免购置税目录[EB/OL]. http://biz.touchev.com/industry-notice?
　　 Cat=taxfree-bev#tab. 2021-06-10.

第5章　面向双碳目标的锂动力电池碳足迹削减策略

5.1　双　碳　目　标

5.1.1　引言

当前，社会经济的迅猛发展与环境保护之间的不平衡越来越明显，在社会发展过程产生的环境问题越来越多，对环境造成的污染也越来越严重，如大气污染、水污染等[1,2]。人类各种活动排放出二氧化碳等温室气体，简称为碳排放，当排放的温室气体量超过大自然的承受能力时，全球气候系统加快变暖的速度、物候期提前、冰川融化、海平面上升……地球环境遭到严重的破坏[3]。

世界各国也逐渐意识到保护环境的重要性，逐步提出"碳中和"、"碳达峰"等概念[4]。碳中和指的是二氧化碳的吸收量等于二氧化碳的排放量，如某个地方在一定时间内（通常指一年），人类生产、活动直接和间接排放的二氧化碳，与其通过节能减排、植树造林等方式吸收的二氧化碳相互抵消，从而实现了二氧化碳的"净零排放"；碳达峰是指某个地区或行业年度二氧化碳排放量达到历史最高值，然后经历平台期进入持续下降的过程，这个最高点代表的是碳排放由原来的增长转为下降的拐点[5]。

世界各国通过制定各种计划和做出各种承诺来保证碳中和目标的实现，如在2015年第21届联合国气候变化大会上通过并于2016年起正式实施的《巴黎协定》。此协定是对2020年后全球应对气候变化的行动作出的统一安排，其长期目标是将21世纪全球平均气温上升幅度控制在2℃以内，并将全球气温上升控制在前工业化时期水平之上1.5℃以内[6]；2020年3月欧盟发布《欧洲气候法》，宣布2030年温室气体排放要比1990年降低至少5%[7]；巴西、日本、新西兰等宣布在未来几十年间实现净零排放，其中日本寻求到2050年实现比1990年CO_2的排放减少70%的途径；2021年1月欧盟及27个国家实现碳中和[8]；英国发布在政府白皮书《我们能源的未来：创建低碳经济》中，将实现低碳经济作为英国能源战略的首要目标，计划到2050年将英国CO_2的排放量削减为2003年的60%[9]。表5-1显示了各国家地区承诺实现碳中和的时间表。

表 5-1　各国家或地区承诺实现碳中和时间表[10]

国家或地区	碳中和目标	进展状况
苏里南	2014 年起负排放	已经实现
不丹	2018 年起负排放	
乌拉圭	2030 年	政策宣示
芬兰	2035 年	政策宣示
冰岛、奥地利	2040 年	政策宣示
瑞典、苏格兰	2045 年	已立法
英国、法国、丹麦、新西兰、匈牙利	2050 年	已立法
欧盟、西班牙、智利、斐济		立法中
德国、瑞士、挪威、葡萄牙、比利时、加拿大、日本、韩国等		政策宣示
美国		拜登新政
中国、巴西	2060 年	政策宣示
新加坡	21 世纪后半叶	政策宣示

　　苏里南在 2014 年就已经实现了负排放；乌拉圭等通过政策宣示 2030 年实现碳中和目标；2050 年是碳中和目标实现的主要时间点，欧盟、美国、南非 3 个国家和地区承诺在 2050 年实现碳中和；西班牙等国家正在立法，争取在 2050 年实现碳中和，各个国家和地区通过不同的方式对碳中和目标作出了回应。

　　在低碳经济背景下，传统燃油车的发展受到一定的限制[11]。一是因为产生能源危机，煤、石油等传统能源趋向枯竭；二是因为人类的生产生活对生态造成了影响，燃油车的使用产生大量二氧化碳，导致全球变暖。面对现有的能源危机和生态污染问题，推动新能源汽车的发展势在必行[12]。现如今的新能源电动汽车包括纯电动汽车、混合动力电动汽车和燃料电池电动汽车，纯电动汽车只依靠电能驱动，混合动力电动汽车依靠发电机[13]。新能源汽车的销量呈现逐年上升的状态，据国外媒体报道，2020 年全球电动汽车销售量约为 312.5 万辆，同比增长了 41%，市场份额达到 4%。其中纯电动汽车的市场份额为 2.8%，插电式混合动力汽车的市场份额为 1.2%。

　　据中国汽车工业协会统计，我国 2020 年全年新能源汽车的销量达到了 2531 万辆。纵观 2011～2019 年的国内新能源汽车产销量统计图，在过去的十年中，国内新能源车整体呈现快速发展的趋势。2011 年的产销量不足一万辆，原因在于当时的新能源汽车技术刚刚起步，并且对新能源汽车的宣传推广不到位；从 2014 年开始到 2019 年新能源汽车的产销量有明显的增加，到 2018 年、2019 年连续两年产销量保持在百万辆以上，如图 5-1 所示。

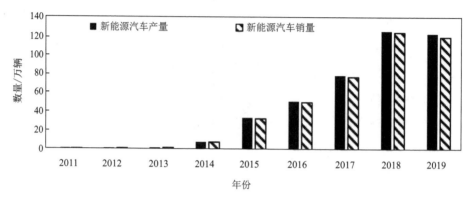

图 5-1　2011～2019 年中国新能源汽车产销量情况统计

（数据来源：中国汽车工业协会 http://www.caam.org.cn/）

出现此现象的原因有：①传统能源危机发生，人类急需绿色环保的能源来代替传统能源以满足人类生产生活的需要；②研发获得国家充足的资金支持，最关键的是动力电池技术得到了快速的发展；③大众的物质生活得到了基本的满足，生活水平不断提高，开始追求高质量、环保绿色的物质，大众的环保意识也不断增强，对新能源汽车的接受度越来越高；④国家出台各种各样的政策支持，如 2017 年国家出台了"双积分政策"，具体为"乘用车企业平均燃料消耗量与新能源汽车积分并行管理方法"，通过出台此类政策来激发企业的创新动力[14]；2019 年 9 月，中共中央、国务院发布了《交通强国建设纲要》，要求对交通能源结构进行优化，严格控制公路货运排放，达到减排的目的，最终让交通领域新能源化和清洁化；2020 年 9 月，中华人民共和国国家发展和改革委员会、工信部等 11 个部委联合发布《智能汽车创新发展战略》，对发展道路提前进行规划，集思广益，在进程中不断调整，得出一条适合我国的路；2020 年 10 月，工信部、中国汽车工程学会发布了经过修订编制的《节能与新能源汽车技术路线图 2.0》，目标是到 2035 年，新能源动力汽车在市场的占比超过 50%，燃油车的保有量减到 100 万辆左右；2020 年 11 月，国务院办公厅印发了《新能源汽车产业发展规划（2021—2035）》，计划在 2025 年，新能源汽车新车销量占比达 20%左右，到 2035 年，纯电动汽车成为主流[15]。

在发展新能源汽车的过程中，对于动力电池的研究是核心，动力电池的性能直接决定了汽车的动力性和续航里程[16]。动力电池与一般的蓄电池不同，动力电池主要是以较长时间的中等电流持续放电，当汽车在启动、加速时就会用大电流放电，偏向于循环使用[17]。动力电池大致可以分为铅酸电池、氢镍电池、锂离子电池等。经研究，锂离子电池凭借质量能量密度大、电压范围宽、无记忆性、环境友好、比能量高、比功率高等特点成为动力电池发展的主流[18]。目前新能源动力汽车中电池最常用的是磷酸铁锂电池和三元电池。

磷酸铁锂材料，它的安全性能是目前所有正极材料中最好的，且环保性好，生产过程中较为清洁、无毒；价格优势大，成本低[19]。磷酸铁锂电池是目前最适合新能源汽车的电池，宇通客车在使用宁德时代新能源科技股份有限公司的磷酸铁锂电池后的数据显示：磷酸铁锂电池使用 80% 后进行快充，可以安全达到 4000～5000 次循环；使用 70% 后进行快充，也可以保证 7000～8000 次循环[20]。

三元材料可以将电池分为常规型和高镍型，具有较高的材料质量比容量、质量和体积比能量、较好的倍率性能和低温性能[21]。三元材料是最具有潜力的正极材料之一，国内市场常见的三元材料主要是镍钴锰酸锂，随着科技的进步、高质量能量密度需求、钴的价格带来的降本需求，众多电池企业开始生产高镍三元电池，高镍三元材料的占比逐步提升，自 2017 年开始，国内的三元材料逐步由NCM523 向 NCM622 转变，2020 年三元材料的需求量达 24 万 t[22]。

5.1.2　碳达峰与碳中和

完成碳达峰、碳中和目标离不开对碳足迹的研究。碳足迹（carbon footprint）起源于生态足迹，也被认为是碳排放，用来描述企业机构、活动产品或者个人通过交通运输、食品生产过程等引起的温室气体排放的集合[23]。在新能源汽车领域，使用锂离子电池的汽车是目前最有希望从化石燃料中脱碳的交通工具，针对锂离子电池碳足迹的削减对保护环境具有重大意义。锂离子电池的碳足迹是指在动力电池生产和使用阶段所产生的碳排放总和，通过对锂离子电池碳足迹的统计计算，可以评估对环境产生的影响，为后续减排提供思路，为正确政策的制定奠定基础。

对于目前的中国来说，碳达峰和碳中和的目标对我国是挑战，转型不力将会导致能源系统和技术的落后，但它更多带来的是机遇[24]。在新能源汽车领域，对新能源汽车的碳排放控制到最小量，可提前实现碳达峰，有利于新能源汽车的可持续发展。随着补贴的取消、双积分的接力和气候变化目标的整体部署，新能源汽车产业的升级换代近在眼前。以新目标下的 2030 年和 2060 年为时间尺度进行预测研究并提供相应的建议，既具有特别的实际意义，也可以为后续研究提供参考[22]。通过分析锂离子电池的碳足迹，进而对二氧化碳的排放更加了解，对控制二氧化碳的排放进行改善，促进"低碳生活"的实现。

中国新能源汽车产业已经壮大成为世界第一大市场，预计在双积分等政策的接力推动下，新能源汽车将继续保持稳步上升的势头。新能源汽车的突飞猛进也有力推动了动力电池产业的蓬勃兴起，锂离子电池的出货量得到了大幅提升，随着时间的推进，动力电池的报废浪潮也即将带来，新能源汽车的发展离不开锂离子电池的发展，锂离子电池的绿色化升级是新能源汽车产业整体可持续性发展的重要条件[25]。

5.1.3　国内外动力电池发展现状

锂离子电池发展情况：锂离子电池从 20 世纪 90 年代成功商业化以来，广泛地被应用于便携式电子产品和电动汽车领域。第一代商用锂离子电池由阴极为碳酸锂（$LiCO_2$）和阳极为石墨组成，其质量能量密度约为 80 W·h/kg，截止电压为 4.1 V，此后锂离子电池在便携式电子设备市场占据主导地位，并进一步应用于纯电动汽车和混合动力汽车中[26]。目前国内以比亚迪股份有限公司为主的一些公司生产的电动乘用车也在使用磷酸铁锂电池。为了改善磷酸铁锂电池质量能量密度较低的劣势，目前最具有应用前景的是比亚迪研发的"刀片电池"。它的质量能量密度达到了 140 W·h/kg，与传统的磷酸铁锂电池相比提升了约 9%，体积能量密度也提升约 50%，成本与传统的磷酸铁锂电池相比下降了 20%～30%。根据公布的数据信息来看，使用了"刀片电池"的新能源电动汽车续航能力能够达到 605 km，使用寿命为 8 年，累计行程可达到 120 万 km[27]；2019 年三元电池在我国电动汽车装机量 38.75 GW·h，占 62.13%，比 2018 年增长了 26.22%。现在主要为 NCA 和 NCM 两种路线，在车企中以特斯拉为代表使用的是 NCA 技术路线，采用的是 21700 型三元锂电池，单体单电芯振实密度高达 773 W·h/L，比一般的三元锂电池高出 50%。宁德时代则集中在 NCM 技术路线，所用的电池为 NCM811（镍、钴、锰三者成分为 8∶1∶1），已经投入市场使用。其质量能量密度高达 304 W·h/kg、振实密度为 700 W·h/L，所占的市场份额也由去年 6 月份的 4% 增长到年末的 18%[28]。

5.1.4　技术路线

首先将磷酸铁锂（LFP）电池、三元材料（NCM622）电池的质量清单收集完毕后进行拆分。输入 SimaPro 软件中，以 1 kW·h 为功能单位进行计算，得到 1 kW·h 电池的碳足迹。建立完整的体系，对新能源汽车与燃油车的碳排放进行对比。在 2020 年的基础上，预测 2030 年碳达峰情况，结合实时政策，最终给出对于锂离子动力电池碳足迹削减的建议，如图 5-2 所示。

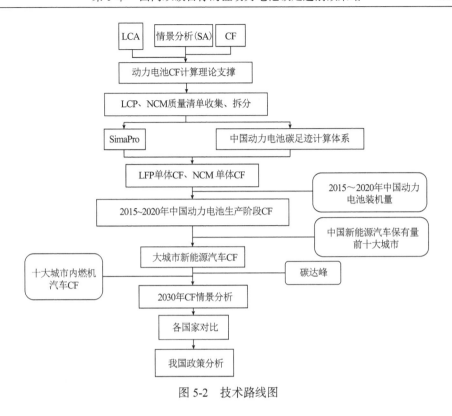

图 5-2　技术路线图

5.2　理论与方法体系

　　本章采用的方法有生命周期评价法、情景分析法，采用的软件为 SimaPro。为了实现锂离子动力电池的绿色化，要对其在电动汽车使用过程的生命周期进行评估。生命周期又称生命循环，是指产品从自然中来再回到自然中去的全部过程，即"从摇篮到坟墓"的整个生命周期各阶段的总和。具体包括从自然中获取最初的资源、能量，经过开采、原材料加工、产品加工、包装运输、产品销售、产品使用、再使用及产品废弃处置等过程，构成一个完整的物质转化的生命周期[29]。生命周期评价过程如表 5-2 所示。

表 5-2　生命周期评价过程

原料	生产	运输	使用	废弃回收
材质减量	清洁生产	清洁能源	中国能效标签	4R 理念
无有害物质	三废管控	绿色物流	节能降耗	节水、节电、节能项目
开发计划书	节能装置	包材减量化		

续表

原料	生产	运输	使用	废弃回收
完成报告书的环保确认	循环水	陆运/水运/海运优先	能效之星	废水、废气、固废合规化处理
供应商环保管控审核	工艺过程有害物质减免或无有害物质（HSF）评估			

5.2.1　生命周期评价

生命周期评价（LCA）是指通过确定和量化与评估对象相关的能源消耗、物质消耗和废弃物排放，来评估某一产品、过程或事件的环境负荷，定量评价由于这些能源、物质消耗和废弃物排放所造成的环境影响，辨别和评估改善环境的机会。20 世纪 60 年代提出物质–能量流平衡方法，20 世纪 80 年代提出"从摇篮到坟墓"的生命周期评价技术，1990 年 8 月由环境毒理学与化学学会（SETAC）正式给出 LCA 定义和规范，1993 年国际标准化组织开展制订国际环境管理系列标准，即 ISO14000 国际环境管理系列标准，如表 5-3 所示。

表 5-3　ISO14000 国际环境管理系列标准表[30]

系列	标准
环境管理体系	14001 环境管理体系——要求及使用指南
	14004 环境管理体系——原则、体系和支持技术通用指南
环境审计（EA）	14010 环境审核指南　通用原则
	14011 环境审核指南　审核程序　环境管理体系审核
	14012 环境审核指南　环境审核员资格要求
	14015 环境管理　现场和组织的环境评价（EASO）
环境标志（EL）	14020 环境管理　环境标志和声明　通用原则
	14021 环境管理　环境标志和声明　自我环境声明
	14022 环境标志：符号
	14023 环境标志：测试及认证方法
	14024 环境管理　环境标志和声明　Ⅰ型环境标志　原则和程序
	14025 环境标志和声明　Ⅲ型　环境声明　原则和程序
环境行为评价（EPE）	14031 环境管理　环境表现评价　指南
生命周期评价（LCA）	14040 环境管理　生命周期评价　原理与框架

续表

系列	标准
生命周期评价（LCA）	14041 环境管理 生命周期评价 目的与范围的确定和清单分析 14042 生命周期评价 生命周期影响评价 14043 生命周期评价 生命周期解释
术语和定义	14050 环境管理 术语 14060 产品标准中的环境指标

生命周期评价有 6 个环节，如图 5-3 所示。生命周期评价主要流程分为目的与范围的确定、清单分析、环境影响评价、结果解释等 4 个步骤。第一步是目的与范围的确定：给出背景，引出实施生命周期评价的原因，确立研究对象，确立研究范围，设定功能单位。第二步是清单分析：清单分析是生命周期评价中最烦琐的一步，原始数据较难获得。现如今对于清单数据的公开度和透明度不高，通过清单收集，对清单进行拆分重组，通过软件计算得出结果。第三步是环境影响评价：根据上一步清单分析得到的结果，结合与环境的相关性，分析环境问题对环境造成的影响。第四步是结果解释：这一步是对清单分析和环境影响评价的结果进行归纳总结[31]。

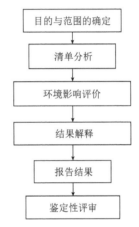

图 5-3　生命周期评价流程图

5.2.2　情景分析法

未来具有多样性，通往未来结果也具有多样性[32]，尽管未来无法预测，但情景可以为未来发展出各种的可能性[33]。情景分析法是一种定量定性的分析方法，定量主要取决于对关键影响因素的计算，定性主要取决于专家所得的结论、相关技术的发展[34]。情景分析法的应用很广泛，企业通过做情景分析，规避风险，提高决策准确度[35]；Cooke 等应用情景分析，在国民经济低、中、高增长情境下，对满足荷兰基本负荷电力需求的核电、煤炭和天然气战略进行了评估，为制定长期政策提供方向[36]；池佳人等通过情景分析法对武汉市由能源活动引起的碳排放进行了核算，为政府制定有关能源的发展政策和目标提供了依据[37]。

5.2.3　SimaPro 软件的使用

SimaPro 软件是一个用于收集、分析和监测产品和服务的可持续性表现的专业工具。SimaPro 集成了多个数据库和影响评价方法，广泛应用于碳足迹、水足迹、产品设计和生态设计等[38]。SimaPro 软件使用如图 5-4 所示。

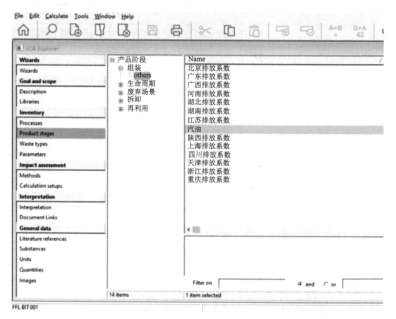

图 5-4　SimaPro 程序图

5.3　中国新能源汽车碳排放历史和现状分析

5.3.1　2015～2020 年中国动力电池、新能源汽车的发展状况总结

通过文献、相关文件查找，数据收集得到 2015～2020 年中国动力电池装机总量数据、2015～2020 年中国新能源汽车产销量，见表 5-4～表 5-6。

表 5-4　2015～2020 年我国动力电池装机总量[39]

年份	装机总量/（GW·h）	年份	装机总量/（GW·h）
2015	15.7	2018	57.0
2016	28.2	2019	64.9
2017	36.4	2020	63.3

表 5-5　2015～2020 年中国新能源车产量[39]

年份	产量/万辆	年份	产量/万辆
2015	37.9	2018	127.0
2016	51.7	2019	124.2
2017	79.4	2020	136.6

表 5-6 2015～2020 年中国新能源车销量[39]

年份	销量/万辆	年份	销量/万辆
2015	33.1	2018	125.6
2016	50.7	2019	120.6
2017	77.7	2020	136.7

根据表 5-4～表 5-6 做出图 5-5～图 5-7。

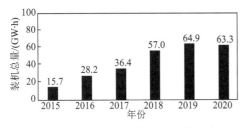

图 5-5 2015～2020 年中国动力电池
装机总量[39]

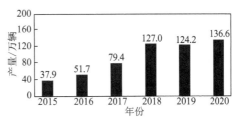

图 5-6 2015～2020 年中国新能源
汽车产量[39]

从图 5-5 可以看出我国 2015～2020 年动力电池装机总量整体呈现上升趋势，可看出制造动力电池的技术逐渐成熟，国家政府对动力电池研发的支持。到 2020 年装机总量下降，其下降的主体原因归结于疫情的暴发，许多工厂停工停产。

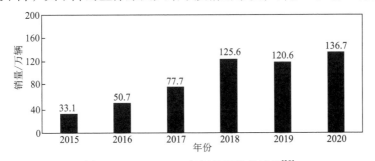

图 5-7 2015～2020 年新能源汽车销量[39]

为了更详细地分析，进一步对新能源车的产销量增长率进行计算，如表 5-7、表 5-8 所示。

表 5-7 2015～2020 年新能源车产量增长率

年份	增长率/%	年份	增长率/%
2015～2016	36.4	2018～2019	−2.2
2016～2017	53.6	2019～2020	10.0
2017～2018	59.9		

表 5-8　2015～2020 年新能源车销量增长率

年份	增长率/%	年份	增长率/%
2015～2016	53.2	2018～2019	−4.0
2016～2017	53.3	2019～2020	13.3
2017～2018	61.6		

从图 5-6、图 5-7、表 5-7、表 5-8 可以看出，2015～2018 年，新能源汽车的产销量增长率逐年上升，从侧面看出消费者对新能源汽车的接受度提高。2019 年发生波动，这是由于当时的汽车行业正在进行转型升级，中国和美国发生经济贸易摩擦，再加上环保标准切换及新能源补贴退坡等因素，使新能源汽车的产销量下降。这一现象反映了国际经济时事与国家政策对新能源汽车的发展会造成直接的影响[40]。

5.3.2　2020 基准年中国动力电池、汽车发展状况总结

对 2020 年的情况进行总结，以 2020 年为基准年，为情景分析 2030 年提供历史数据支撑。首先对 2020 年动力电池各大品牌竞争格局进行分析，如表 5-9、图 5-8 所示。

表 5-9　2020 年动力电池竞争格局

企业	占比
宁德时代新能源科技股份有限公司	50.0%
比亚迪股份有限公司	14.9%
LG 化学	6.5%
中航锂电（洛阳）有限公司	5.6%
合肥国轩高科动力能源有限公司	5.2%
松下电器（中国）有限公司	3.5%
惠州亿纬锂能股份有限公司	1.9%
瑞浦兰钧能源股份有限公司	1.5%
天津力神电池股份有限公司	1.4%
孚能科技（赣州）股份有限公司	1.3%
其他	8.2%

数据来源：高工产业研究院（GGII），前瞻产业研究院，川财证券研究所。

从图 5-8 中看出宁德时代企业在动力电池发展领域处于领先地位。宁德时代、比亚迪两者在动力电池领域中有过硬的技术，具有很强的竞争力，在一定程度上决定了动力电池的发展方向。但这样可能会造成动力电池企业发展的不平衡。2020 年新能源汽车企业的发展情况如表 5-10 所示。

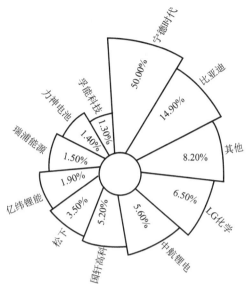

图 5-8　2020 年我国动力电池竞争格局（按企业分）[41]

表 5-10　全球新能源乘用车销量前十企[42]

2020 年				2019 年			
排名	车企	销量/万辆	占比/%	排名	车企	销量/万辆	占比/%
1	特斯拉（上海）有限公司	49.95	15.99	1	特斯拉	36.78	16.64
2	大众	22.02	7.05	2	比亚迪	22.95	10.38
3	比亚迪	17.92	5.74	3	北京新能源汽车股份有限公司（北汽新能源）	16.02	7.25
4	五菱汽车集团控股有限公司	17.08	5.47	4	上汽	13.77	6.23
5	宝马	16.35	5.23	5	宝马	12.89	5.83
6	奔驰	14.59	4.67	6	大众	8.42	3.81
7	华晨雷诺金杯汽车有限公司	12.45	3.98	7	日产（中国）投资有限公司	8.05	3.64
8	沃尔沃	11.3	3.62	8	浙江吉利控股集团有限公司	7.59	3.43
9	奥迪（中国）企业管理有限公司	10.84	3.47	9	北京现代汽车有限公司	7.3	3.30
10	上汽汽车集团股份有限公司	10.14	3.24	10	丰田汽车（中国）投资有限公司	5.52	2.50

表 5-10 将 2020 年与 2019 年进行比较。国外车企发展领先中国，特斯拉的优势不减，2020 年特斯拉销量占比接近 15.99%，稳居第一。大众企业也从 2019 年的第六上升到 2020 年的第二，势头迅猛。北汽新能源、日产、吉利等企业则退出前十的行列，可见企业之间的竞争激烈。

再通过数据收集，得到在 2020 年我国民用汽车保有量前十的城市、新能源汽车保有量为前十的城市，根据所得数据，做出表 5-11、表 5-12。

表 5-11　2020 年前十城市汽车（民用汽车）保有量[43]

名次	城市	保有量/万辆	名次	城市	保有量/万辆
1	北京市	594.5	6	深圳市	353.6
2	上海市	499.5	7	苏州市	350.8
3	成都市	492.2	8	广州市	342.8
4	重庆市	384.7	9	杭州市	297.2
5	郑州市	373.4	10	西安市	290.0

表 5-12　2020 年前十城市汽车（新能源汽车）保有量[43]

名次	城市	保有量/万辆	名次	城市	保有量/万辆
1	上海市	42.5	6	天津市	17.4
2	北京市	37.9	7	郑州市	10.7
3	深圳市	33.0	8	成都市	9.2
4	广州市	21.3	9	柳州市	8.0
5	杭州市	19.5	10	长沙市	8.0

表 5-11、表 5-12 为民用汽车与新能源汽车保有量，在我国东、南方发达地区的汽车发展状况比西部地区好，一是发达地区开始发展的时间早，技术成熟；二是硬件设施跟得上，发达地区的汽车需求量高。对于新能源汽车来说，东、南部发展迅速，一方面，从侧面显示出我国东、南方新能源汽车普及工作取得显著的成效，另一方面也显示出我国的新能源汽车发展还具有很大的空间。从目前的形式来看可从发达城市往外延伸，如 2021 年 3 月 31 日，工信部办公厅、农业农村部办公厅、商务部办公厅、国家能源局综合司发布关于开展新能源下乡活动的通知。将新能源汽车从城市向农村推广，增强更多民众的环保意识，加强宣传力度，让民众对新能源汽车的接受度越来越高。当新能源汽车能够大量代替燃油车时，可加速碳达峰的进程，尽早实现碳中和的目标[44]。

5.3.3　新能源汽车锂动力电池清单收集及碳足迹计算结果

本章研究面对 2030 年碳达峰时新能源汽车领域锂离子动力电池的碳足迹削减策略，通过查阅文献资料，获取历史数据，对 2015～2020 年主要锂离子动力电池的装机量进行归纳总结，如表 5-13、图 5-9 所示。

表 5-13　2015～2020 年中国动力电池装机量（GW·h）[39]

年份	动力电池	磷酸铁锂电池	三元电池	年份	动力电池	磷酸铁锂电池	三元电池
2015	15.7	10.7	4.2	2018	57.0	21.6	30.7
2016	28.2	20.3	6.5	2019	64.9	20.8	40.5
2017	36.4	18.0	16.0	2020	63.3	24.4	38.9

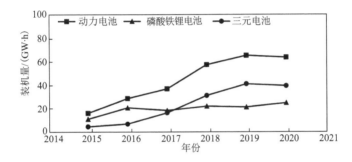

图 5-9　2015～2020 年中国动力电池装机量发展趋势图

从图 5-9 中可以看出 2015～2020 年动力电池的装机总量在逐年上升，磷酸铁锂电池在 2016～2020 年较平稳。三元电池在 2016～2020 年一直处于上升状态，在 2017 年之后超过磷酸铁锂电池的装机量，体现出三元电池优越的性能。自 2017 年开始，国内的三元材料逐步由 NCM523 向 NCM622 转变。

从历史数据得到，目前占比较多的是磷酸铁锂电池（LFP）与三元电池（NCM622），通过收集 LFP、NCM622 动力电池近年最新的质量清单，进行拆分整理得到表 5-14、表 5-15。

表 5-14　1 kW·h LFP 动力电池质量清单表[45]

组分	质量/kg	组分	质量/kg
LFP	2.34	PE 隔膜（PE membrane）	0.1
石墨（graphite）	1.2	$LiPF_6$	0.24
PVDF	0.19	EC	0.67
炭黑（carbon black）	0.16	DMC	0.67

续表

组分	质量/kg	组分	质量/kg
NMP	3.16	铜片（Cu tab）	0.28
铝箔（Al foil）	0.31	铝外壳（Al housing）	0.16
铜箔（Cu foil）	0.72		

表 5-15　1 kW·h NCM 动力电池质量清单表[45]

组分	质量/kg	组分	质量/kg
NCM622	1.64	$LiPF_6$	0.07
石墨（Graphite）	0.94	EC	0.73
PVDF	0.12	DC	0.33
铜（Copper）	0.53	聚丙烯（Polypropylene）	0.09
锻造铝（Wrought Aluminum）	1.11		

对 LFP、NCM622 的清单进行拆分后输入 SimaPro 软件进行重组计算，得到单体 1 kW·h LFP、NCM622 动力电池的碳足迹,如表 5-16 所示（功能单位：1 kW·h）。

表 5-16　计算得到的 1 kW·h 的 LFP、NCM 材料对应的碳足迹

材料	碳足迹/kg CO_2 eq
1 kW·h LFP	44.0
1 kW·h NCM	146.8

从表 5-16 看出，在相同功能单位下 1 kW·h LFP、NCM 电池碳足迹，三元电池产生的 CO_2 比 LFP 电池所产生的 CO_2 多。从图 5-9 可看到，三元电池的装机数量从 2017 年开始比 LFP 电池的装机数量高，这反映出从性能等方面，三元电池要优于磷酸铁锂电池，但从对立面可以看出发展与环境保护之间的矛盾，企业在今后的发展中应更加注重"绿色环保"，平衡发展与环境保护之间的关系，尽量减少污染物的排放，为实现 2030 年碳达峰做出努力，实现绿色可持续的发展。

单体 LFP、NCM 电池的碳足迹如下：

$$TCF_{i\text{-LFP}} = SCF_{i\text{-LFP}} \times N_{i\text{-LFP}} \tag{5-1}$$

$$TCF_{i\text{-NCM}} = SCF_{i\text{-NCM}} \times N_{i\text{-NCM}} \tag{5-2}$$

$$TCF = TCF_{i\text{-LFP}} + TCF_{i\text{-NCM}} \tag{5-3}$$

式中，TCF 为一年生产动力电池所产生的碳足迹；i 为年份；N 为动力电池数量。

2015～2020 年 LFP、NCM 电池总的碳足迹，如表 5-17、图 5-10 所示。

表 5-17　中国 2015～2020 年动力电池生产过程中产生的碳足迹

年份	碳足迹/kg CO$_2$ eq	年份	碳足迹/kg CO$_2$ eq
2015	$1.09×10^9$	2018	$5.46×10^9$
2016	$1.85×10^9$	2019	$6.86×10^9$
2017	$3.14×10^9$	2020	$6.78×10^9$

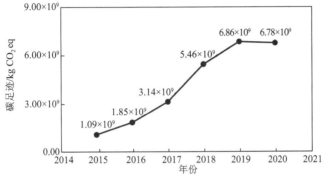

图 5-10　2015～2020 年动力电池生产产生的碳足迹

虽然磷酸铁锂电池的碳排放比三元电池的碳排放要小，但三元电池的装机量增长率增大。总体的电池装机量也在往上升，所以在动力电池生产过程中产生的碳足迹也是呈现出逐年上升的趋势。每种动力电池的性能不同，所产生的碳足迹值也不同。

以 2020 年为研究对象，第一步先对 2020 年新能源汽车保有量处于中国前十的城市进行统计，收集各个城市的新能源汽车、燃油车的保有量。第二步对前十城市的新能源汽车和燃油车所产生的碳足迹进行计算。

假设电力系统为火电，通过 SimaPro 软件计算得出新能源汽车保有量为前十的城市消耗 1 kW·h 的电力所排放的 CO$_2$ 的量，即为每个城市的电力系数，见表 5-18。

表 5-18　各城市电力系数

城市	电力系数/[kg CO$_2$ eq/（kW·h）]	城市	电力系数/[kg CO$_2$ eq/（kW·h）]
上海市	0.86	天津市	1.01
北京市	0.82	郑州市	1.07
深圳市	0.924	成都市	1.10
广州市	0.92	柳州市	1.04
杭州市	0.86	长沙市	1.04

由于新能源汽车的百千米能耗为 15 kW·h/100 km[46]，根据公式：

$$\mathrm{TFC}_{j\text{-EV}} = \mathrm{EC}_{j\text{-city}} \times \mathrm{PC} \times N_{j\text{-EV}} \qquad (5\text{-}4)$$

算出前十个城市使用新能源车每千米消耗的碳足迹，得到表 5-19。式中，j 为城市；EC 为对应城市的电力系数，单位：kg CO$_2$ eq/（kW·h）；PC 为电力消耗，0.15 kW·h/km；N 为新能源车数量。

表 5-19　2020 年前十城市汽车（新能源汽车）碳足迹值

城市	电力系数/[kg CO$_2$ eq/（kW·h）]	保有量/万辆	碳足迹/kg CO$_2$ eq
上海市	0.86	42.5	5.5×10^4
北京市	0.82	37.9	4.7×10^4
深圳市	0.924	33.0	4.6×10^4
广州市	0.92	21.3	3.0×10^4
杭州市	0.86	19.5	2.5×10^4
天津市	1.01	17.4	2.6×10^4
郑州市	1.07	10.7	1.7×10^4
成都市	1.10	9.2	1.5×10^4
柳州市	1.04	8.0	1.2×10^4
长沙市	1.04	8.0	1.2×10^4

对于新能源汽车来看，每个城市的电力系数不同，每个城市新能源汽车使用过程中 CO$_2$ 排放量与本城市的电力结构有重要的联系。如表 5-19 所示，天津市新能源汽车的保有量比杭州市的低，然而 2020 年天津市新能源汽车每千米排放的碳足迹总值比杭州市的高。造成每个城市火电电力系数不同的原因是各个地区的生产发展程度不同。

综上所述，促进碳达峰可采取改变电力结构和提高动力电池性能两个措施。使用水电、风电、太阳能等，降低电力系数；通过提升动力电池性能，降低汽车百千米能耗。

5.3.4　燃油车碳足迹计算结果

查阅 GB/T 19233 文件确定汽车行驶 100 km 所耗的油量，假设车辆的平均重量为 1500 kg，相对应的燃油消耗为 8 L/100 km，实际燃烧一升油排放 2.24 kg CO$_2$，根据公式：

$$\mathrm{TCF}_{j\text{-JCEV}} = \mathrm{FC} \times \mathrm{EC} \times N_{j\text{-JCEV}} \qquad (5\text{-}5)$$

算出燃油车在行驶阶段的碳足迹，得到燃油车使用一年所产生的碳足迹，得到表 5-20。式中，j 为城市；FC 为燃料消耗量，0.08 L/km；EC 为排放系数，2.24 kg/L；N 为内燃机汽车数量。

表 5-20　行驶阶段燃油车所产生的碳足迹值

城市	保有量/万辆	碳足迹/kg CO_2 eq	城市	保有量/万辆	碳足迹/kg CO_2 eq
上海市	457.0	$8.2×10^5$	天津市	245.4	$4.4×10^5$
北京市	556.6	$10.0×10^5$	郑州市	362.7	$6.5×10^5$
深圳市	320.4	$5.8×10^5$	成都市	482.9	$8.7×10^5$
广州市	321.5	$5.8×10^5$	柳州市	57.7	$1.0×10^5$
杭州市	277.7	$5.0×10^5$	长沙市	235.9	$4.2×10^5$

对于燃油车，在行驶阶段所产生的碳足迹主要在于油耗上。若想降低能耗，可对内燃机进行改进，提高内燃机的燃烧效率、环保性[47]。综合以上数据，在每个城市的燃油车与新能源车行驶相同距离的条件下，假设所有的汽车都为燃油车，计算前十城市排放的二氧化碳。与真实情况进行对比，进行减排比计算，分析新能源汽车替代燃油车后，对二氧化碳的减排作用大小，见表 5-21、图 5-11。

表 5-21　2020 年十大城市减排比

城市	减排量/kg CO_2 eq	减排比/%	城市	减排量/kg CO_2 eq	减排比/%
上海市	21968.8	2.4	天津市	5044.9	1.1
北京市	21468.8	2.0	郑州市	2102.6	0.3
深圳市	13606.6	2.1	成都市	1332.8	0.2
广州市	8793.8	1.4	柳州市	1963.6	1.7
杭州市	10056.3	1.9	长沙市	1962.6	0.4

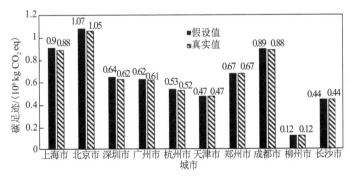

图 5-11　2020 年前十城市减排对比图

从表 5-21 可以看出,最高的减排比为 2.4%,说明新能源汽车有很大的发展空间,发展新能源汽车是必然趋势。为减少燃油车,全球各个国家(地区)开始开启禁售燃油车的计划,如表 5-22 所示。

表 5-22　全球部分国家(地区)禁售燃油车计划表[48-51]

"禁燃"区域	提出时间	提出方式	实施时间	禁售范围
荷兰	2016 年	议案	2030 年	汽车/柴油乘用车
挪威	2016 年	国家计划	2025 年	汽油/柴油车
巴黎、马德里、雅典、墨西哥城	2016 年	市长签署行动协议	2025 年	柴油车
美国加利福尼亚州	2018 年	政府法令	2029 年	燃油公交车
德国	2016 年	议案	2030 年	内燃机汽车
法国	2017 年	官员口头表态	2040 年	汽油/柴油车
英国	2017 年/2018 年	官员口头表态/交通部门战略	2040 年	汽油/柴油车
英国苏格兰	2017 年	政府文件	2032 年	汽油/柴油车
印度	2017 年	官员口头表态	2030 年	汽油/柴油车
中国台湾	2017 年	政府行动方案	2040 年	汽油/燃油车
爱尔兰	2018 年	官员口头表态	2030 年	汽油/柴油车
以色列	2018 年	官员口头表态	2030 年	进口汽柴油乘用车
意大利罗马	2018 年	官员口头表态	2024 年	柴油车
中国海南	2018 年	政府规划	2030 年	汽油/柴油车

全球各国纷纷响应碳减排,提出禁售燃油车政策。我国工信部出台积分政策,财务部出台补贴政策,发改委完善汽车投资的管理制度。作为碳排放量最大的国家,我国任务艰巨[52]。

5.4　中国汽车碳达峰情景预测与分析

5.4.1　数据收集

本章主要研究讨论生命周期中原料生产和使用阶段的碳足迹排放。对于燃油车,产生的碳足迹值指采油阶段所排放的二氧化碳量与燃油车行驶阶段所排放的二氧化碳量之和。对于新能源车指的是动力电池装机时所排放出的二氧化碳量与车辆行驶阶段所排放的二氧化碳量之和。以我国汽车每行驶一千米的碳排放作为基准,讨论各个情境下碳达峰情况。

根据对未来动力电池的预测分析，在新能源汽车销量的基础上设定情景。首先利用 SimaPro 软件计算出开采出 1 kg 汽油的碳排放，如表 5-23 所示。

表 5-23　生产 1 kg 燃油的碳足迹

原料	碳足迹/kg CO$_2$ eq
燃油	0.62

在下文（1）（2）条件下，进行情景设定：

（1）2020～2025 年新能源车复合增长率是 36%，2025～2035 年新能源车复合增长率是 20%[53]，总的汽车销量复合增长率是 3%，报废率为 6.5%[54]。在此条件下，得出未来汽车的保有量，如表 5-24 所示。

表 5-24　条件（1）2020～2040 年全国汽车保有量

年份	燃油车保有量/万辆	新能源车保有量/万辆	年份	燃油车保有量/万辆	新能源车保有量/万辆
2020	27608.0	492.0	2031	29528.9	8078.5
2021	30612.3	646.3	2032	27609.5	9837.4
2022	42893.4	857.7	2033	25814.9	11939.0
2023	42674.0	1146.6	2034	24136.9	14451.5
2024	47267.8	1540.7	2035	22568.0	17459.0
2025	44195.4	2078.0	2036	23139.1	16324.0
2026	41322.7	2707.8	2037	29002.7	15262.9
2027	38636.8	3450.0	2038	27117.5	14270.8
2028	36125.4	4326.9	2039	25354.9	13343.2
2029	33777.2	5367.3	2040	25744.8	12475.9
2030	31581.7	6604.5			

（2）到 2025 年新能源汽车销量占总销量的 20%，2030 年新能源汽车占总销量的 35%，2035 年新能源汽车占总销量的 50%[55]，报废率为 6.5%，在此条件下得出未来汽车的保有量，如表 5-25 所示。

表 5-25　条件（2）2020～2040 年全国汽车保有量

年份	燃油车保有量/万辆	新能源车保有量/万辆	年份	燃油车保有量/万辆	新能源车保有量/万辆
2020	27608.0	492.0	2024	30384.7	1540.7
2021	28375.2	646.3	2025	30884.1	2059.2
2022	29107.9	857.7	2026	31329.6	2658.1
2023	29786.7	1146.6	2027	31721.3	3338.4

续表

年份	燃油车保有量/万辆	新能源车保有量/万辆	年份	燃油车保有量/万辆	新能源车保有量/万辆
2028	32059.1	4101.5	2035	32855.6	11909.6
2029	32342.4	4948.9	2036	32732.2	13404.6
2030	32570.8	5882.2	2037	32545.0	15002.8
2031	32743.4	6903.2	2038	32291.8	16707.5
2032	32859.4	8014.1	2039	31970.6	18522.1
2033	32917.7	9217.2	2040	31579.0	20450.3
2034	32916.9	10514.8			

5.4.2 情景分析

1. 生产阶段+使用阶段

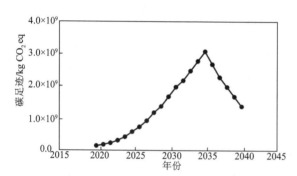

图 5-12　低情景 1——碳达峰情况图

情景 1：在（1）条件下，对电力结构进行改变，分为低、中、高三个情景。

低情景 1：以 2020 年为基准年，电力结构为火电。计算全国车辆在行驶一千米所产生的碳排放，得到 2020～2040 年全国汽车行驶一千米所排放的二氧化碳量，如图 5-12、表 5-26 所示。

表 5-26　低情景 1——2020～2040 年全国汽车行驶一千米的碳排放量

年份	碳足迹/kg CO₂ eq	年份	碳足迹/kg CO₂ eq
2020	1.7×10^8	2027	9.5×10^8
2021	2.1×10^8	2028	1.2×10^9
2022	2.6×10^8	2029	1.4×10^9
2023	3.4×10^8	2030	1.7×10^9
2024	4.5×10^8	2031	2.0×10^9
2025	6.1×10^8	2032	2.2×10^9
2026	7.6×10^8	2033	2.5×10^9

续表

年份	碳足迹/kg CO₂ eq	年份	碳足迹/kg CO₂ eq
2034	2.8×10^9	2038	2.0×10^9
2035	3.1×10^9	2039	1.7×10^9
2036	2.7×10^9	2040	1.4×10^9
2037	2.3×10^9		

此情景下，2035 年可以达到碳达峰说明在（1）的前提条件下，新能源车替代燃油车速度较快，但未实现 2030 年达到碳达峰的目标。

中情景 1：在（1）条件下，燃油车的情况保持不变，新能源车中消耗电力的结构发生改变。由于在我国水力发电量约占发电量的 1/4[56]，在此基础上假设 1/4 的发电量是靠水电提供，剩下的 3/4 的发电量仍然由火力提供。火力发电过程的碳排放是 1 kg/（kW·h），水力发电过程的碳排放是 0.0035 kg/（kW·h）。计算出 2020～2040 年全国汽车行驶一千米的碳排放量，得到图 5-13、表 5-27。

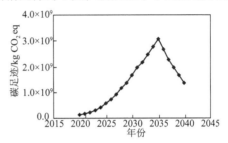

图 5-13　中情景 1——碳达峰情况图

表 5-27　中情景 1——2020～2040 年全国汽车行驶一千米的碳排放量

年份	碳足迹/kg CO₂ eq	年份	碳足迹/kg CO₂ eq
2020	1.7×10^8	2031	2.0×10^9
2021	2.1×10^8	2032	2.2×10^9
2022	2.6×10^8	2033	2.5×10^9
2023	3.4×10^8	2034	2.8×10^9
2024	4.5×10^8	2035	3.1×10^9
2025	6.1×10^8	2036	2.7×10^9
2026	7.6×10^8	2037	2.3×10^9
2027	9.5×10^8	2038	2.0×10^9
2028	1.2×10^9	2039	1.7×10^9
2029	1.4×10^9	2040	1.4×10^9
2030	1.7×10^9		

在此情景下 2035 年达到碳达峰，与低情景 1 不同的是在电力结构的改变上。

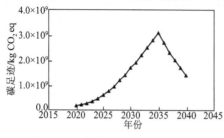

图 5-14　高情景 1——碳达峰情况图

在中情景 1 中将一部分的火力发电转换为更为清洁的水力发电，碳达峰情况未发生明显的改变，从侧面说明对于清洁能源的发展力度不够。以此为基础，设定高情景 1，假设未来的电力发电结构全部转为水电，作为最佳情景，计算得到图 5-14、表 5-28。

表 5-28　高情景 1——2020～2040 年全国汽车行驶一千米的碳排放量

年份	碳足迹/kg CO_2 eq	年份	碳足迹/kg CO_2 eq
2020	$1.7×10^8$	2031	$1.9×10^9$
2021	$2.1×10^8$	2032	$2.2×10^9$
2022	$2.6×10^8$	2033	$2.5×10^9$
2023	$3.4×10^8$	2034	$2.8×10^9$
2024	$4.5×10^8$	2035	$3.1×10^9$
2025	$6.0×10^8$	2036	$2.7×10^9$
2026	$7.6×10^8$	2037	$2.3×10^9$
2027	$9.4×10^8$	2038	$2.0×10^9$
2028	$1.2×10^9$	2039	$1.7×10^9$
2029	$1.4×10^9$	2040	$1.4×10^9$
2030	$1.7×10^9$		

在此情景下，2035 年达到碳达峰，虽然在（1）条件的前提下设定的低、中、高三个情景都大约在 2035 年能达到碳达峰，但从具体数值可以看出电力结构的改变是对碳排放量有影响的。在基于（1）条件的最佳情景下未在 2030 年达到碳达峰，这将关注点又引到汽车的核心部位上，如燃油车替换效率更高、碳排放量更少的内燃机[57]。新能源车则从动力电池入手，提高动力电池的性能，这两者从本质上说就是降低能耗。在此基础上设定情景 2，在（1）条件的基础上，通过改变燃油车的百千米能耗和新能源车的百千米能耗。根据国标，目前燃油车平均能耗为 8 L/100 km，新能源汽车能耗为 15 kW·h/100 km。设定情景 2：

燃油车能耗以每五年能耗下降 1 L/100 km 的速度降到 5 L/10 km，新能源汽车能耗以每五年降 1 kW·h 的速度降到 12 kW·h/10 km，讨论此条件的最佳情景下碳达峰的情况，得到图 5-15、表 5-29。

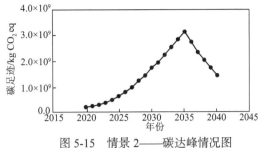

图 5-15　情景 2——碳达峰情况图

表 5-29　情景 2——2020～2040 年全国汽车行驶一千米的碳排放量

年份	碳足迹/kg CO_2 eq	年份	碳足迹/kg CO_2 eq
2020	1.7×10^8	2031	1.9×10^9
2021	2.1×10^8	2032	2.2×10^9
2022	2.6×10^8	2033	2.5×10^9
2023	3.4×10^8	2034	2.8×10^9
2024	4.5×10^8	2035	3.1×10^9
2025	6.0×10^8	2036	2.7×10^9
2026	7.6×10^8	2037	2.3×10^9
2027	9.4×10^8	2038	2.0×10^9
2028	1.2×10^9	2039	1.7×10^9
2029	1.4×10^9	2040	1.4×10^9
2030	1.7×10^9		

在情景 2 中，2035 年时可达到碳达峰，综合图 5-12～图 5-15 来看，大约都在 2035 年时达到峰值，在最佳的情景下也是如此。出现这个现象的原因可能为在电池的生产阶段排放的二氧化碳过大。由于（1）条件下新能源汽车代替燃油车的力度比在（2）条件下要大，在（1）条件下的情景很难在 2030 年达到碳达峰，那么在（2）条件下想达到碳达峰会更加困难。综合上述可单独分析在不考虑生产阶段的碳排放时，燃油车和新能源汽车能否达到碳达峰。

2. 使用阶段碳达峰分析

在（1）条件的前提下，对电力结构进行改变，分为低、中、高三个情景。

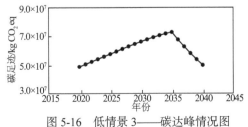

图 5-16　低情景 3——碳达峰情况图

低情景 3：以 2020 年为基准年，未来一直为火力发电，计算碳达峰情况。计算得到2020～2040 年所有汽车行驶一千米所产生的碳足迹值，得到图 5-16、表 5-30。

表 5-30　低情景 3——2020～2040 年全国汽车行驶一千米的碳排放量

年份	碳足迹/kg CO_2 eq	年份	碳足迹/kg CO_2 eq
2020	$5.0×10^7$	2031	$6.7×10^7$
2021	$5.2×10^7$	2032	$6.9×10^7$
2022	$5.4×10^7$	2033	$7.0×10^7$
2023	$5.5×10^7$	2034	$7.1×10^7$
2024	$5.7×10^7$	2035	$7.2×10^7$
2025	$5.8×10^7$	2036	$6.7×10^7$
2026	$6.0×10^7$	2037	$6.3×10^7$
2027	$6.1×10^7$	2038	$5.9×10^7$
2028	$6.3×10^7$	2039	$5.5×10^7$
2029	$6.4×10^7$	2040	$5.1×10^7$
2030	$6.6×10^7$		

在此情景下，碳排放在 2035 年时能够达到碳达峰，2035 年后碳排放开始下降，有望在 2060 年实现碳中和。

中情景 3：在中国，水力发电约占发电量的 1/4。假设 1/4 的电是靠水电满足，剩下的 3/4 还是以火电的形式进行。火力发电过程的碳排放是 1 kg/（kW·h），水力发电过程的碳排放是 0.0035 kg/（kW·h），计算出 2020～2040 年所有汽车行驶一千米所产生的碳足迹值，得到图 5-17、表 5-31。

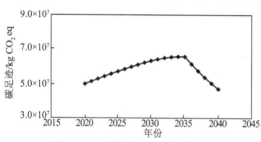

图 5-17　中情景 3——碳达峰情况图

表 5-31　中情景 3——2020～2040 年全国汽车行驶一千米的碳排放量

年份	碳足迹/kg CO_2 eq	年份	碳足迹/kg CO_2 eq
2020	$5.0×10^7$	2031	$6.5×10^7$
2021	$5.2×10^7$	2032	$6.5×10^7$
2022	$5.3×10^7$	2033	$6.6×10^7$
2023	$5.5×10^7$	2034	$6.6×10^7$
2024	$5.6×10^7$	2035	$6.6×10^7$
2025	$5.8×10^7$	2036	$6.2×10^7$
2026	$5.9×10^7$	2037	$5.8×10^7$
2027	$6.0×10^7$	2038	$5.4×10^7$
2028	$6.2×10^7$	2039	$5.1×10^7$
2029	$6.3×10^7$	2040	$4.7×10^7$
2030	$6.4×10^7$		

中情景 3 下大约 2035 年可以达到碳达峰，与低情景 3 相比，达到碳达峰的时间大约一致，说明如水电这样更清洁的能源发展不够，需要大力发展清洁能源来代替火电，降低碳排放。

高情景 3：在假设的基本条件下，从 2022 年开始，全部应用水力发电，计算在最佳的情景下，汽车行业在 2030 年是否能够达到碳达峰。计算得图 5-18、表 5-32。

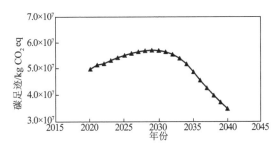

图 5-18　高情景 3——碳达峰情况图

表 5-32　高情景 3——2020～2040 年全国汽车行驶一千米的碳排放量

年份	碳足迹/kg CO_2 eq	年份	碳足迹/kg CO_2 eq
2020	5.0×10^7	2031	5.7×10^7
2021	5.2×10^7	2032	5.6×10^7
2022	5.2×10^7	2033	5.4×10^7
2023	5.4×10^7	2034	5.2×10^7
2024	5.5×10^7	2035	4.9×10^7
2025	5.6×10^7	2036	4.6×10^7
2026	5.6×10^7	2037	4.3×10^7
2027	5.7×10^7	2038	4.0×10^7
2028	5.7×10^7	2039	3.8×10^7
2029	5.7×10^7	2040	3.5×10^7
2030	5.7×10^7		

在此情景下，从表 5-32 可得知，在 2029 年时汽车行业可以达到碳达峰，比"十四五"规划中在 2030 年达到碳达峰早一年，在基于（1）条件的最佳情景下，在 2030 年才能完成碳达峰，可见完成目标的艰巨性。

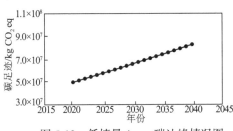

图 5-19　低情景 4——碳达峰情况图

基于（2）条件做出低、中、高三种情景：

低情景 4：假设电力需求都有火电满足，燃油车的基本参数不发生改变，汽车的报废率是 6.5%，计算 2020～2040 年汽车行驶一千米所排放的二氧化碳量，得图 5-19、表 5-33。

表 5-33　低情景 4——2020～2040 年全国汽车行驶一千米的碳排放量

年份	碳足迹/kg CO₂ eq	年份	碳足迹/kg CO₂ eq
2020	5.0×10^7	2031	6.8×10^7
2021	5.2×10^7	2032	7.0×10^7
2022	5.4×10^7	2033	7.1×10^7
2023	5.5×10^7	2034	7.3×10^7
2024	5.7×10^7	2035	7.5×10^7
2025	5.8×10^7	2036	7.6×10^7
2026	6.0×10^7	2037	7.8×10^7
2027	6.1×10^7	2038	8.0×10^7
2028	6.3×10^7	2039	8.2×10^7
2029	6.5×10^7	2040	8.3×10^7
2030	6.6×10^7		

在低情景 4 下，新能源汽车的销量满足了到 2025 占汽车总销量的 20%，到 2035 新能源汽车的销量占汽车总销量的 35%，汽车的报废率为 6.5%，但在低情景 4 情景下，到 2030 年时无法达到碳达峰，甚至在 2040 年也无法达到碳达峰。

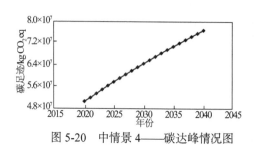

图 5-20　中情景 4——碳达峰情况图

中情景 4：假设电力需求 1/4 由水电完成，3/4 由火电完成，对碳达峰情况进行探讨，得到图 5-20、表 5-34。

表 5-34　中情景 4——2020～2040 年全国汽车行驶一千米的碳排放量

年份	碳足迹/kg CO₂ eq	年份	碳足迹/kg CO₂ eq
2020	5.0×10^7	2027	6.0×10^7
2021	5.2×10^7	2028	6.2×10^7
2022	5.3×10^7	2029	6.3×10^7
2023	5.5×10^7	2030	6.4×10^7
2024	5.6×10^7	2031	6.6×10^7
2025	5.8×10^7	2032	6.7×10^7
2026	5.9×10^7	2033	6.8×10^7

续表

年份	碳足迹/kg CO₂ eq	年份	碳足迹/kg CO₂ eq
2034	7.0×10^7	2038	7.4×10^7
2035	7.1×10^7	2039	7.6×10^7
2036	7.2×10^7	2040	7.7×10^7
2037	7.3×10^7		

在中情景 4 下，在 2035 年时不可能达到碳达峰。

高情景 4：假设从 2022 年开始若全部的电力需求由水电满足，得图 5-21、表 5-35。

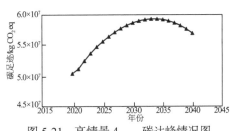

图 5-21　高情景 4——碳达峰情况图

表 5-35　高情景 4——2020～2040 年全国汽车行驶一千米的碳排放量

年份	碳足迹/kg CO₂ eq	年份	碳足迹/kg CO₂ eq
2020	5.0×10^7	2031	5.9×10^7
2021	5.1×10^7	2032	5.9×10^7
2022	5.2×10^7	2033	5.9×10^7
2023	5.4×10^7	2034	5.9×10^7
2024	5.5×10^7	2035	5.9×10^7
2025	5.6×10^7	2036	5.9×10^7
2026	5.6×10^7	2037	5.9×10^7
2027	5.7×10^7	2038	5.8×10^7
2028	5.8×10^7	2039	5.8×10^7
2029	5.8×10^7	2040	5.7×10^7
2030	5.9×10^7		

在高情景 4 下，从表 5-35 可知，在 2034 年时可以达到碳达峰。

高情景 4 为在（2）条件下的最佳情景，因为在水力发电、风力发电、太阳能发电、核能发电中，水电发电过程中二氧化碳的排放量最少，如表 5-36 所示。

表 5-36　相关电力发电碳排放量

电力结构	碳排放量/[g/（kW·h）]	电力结构	碳排放量/[g/（kW·h）]
火力发电	1000	太阳能发电	80
风力发电	17.3	水力发电	3.5

综上所述，在（2）条件的情景下，想在 2030 年达到碳达峰，需提高新能源汽车代替燃油车的比例。经调查研究，影响新能源汽车大量扩散的原因是新能源汽车充电设施所能保证的续航里程、覆盖范围有限；目前消费者对于新能源汽车的认知还处于早期阶段。对新能源汽车的性能理解水平不高，其次影响消费者的重要因素就是价格及汽车的舒适性和安全性[58, 59]。

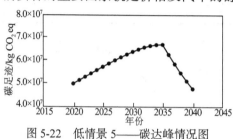

图 5-22　低情景 5——碳达峰情况图

出图 5-22、表 5-37。

除了改变电力结构，还可以从降低能耗入手。分别基于（1）、（2）两个条件，作出两组低、中、高情景。

低情景 5：假设在未来新能源汽车的百千米能耗降为 12 kW·h/100 km，基于（1）条件的情况下，计算 2020～2040 年汽车行驶每千米所产生的碳排放，得

表 5-37　低情景 5——2020～2040 年全国汽车行驶一千米的碳排放量

年份	碳足迹/kg CO_2 eq	年份	碳足迹/kg CO_2 eq
2020	$5.0×10^7$	2031	$6.5×10^7$
2021	$5.2×10^7$	2032	$6.6×10^7$
2022	$5.3×10^7$	2033	$6.7×10^7$
2023	$5.5×10^7$	2034	$6.7×10^7$
2024	$5.6×10^7$	2035	$6.7×10^7$
2025	$5.8×10^7$	2036	$6.3×10^7$
2026	$5.9×10^7$	2037	$5.9×10^7$
2027	$6.0×10^7$	2038	$5.5×10^7$
2028	$6.2×10^7$	2039	$5.1×10^7$
2029	$6.3×10^7$	2040	$4.8×10^7$
2030	$6.4×10^7$		

在假设燃油车百千米能耗不变，新能源汽车百千米能耗以每五年降低 1 kW·h 的速度降低，到 2035 年后达到 12 kW·h/100 km，在此情景下，到 2035 年可以达到碳达峰。

中情景 5：在假设新能源汽车百千米能耗不变情况下，燃油车百千米能耗从 8 L/100 km 降低至 5 L/100 km，以每五年降低 1L 能耗的速度下降，计算得出图 5-23、表 5-38。

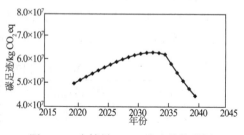

图 5-23　中情景 5——碳达峰情况图

表 5-38　中情景 5——2020~2040 年全国汽车行驶一千米的碳排放量

年份	碳足迹/kg CO_2 eq	年份	碳足迹/kg CO_2 eq
2020	5.0×10^7	2031	6.3×10^7
2021	5.2×10^7	2032	6.4×10^7
2022	5.3×10^7	2033	6.4×10^7
2023	5.5×10^7	2034	6.3×10^7
2024	5.6×10^7	2035	6.3×10^7
2025	5.7×10^7	2036	5.9×10^7
2026	5.8×10^7	2037	5.5×10^7
2027	6.0×10^7	2038	5.1×10^7
2028	6.1×10^7	2039	4.8×10^7
2029	6.2×10^7	2040	4.5×10^7
2030	6.3×10^7		

在此情景下，到 2035 年达到碳达峰，未达到预期的目标。进行高情景设定，设定在未来燃油车的百千米能耗逐渐降为 5 L/100 km，新能源汽车百千米能耗逐渐降为 12 kW·h/100 km。计算得到图 5-24、表 5-39。

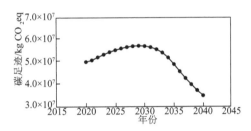

图 5-24　高情景 5——碳达峰情况图

表 5-39　高情景 5——2020~2040 年全国汽车行驶一千米的碳排放量

年份	碳足迹/kg CO_2 eq	年份	碳足迹/kg CO_2 eq
2020	5.0×10^7	2031	5.7×10^7
2021	5.1×10^7	2032	5.6×10^7
2022	5.2×10^7	2033	5.4×10^7
2023	5.4×10^7	2034	5.2×10^7
2024	5.5×10^7	2035	4.9×10^7
2025	5.6×10^7	2036	4.6×10^7
2026	5.6×10^7	2037	4.3×10^7
2027	5.7×10^7	2038	4.0×10^7
2028	5.7×10^7	2039	3.8×10^7
2029	5.7×10^7	2040	3.5×10^7
2030	5.7×10^7		

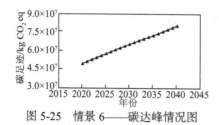

图 5-25　情景 6——碳达峰情况图

在此情景下，在 2035 年达到碳达峰，下面进行情景 6 的分析，情景 6 是在（2）条件下，通过降低能耗的方式，设定情景 6：与高情景 5 设定相同，计算得到图 5-25、表 5-40。

表 5-40　情景 6——2020～2040 年全国汽车行驶一千米的碳排放量

年份	碳足迹/kg CO$_2$ eq	年份	碳足迹/kg CO$_2$ eq
2020	5.0×10^7	2031	6.7×10^7
2021	5.2×10^7	2032	6.9×10^7
2022	5.3×10^7	2033	7.0×10^7
2023	5.5×10^7	2034	7.2×10^7
2024	5.7×10^7	2035	7.3×10^7
2025	5.8×10^7	2036	7.5×10^7
2026	6.0×10^7	2037	7.6×10^7
2027	6.1×10^7	2038	7.8×10^7
2028	6.3×10^7	2039	7.9×10^7
2029	6.4×10^7	2040	8.1×10^7
2030	6.6×10^7		

在（2）条件的前提下，电力结构不变，只降低燃油车、新能源车的耗能，很难达到碳达峰。

5.5　小　　结

从国内外针对碳达峰、新能源汽车政策的总结可得出我国在达到碳达峰、发展新能源汽车方面的优劣势，劣势在于我国的发展动力电池的核心技术欠缺，起步较晚，在新能源汽车发展中，国外企业占据大头；优势在于我国发展速度快，国家政府重视，政策支持力度大。如 2020 年一年就出台了很多关于新能源汽车的政策，如自 2021 年 1 月 1 日～2022 年 12 月 31 日，免去新能源汽车的购置税；延长补贴期限，平缓补贴退坡力度和节奏等[60-62]。总体来看，未来我国新能源汽车发展趋势是从发达城市向农村进行扩散。

从情景分析中得出，为实现 2030 年碳达峰目标削减碳足迹，第一点需加快新能源汽车发展进程，将新能源汽车从城市推广到农村；第二点需对电力结构进行改善，大力发展风能、太阳能等清洁能源；第三点提升燃油车内燃机性能或加大禁售燃油车力度；第四点发展产生碳足迹值较小的材料，从动力电池生产阶段减少碳足迹排放。

参 考 文 献

[1] Antwi H A, Zhou L L, Xu X L, et al. Progressing towards environmental health targets in China: An integrative review of achievements in air and water pollution under the "Ecological Civilisation and the Beautiful China" Dream[J]. Sustainability, 2021, 13(7): 1-10.

[2] Qin R, Chen H. The status of rural garbage disposal[J]. Earth & Environmental Sciences, 2018, 108(4): 1215-1755.

[3] 陈军腾, 任云英. 近十年碳排放影响因素及其相关研究进展[C]. 中国城市规划学会. 活力城乡 美好人居——2019 中国城市规划年会论文集(08 城市生态规划). 北京: 中国建筑工业出版社, 2019: 900-909.

[4] Nabernegg S, Bednar-Friedl B, Munoz P, et al. National policies for global emission reductions: effectiveness of carbon emission reductions in international supply chains[J]. Ecological Economics, 2019, 158: 146-157.

[5] Zou C, Xiong B, Xue H Q, et al. The role of new energy in carbon neutral[J]. Petroleum Exploration and Development, 2021, 48(2): 480-491.

[6] Soest H, Elzen M, Vuuren D. Net-zero emission targets for major emitting countries consistent with the Paris agreement[J]. Nature Communications, 2021, 12(1): 2140.

[7] Gina N. Essential EU climate law[J]. Reference Reviews, 2016, 30(4): 10-16.

[8] 刘国伟. 中国等 57 国将在 2030 年实现碳达峰 各国携手迈向碳中和[J]. 环境与生活, 2021, (1): 8-23.

[9] 赵娜, 何瑞, 王伟. 英国能源的未来——创建一个低碳经济体[J]. 现代电力, 2005, (4): 90-91.

[10] 邱丽静. 近期世界能源低碳发展战略及政策动向[EB/OL]. https://mp.weixin.qq.com/s/ULPGPmBMserhVSG-S.611A[2021-04-14].

[11] Xu X B, Xu H C. The driving factors of carbon emissions in China's transportation sector: A spatial analysis[J]. Frontiers in Energy Research. 2021, (9): 1-2.

[12] 梁树洋, 卢盈佑. 试析新能源汽车发展现状及趋势[J]. 时代汽车, 2021, (10): 76-77.

[13] 孙贵兵. 我国新能源汽车现状分析与展望[J]. 新能源科技, 2021,(4): 20-22.

[14] 赵隆昌, 岳毅然, 徐雄伟. 税收优惠、政策激励与企业创新——基于中国新能源汽车的行业发展现状[J]. 社会科研前沿, 2021, 10(4): 989-995.

[15] Dan Z, Sfj C, Hpwa B, et al. How do government subsidies promote new energy vehicle diffusion in the complex network context? A three-stage evolutionary game model[J]. Energy, 2021, (230): 10-15.

[16] 王旭. 新能源电动汽车关键技术发展现状与趋势[J]. 汽车实用技术, 2021, 46(7): 13-15.

[17] Jiao Y L, Gao F, Xie J. Environmental impacts assessment of NCM cathode material production of power lithium-ion batteries[J]. Materials Science Forum, 2020, (5930): 1456-1464.

[18] 郑洲. 我国锂离子电池及其正极材料的产业化进展[J]. 新材料产业, 2020, (6): 49-52.

[19] He W, Guo W B, Wu H L, et al. Challenges and recent advances in high capacity Li-rich cathode materials for high energy density lithium-ion batteries[J]. Advanced Materials, 2021, 5(2021): 1-35.

[20] 高飞, 杨凯, 王聪杰, 等. 能量型磷酸铁锂电池过充致热失控试验研究[J]. 合成材料老化与应用, 2021, 50(1): 39-41.

[21] 汪伟伟, 丁楚雄, 高玉仙, 等. 磷酸铁锂及三元电池在不同领域的应用[J]. 电源技术, 2020, 44(9): 1383-1386.

[22] Liang Y H, Su J, Xi B D, et al. Life cycle assessment of lithium-ion batteries for greenhouse gas emissions[J]. Resources Conservation and Recycling, 2017, (117): 285-293.

[23] Lla B, Ek C, Ah A, et al. Cost and carbon footprint reduction of electric vehicle lithium-ion batteries through efficient thermal management[J]. Applied Energy, 2021, (289): 8-9.

[24] 曾国栋. 实现碳达峰、碳中和为金融带来的机遇和挑战[J]. 金融与经济, 2021, (4): 1.

[25] 董扬. 新能源汽车将成全社会减碳主要途径[N]. 中国能源报, 2020-12-09.

[26] Lu Y, Zhang Q, Chen J. Recent progress on lithium-ion batteries with high electrochemical performance[J]. Science China(Chemistry), 2019, 62(5): 533-548.

[27] 温俊. 刀片电池: 新能源汽车的动力升级[J]. 中国工业和信息化, 2021, (1): 16-22.

[28] 胡敏, 王恒, 陈琪. 电动汽车锂离子动力电池发展现状及趋势[J]. 汽车实用技术, 2020, (9): 8-10.

[29] Lybbert M, Ghaemi Z, Balaji A K, et al. Integrating life cycle assessment and electrochemical modeling to study the effects of cell design and operating conditions on the environmental impacts of lithium-ion batteries[J]. Renewable and Sustainable Energy Reviews, 2021, (144): 13-17.

[30] 张维平. 21 世纪的环境管理——论 ISO14000 环境管理系列标准[J]. 环境科学进展, 1998, (2): 86-90.

[31] 郑秀君, 胡彬. 我国生命周期评价(LCA)文献综述及国外最新研究进展[J]. 科技进步与对策, 2013, 30(6): 155-160.

[32] 莫荣团. 情景分析法在周期性公司收益法估值中的应用研究[D]. 北京: 首都经济贸易大学, 2017.

[33] Council on Long Rage Planning and Development. The future of medicine: A scenario analysis[J]. Journal of the American Medical Association, 1987, 258(1): 80-85.

[34] 曾吉. 科学构建技术预见方法 提高技术创新能力[J]. 中国工业和信息化, 2021, (5): 18-24.

[35] 高筱苏. 情景分析在公司规划中的应用[J]. 预测, 1990, (2): 6-11.

[36] Lootsma F A, Boonekamp P, Cooke R M, et al. Choice of a long-term strategy for the national electricity supply via scenario analysis and multi-criteria analysis[J]. European Journal of Operational Research, 1990, 48(2): 189-203.

[37] 池佳仁, 张弘, 卢腾飞, 等. 碳排放达峰约束下的武汉市能源发展目标研究[J]. 科技经济导刊, 2021, 29(12): 128-129.

[38] 产品生态与可持续发展. SimaPro 简介及视频[EB/OL]. http://www.1mi1.cn/Data/List/SimaPro%E7%AE%80%E4%BB%8B.[2014-11-05].

[39] 高工产业研究院(GGII), 第一电动网. 2018 年中国动力电池市场分析报告——行业深度分析与发展前景研究[R]. 2018.

[40] 姚兰.[2019 年 12 月车市]中国[J]. 汽车纵横, 2020, (2): 62-65.

[41] 黄博, 张天楠. 电力系统储能发展掣肘探讨及海外经验借鉴[R]. 北京: 川财证券, 2021.

[42] 朱栋, 王德安, 陈建文, 等. 要素与演变—新能源汽车产业链纵析[R]. 深圳: 平安证券, 2021.

[43] 智云数据库. 汽车城市保有量[EB/OL]. https://zhiyun.souche. com/dataQuerytyped=25&prodId= 45.[2021-01-31].

[44] 许海东. 落实新能源汽车下乡, 推动新能源汽车产业可持续发展[J]. 汽车纵横, 2020, (12): 3.

[45] Yin R, Hu S, Yang Y. Life cycle inventories of the commonly used materials for lithium-ion batteries in China[J]. Journal of Cleaner Production, 2019, 227(4): 960-971.

[46] 新能源网. 电动车每百公里耗电[EB/OL]. http://www.chinanegyuan.com/baike/5895.html. [2020-04-08].

[47] 韩培洲. 大幅提高热效率的新结构节油内燃机[J]. 国外内燃机, 2016, 48(5): 60-62.

[48] Triantafyllopoulos G, Kontses A, Dimitrios T, et al. Potential of energy efficiency technologies in reducing vehicle consumption under type approval and real world conditions[J]. Energy, 2017, 140(2017): 365-373.

[49] 周菊. 中国禁售燃油车时间表出炉 2050 年燃油车应全面退出[J]. 商业文化, 2019, (18): 79-81.

[50] 孙洋洲, 吴克强, 郭雪飞, 等. 海南省规划禁止销售燃油车的影响分析与建议[J]. 中国能源, 2020, 42(1): 45-47.

[51] Song R. Exploring the impact of various countries' timetable for the ban on the sales of fuel vehicles on China[J]. Sustainable Development, 2018, 8(2): 121-126.

[52] Yang F. European Union's rule of law in climate governance and the enlightenment to China[J]. Canadian Social Science, 2019, 15(3): 1-10.

[53] 覃晶晶. 第五届中国国际镍钴锂高峰论坛[R]. 上海: SMM, 2020.

[54] 人民网. 我国机动车保有量超过 3 亿辆汽车报废将进入快速增长期[EB/OL]. http://ucheke. jrj.com.cn/2019/05/23083527610465.shtml[2019-05-23].

[55] 国务院办公厅. 国务院办公厅印发《新能源汽车产业发展规划(2021—2035 年)》[EB/OL]. http: //www. gov. cn/zhengce/content/2020-11/02/content-5556716. htm?trs=1.[2020-10-20].

[56] Tao Z A, Ying M B, Al C. Scenario analysis and assessment of China's nuclear power policy based on the Paris agreement: A dynamic CGE model[J]. Energy, 2021, 228: 120541.

[57] Leach F, Kalghatgi G, Stone R, et al. The scope for improving the efficiency and environmental impact of internal combustion engines[J]. Transportation Engineering, 2020, 1: 100005.

[58] Williander M, Stålstad C. New business models for electric cars[C]//International Electric Vehicle Symposium and Exhibition. IEEE, 2013.

[59] Cecere G, Corrocher N, Guerzoni M. Price or performance? A probabilistic choice analysis of the intention to buy electric vehicles in European countries[J]. Energy Policy, 2018, 118: 19-32.

[60] Zhang X, Sun X, Li X, et al. Recent progress in rate and cycling performance modifications of vanadium oxides cathode for lithium-ion batteries[J]. Journal of Energy Chemistry, 2021, 8:

343-363.

[61] Liu W, Yi H. What affects the diffusion of new energy vehicles financial subsidy policy? Evidence from Chinese Cities[J]. International Journal of Environmental Research and Public Health, 2020, 17(3): 1-5.

[62] Zhao F W, Zhao B J. Research on the development strategies of new energy automotive industry based on car charging stations[J]. Applied Mechanics and Materials, 2015, (3822): 985-988.

常用缩略语表

缩写	全称	中文（释义）
AA	acroleic acid	丙烯酸
ABS	acrylonitrile butadiene styrene	丙烯腈-丁二烯-苯乙烯共聚物
ADP	abiotic resource depletion	非生物耗竭
ADPe	abiotic resource depletion elements	非生物性元素耗竭
ADPf	abiotic resource depletion fossil fuels	非生物性化石燃料耗竭
AFLEET	alternative fuel life cycle of environmental and economic transportation	替代燃料生命周期环境与经济交通评价方法
ALOP	agricultural land occupation	农业土地占用
Al-ion	aluminium ion	铝离子
AP	acidification potential	酸化潜势
BatPaC	battery performance and cost model	电池性能与成本模型
BAU	business as usual	正常情景/正常模式
BEB	battery electric bus	电动公交车
BEV	battery electric vehicle/battery-powered vehicle	纯电动汽车
BMS	battery management system	电池管理系统
C_2F_6	hexafluoroethane	六氟乙烷
$C_3H_4O_3$	pyruvic acid	丙酮酸
CB	carbon black	炭黑
CC(D)	climate change（damage）	气候变化（带来的损害）
CED	cumulative energy demand	累积能源需求
CF	carbon footprint	碳足迹
CMC	carboxymethyl cellulose	羧甲基纤维素
CN	China	中国
CNG	compressed natural gas	压缩天然气

续表

缩写	全称	中文（释义）
CNGV	compressed natural gas vehicle	压缩天然气汽车
CO	carbonic oxide	一氧化碳
DEC	diethyl carbonate	碳酸二乙酯
DMC	dimethyl carbonate	碳酸二甲酯
DME	dimethyl ether	二甲基乙二醇
DOL	dioxolane	二氧戊烷
DV	diesel vehicle	柴油车辆
EcoQ	ecosystem quality	生态系统质量
EC/$C_3H_4O_3$	ethylene carbonate	碳酸乙烯酯
ECP	energy consumption	能量消耗
EDD	ecosystem diversity damage	生态系统多样性损害
EF	ecological footprint	生态足迹
EIO-LCA	economic input-output life cycle assessment	经济投入产出生命周期评价
EOL	end of life	生命结束
EMC	ethyl methyl carbonate	碳酸甲乙酯
EP	eutrophication potential	富营养化潜势
EREV	extended range electric vehicle	增程式电动汽车
ETFE	tetrafluoroethylene	四氟乙烯
ETX	ecotoxicity	生态毒性
EU	Europe	欧洲
EV	electric vehicle	电动汽车
HFCHEV	hydrogen fuel cell plug-in hybrid vehicle	氢燃料电池插入式混合动力汽车
FDP	fossil（fuel）depletion	化石燃料消耗
FEP	freshwater eutrophication	淡水富营养化
FeS_2 SS	solid-state lithium battery with iron sulfide（FeS_2）for cathode; lithium metal for the anode; and lithium sulfide（Li_2S）and phosphorous pentasulfide（P_2S_5）for solid state electrolyte	硫化铁固态电池（以硫化铁为正极，金属锂为负极，硫化锂和五硫化二磷为固相电解液构成的锂电池）
FETX	freshwater ecotoxicity	淡水生态毒性
FeS_2	iron disulfide	二硫化铁
FF	footprint family	足迹家族

缩写	全称	中文（释义）
F&M	fossil and mineral	化石与矿物
FU	function unit	功能单元
GREET	model the greenhouse gases, regulated emissions, and energy use in technologies model	温室气体、调节排放和能源使用的技术模型
GHG	greenhouse gas	温室气体
GLO	global	全球（范围）
GWP	global warming potential	全球变暖潜势
GV	gasoline vehicle	汽油车
HDT	heavy-duty truck	重型载货卡车
HEV	hybrid electric vehicle	混合动力汽车
HFCEV	hydrogen fuel cell electric vehicle	氢燃料电池电动汽车
HH(D)	human health（damage）	人类健康损害
HLCA	hybrid life cycle assessment	混合生命周期评价
HTC	human toxicity of cancer	人类致癌毒性
HTN	human toxicity of non-cancer	人类非致癌毒性
HTX	human toxicity	人类毒性
IBIS	integrated battery interface system	集成电池接口系统
ICEV	internal combustion engine vehicle	内燃机汽车
IR	ionizing radiation	电离辐射
JP	Japan	日本
LCA	life cycle assessment	生命周期评价
LCC	life cycle cost	生命周期成本
LCO	lithium cobalt oxide	锂钴氧化物
LCP	lithium cobalt phosphate	磷酸钴锂
LCSA	life cycle sustainability assessment	生命周期可持续性评价
LDPV	light-duty passenger vehicle	轻型乘用车
LFP	LiFePO$_4$	磷酸铁锂
LFPx-C	lithium iron phosphate oxide coupled with a graphite anode material LiFePO$_4$	磷酸铁锂电池,以磷酸铁锂为正极活性材料、以石墨为负极（正极材料比例28.4%）

缩写	全称	中文（释义）
LFPy-C	lithium iron phosphate oxide coupled with a graphite anode material LiFePO$_4$	磷酸铁锂电池,以磷酸铁锂为正极活性材料、以石墨为负极（正极材料比例64.1%）
LIB	lithium ion battery	锂离子电池
LiPF$_6$	lithium hexafluorophosphate	六氟磷酸锂
Li-S	lithium-sulfur battery	锂硫电池
Li$_2$S	lithium sulfide	硫化锂
LiNO$_2$	lithium nitrite	亚硝酸锂
LiTFSI	lithium bistrifluoromethanesulfonimidate	双三氟甲磺酰亚胺锂
LMB	lithium metal battery	锂金属电池
LMO	LiMn$_2$O$_4$	锰酸锂
LMO-C	lithium manganate battery coupled with lithium manganate as positive active material and graphite as anode	锰酸锂电池,以锰酸锂为正极活性材料、以石墨为负极
LMO/NMC-C	lithium manganese oxide coupled with a graphite anode material LiMn$_2$O$_4$ and LiNi$_{0.4}$Mn$_{0.4}$Co$_{0.2}$O$_2$	复合锂离子电池,以锰酸锂和三元材料为正极材料（LMO和NMC的质量1∶1）、以石墨为负极
LMP	lithium metal polymer	金属锂聚合物
LMR-NMC	lithium manganese rich-nickel manganese cobalt oxide coupled with a graphite anode material 0.5Li$_2$MnO$_3$·0.5Li-Ni$_{0.44}$Co$_{0.25}$Mn$_{0.31}$O$_2$	富锂锰镍锰钴氧化物电池
LNG	liquefied natural gas	液化天然气
LTO	lithium titanate oxide	钛酸锂
MDP	metal depletion	金属损耗
MEP	marine eutrophication	海洋富营养化
METX	marine ecotoxicity	海洋生态毒性
MRD	mineral resource depletion	矿产资源损耗
NAICS	North American industry classification system	北美工业分类系统
NCA	lithium- nickel cobalt aluminium oxide coupled with a graphite anode material LiNiCoAlO$_2$	锂镍钴氧化铝电池
N/I	no information	暂无信息
NO$_x$	nitrogen oxide	氮氧化物
NLT	natural land transformation	自然地转换
NMC-C	lithium-nickel manganese cobalt oxide coupled with a graphite anode material LiNi$_x$Mn$_y$Co$_{(1-x-y)}$O$_2$	三元电池,以镍钴锰为正极活性材料、以石墨为负极
NMC111-C	lithium-nickel manganese cobalt oxide coupled with a graphite anode material LiNi$_{0.33}$Mn$_{0.33}$Co$_{0.33}$O$_2$	三元电池,以镍钴锰（摩尔比1∶1∶1）为正极活性材料、以石墨为负极

续表

缩写	全称	中文（释义）
NMC442-C	lithium-nickel manganese cobalt oxide coupled with a graphite anode material $LiNi_{0.4}Mn_{0.4}Co_{0.2}O_2$	三元电池,以镍钴锰（摩尔比4：2：4）为正极活性材料、以石墨为负极
NMC622	lithium-nickel manganese cobalt oxide coupled with a graphite anode material $LiNi_{0.6}Mn_{0.2}Co_{0.2}O_2$	三元电池,以镍钴锰（摩尔比6：2：2）为正极活性材料、以石墨为负极
NMC811-C	lithium-nickel manganese cobalt oxide coupled with a graphite anode material $LiNi_{0.8}Mn_{0.1}Co_{0.1}O_2$	三元电池,以镍钴锰（摩尔比8：1：1）为正极活性材料、以石墨为负极
NMC-SiNT	lithium-nickel manganese cobalt oxide coupled with a silicon nanotube anode material $LiNi_xMn_yCo_{(1-x-y)}O_2$	三元电池,以镍钴锰为正极活性材料、以硅纳米管为负极
NMC-SiNW	lithium-nickel manganese cobalt oxide coupled with a silicon nanowire anode material $LiNi_xMn_yCo_{(1-x-y)}O_2$	三元电池,以镍钴锰为正极活性材料、以硅纳米线为负极
NMP	N-methyl-2-pyrrolidone	N-甲基-2-吡咯烷酮
ODP	ozone depletion	臭氧损耗
P_2S_5	phosphorus pentasulfide	五硫化二磷
PAA	polyacrylic acid	聚丙烯酸
PE	polyethylene	聚乙烯
PEF	product environmental footprint	产品环境足迹
PET	polyethylene terephthalate	聚对苯二甲酸乙二醇酯
PET-Al-PP	polyethylene terephthalate-Al-polypropylene	聚对苯二甲酸乙二醇酯-铝-聚丙烯多层结构
PFE	primary fossil energy	一次化石能源
PHEV	plug-in hybrid electric vehicle	插电式混合动力汽车
PLCA	process life cycle assessment	过程生命周期评价
POCP	photochemical ozone creation potential	光化学臭氧生成潜势
POFP	photochemical oxidant formation potential	光化学氧化潜势
PMFP	particulate matter formation potential	颗粒物形成潜势
$PM_{2.5}$	particulate matter 2.5	细颗粒物
PM_{10}	particulate matter with diameters of 10 micrometers or less inhalable particle of 10 μm or less	可吸入颗粒物
PMMA	polymethyl methacrylate	聚甲基丙烯酸甲酯
PP	polypropylene	聚丙烯
PPS	polyphenylene sulfde	聚苯硫醚
PSF	photochemical smog formation	光化学烟雾形成

缩写	全称	中文（释义）
PVDF	polyvinylidene fluoride	聚偏二氟乙烯
PVF	polyvinyl fluoride	聚氟乙烯
PVP	polyvinyl pyrrolidone	聚乙烯吡咯烷酮
RAD	resource availability damage	可用性资源损害
RD	resource depletion	资源耗竭
RS	resource scarcity	资源稀缺
RD	resource depletion	资源耗竭
RPE	respiratory effect	呼吸效应
RPI	respiratory inorganics	无机物呼吸效应
SBR	styrene butadiene rubber	丁苯橡胶
SiNT	silicon nanotube	硅纳米管
SiNW	silicon nanowire	硅纳米线
SOC	state-of-charge	荷电状态
SO_x	sulfur oxide	硫氧化物
SUV	sport utility vehicle	运动型多功能汽车
TAP	terrestrial acidification potential	陆地酸化潜势
TBL	triple bottom line	三重底线
TD	toxic damage	毒性损害
TETX	terrestrial ecotoxicity	陆地生态毒性
TEP	terrestrial eutrophication	陆地富营养化
TiS_2	titanium disulfide	二硫化钛
TEOS	tetraethoxysilane	四乙氧基硅烷
TSTR	transistor	晶体管
ULOP	urban land occupation	城区土地占用
VOC	volatile organic compound	挥发性有机化合物
WC	water consumption	耗水量
WF	water footprint	水足迹
WW	water withdrawal	取水量